# 深度學習－從入門到實戰
# (使用 MATLAB)

郭至恩　編著

全華圖書股份有限公司

# 作者自序

深度學習是目前人工智慧裡最熱門的領域之一，亦是近年來在科研發展迅速爆發的一個領域。許多現實中的問題，如語言翻譯、語音識別、預防性維護、圖形識別、物件偵測、語義分割、圖像生成等，皆運用了深度學習的技術取得重大的突破。許多學術界與工業界紛紛大量投入深度學習的技術開發與場域應用，讓深度學習成為科學研究與產業升級必備的知識或技術之一。

在學習實作或開發深度學習的模型或演算法時，第一步要選擇的是開發工具/框架與環境。目前市面上有許多開發深度學習技術的框架與套件，其中比較有名的有 Tensorflow、Keras、Theano、Caffe、PyTorch、MXNet 等。這些工具雖然大幅降低了進入深度學習技術的門檻，但是仍有環境設置困難、套件版本眾多不一、對於進階開發者相對自由，但是初學者覺得繁複的編譯方式等缺點。易於上手學習且有效率的開發工具/環境，是每個想踏入深度學習領域的讀者或學生所期盼的。

本書主要介紹如何使用 Matlab 程式語言，來進行深度學習的開發與相關應用。Matlab 是一套運用於數值運算與模擬、圖形處理能力、資料統計分析等進階程式語言。豐富的工具箱與內建函式庫及優異的數值運算速度，是幫助各領域使用者加速開發的一個特點。自 2017 年的更新後，Matlab 提供了 Deep learning toolbox 工具箱，讓 Matlab 也正式加入了深度學習開發框架當中。筆者第一次使用 Matlab 來開發深度學習模型與其應用時，便被其便利簡單的開發語言與環境所驚豔。若你是一個還未學過深度學習的新手，真的很推薦你使用 Matlab 來開發模型；若你是一個已學過其他框架的開發者，也很推薦你來使用 Matlab 來比較與其他框架之優缺點。本書是以目前 Matlab 的最新版本 2020a 來撰寫，讓讀者們可以體驗到最新版本在深度學習上強大的開發功能。

我們一開始會先介紹 Matlab 在深度學習與相關應用上的工具箱與套件安裝，以及 Matlab 內建的資料標記工具。接著在介紹深度學習中常見的網路模型與其在 Matlab 中相關的函式語法，包含卷積神經網路、遞迴神經網路、自編碼器等。之後會介紹在訓練網路模型時的參數設定等相關函式語法，並教導讀者如何載入預訓練模型與進行遷移學習之實例。最後會講解用 Matlab 應用於深度學習相關的大量範例，讓讀者累積實例經驗，包含卷積神經網路、長短期記憶、生成對抗網路等。本書的特色是以深度學習初學者的角度來講解，便於讓讀者使用 Matlab 來加速開發深度學習的程式。

此書從構想到撰寫完成，約共花了一年半。主因是 Matlab 每半年都會大更新一次，每次更新後都會新增很多深度學習開發的功能與實際範例。基於讓讀者能學到最新的功能與開發工具，故撰寫時陸續將軟體更新的內容加進書裡，才耗時許久，也終於讓此書面世。

最後要感謝全華圖書公司與我的學生們全力的支持，讓本書能順利出版。希望大家都可藉著此書提升自己在深度學習上的能力。

郭至恩

謹識於

中興大學應用數學系

2021 年 5 月

# 作者介紹

## 郭至恩

國立中興大學 應用數學系 助理教授

**學歷：**

國立成功大學 數學系 學士
國立台灣科技大學 資訊管理所 碩士
國立成功大學 資訊工程所 博士

**經歷：**

逢甲大學 自動控制工程學系 助理教授
國立成功大學心理系/心智影像研究中心 博士後研究員


郭至恩目前任教於中興大學應用數學系，於系上開設類神經網路課程，研究專長是機器學習與深度學習於生醫訊號/影像、認知科學、神經科學、智慧製造等領域之相關應用。大學時念理學院數學系、碩士時念管理學院資管所、博士時念電資學院資工所、博士後研究卻去社會科學院心理系從事研究工作，並於 106 年 8 月至 110 年 1 月間任教於逢甲大學自動控制工程學系，整個求學過程在不同學院不同科系中累積了許多領域的基礎科目知識與能力，並化整為跨領域應用與整合的能力。

筆者本身使用 Matlab 程式語言已有 15 年以上之經驗。在課程教學上也運用 Matlab 為基礎來教導學生機器學習與深度學習之應用，深受學生喜愛。讓程式基底不好的非資工系學生也能輕鬆上手，應用於自身系上相關議題之工具。此外，筆者之前於逢甲大學任教時，亦是該校創能學院 AIoT LAB 場域的學生智慧機器人團隊指導老師，指導院內學生參與國內外智慧機器人相關之競賽。曾於 2019 年帶領學生至韓國參加世界盃智慧機器人運動大賽，在機器人足球挑戰賽項目獲得第二名之佳績。

除了研究與教學外，也喜歡組裝鋼彈或機器人相關之模型。在別人眼中只是在玩模型玩具，在自己眼中則認為這是一種訓練專注力的良好興趣。這個興趣也算是滿足小時候想要成為發明製造機器人科學家的夢想。

# 編輯大意

深度學習是目前人工智慧裡最熱門的領域之一，許多生活上的應用，如語言翻譯、語音識別、圖形識別、物件偵測、圖像生成等，皆運用了深度學習的技術，而取得重大的突破。

在學習開發深度學習演算法時，首先要選擇開發工具與環境。市面上有許多開發深度學習技術的套件，如 Tensorflow、Keras、PyTorch、MXNet 等，這些工具雖然大幅降低進入深度學習技術的門檻，但仍有環境設置困難、套件版本不一等缺點。而 Matlab 具有便利簡單的語言與環境，為了讓讀者能輕鬆進入深度學習領域，本書使用 Matlab 程式語言來進行深度學習的開發與應用，並以初學者的角度講解，讓讀者可以輕鬆建構深度學習的概念。此外，本書介紹許多 Matlab 應用於深度學習的相關範例，使讀者累積應用的能力。

本書適用於大學、科大資工、電子、電機、自控系「深度學習」課程及對本書有興趣的人士使用。

# 目錄



CONTENTS

## 相關叢書介紹

書號：0599001
書名：人工智慧：智慧型系統導論(第三版)
編譯：李聯旺.廖珗洲.謝政勳
20K/560 頁/590 元

書號：06417
書名：人工智慧
編著：張志勇.廖文華.石貴平.王勝石.游國忠
16K/344 頁/520 元

書號：19382
書名：人工智慧導論
編著：鴻海教育基金會
16K/228 頁/380 元

書號：0576101
書名：認識 Fuzzy 理論與應用(第四版)
編著：王文俊
20K/344 頁/370 元

書號：0332403
書名：機器學習：類神經網路、模糊系統以及基因演算法則(第四版)
編著：蘇木春.張孝德
20K/368 頁/390 元

書號：0523972
書名：模糊理論及其應用(精裝本)(第三版)
編著：李允中.王小璠.蘇木春
20K/568 頁/600 元

書號：06293037
書名：類神經網路(第四版)(附範例光碟)
編著：黃國源
16K/632 頁/730 元

◎上列書價若有變動，請以最新定價為準。

## 流程圖

書號：0599001
書名：人工智慧：智慧型系統導論(第三版)
編譯：李聯旺.廖珗洲.謝政勳

書號：06417
書名：人工智慧
編著：張志勇.廖文華.石貴平.王勝石.游國忠

書號：19382
書名：人工智慧導論
編著：鴻海教育基金會

書號：0332403
書名：機器學習：類神經網路、模糊系統以及基因演算法則(第四版)
編著：蘇木春.張孝德

書號：06442007
書名：深度學習－從入門到實戰(使用 MATLAB)(附範例光碟)
編著：郭至恩

書號：0523972
書名：模糊理論及其應用(精裝本)(第三版)
編著：李允中.王小璠.蘇木春

書號：0576101
書名：認識 Fuzzy 理論與應用(第四版)
編著：王文俊

書號：05925007
書名：類神經網路與模糊控制理論入門與應用(附範例程式光碟)
編著：王進德

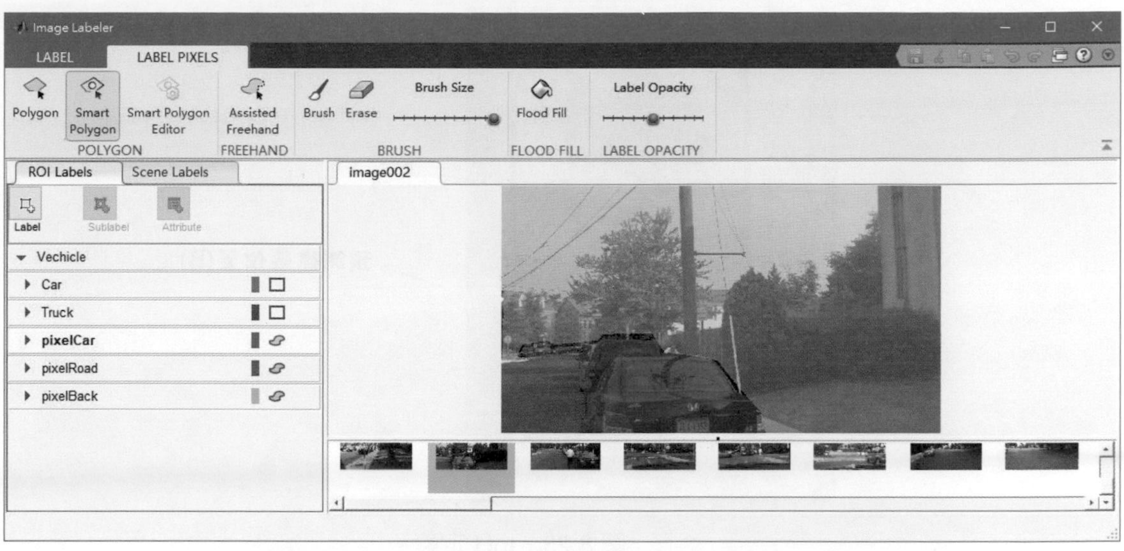


圖 2.20　感興趣區域像素的標記。

圖 8.18　Grad-CAM 實驗結果。

圖 8.23　IoU 定義。

圖 8.43　圖像及其像素標記區域。

圖 8.45　像素標籤圖像覆蓋在圖像。

圖 8.46　語義分割結果。

圖 8.47　測試結果與真實像素標籤圖像不同的區域(綠色區域)。

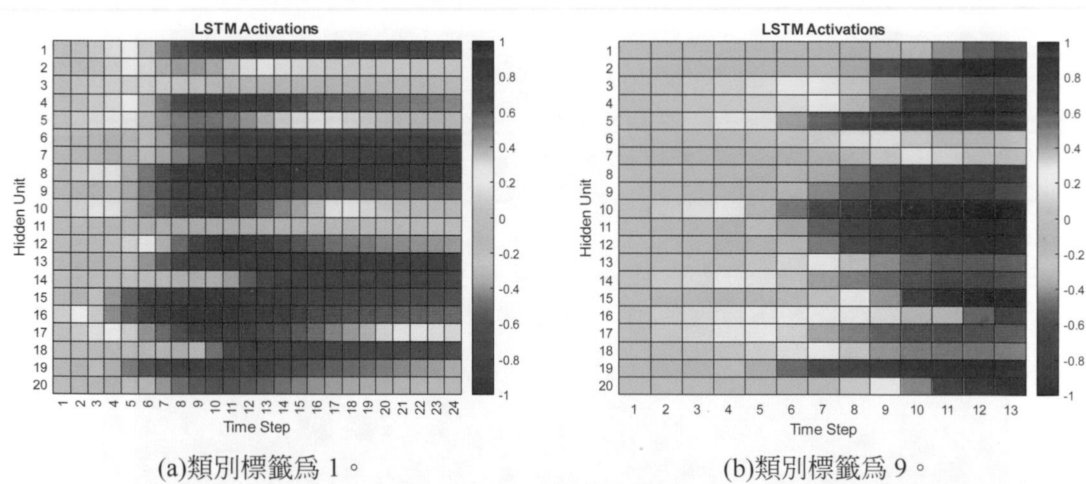


(a)類別標籤為 1。　　(b)類別標籤為 9。

圖 9.12　可視化雙向 LSTM 的前 20 個隱藏神經單元的輸出。

(a) (b)

圖 10.15　風格轉換[4]。

CHAPTER 1

# 環境建置

本章摘要

- 1-1 MATLAB 介紹
- 1-2 MATLAB 與相關工具箱安裝
- 1-3 深度學習相關套件安裝
- 1-4 GPU 加速運算介紹

## 1-1 MATLAB 介紹

MATLAB 為 MATrixLABoratory 的縮寫，是一款由美國 The MathWorks 公司出品的商業數學軟體。MATLAB 提供一套非常完善的矩陣運算指令，而隨著時間的演變，它逐漸用於演算法開發、資料視覺化、資料分析，甚至到現在的機器學習、深度學習等需要大量矩陣運算的環境。

雖然 MATLAB 以數值的運算以及分析為主要功能，但隨著眾多的附加工具箱(Toolbox)出來，通過附加工具箱進行功能擴充，每一個工具箱都有它自己實現特殊函數的功能。工具箱大多也都是以公開的 MATLAB 語言所撰寫，而使用者也可以根據自己不同的需求來更改工具箱的函數定義或是自己建立等等。

## 1-2 MATLAB 與相關工具箱安裝

本書只介紹 Windows 作業系統安裝 MATLAB 的方式，安裝步驟如下。如果想要從舊版本 MATLAB 升級至最新版本，則直接重新安裝即可，但需要相對應的授權，授權可由機構購買或個人申請。

**Step 1. 申請 MATLAB 帳號**

開啓瀏覽器輸入網址：https://www.mathworks.com/login，接著點擊 Create Account，進入申請帳號畫面，如圖 1.1 所示，建立一個屬於自己的帳號，如果所屬機構有購買 MATLAB 授權，請使用該機構的名義申請。

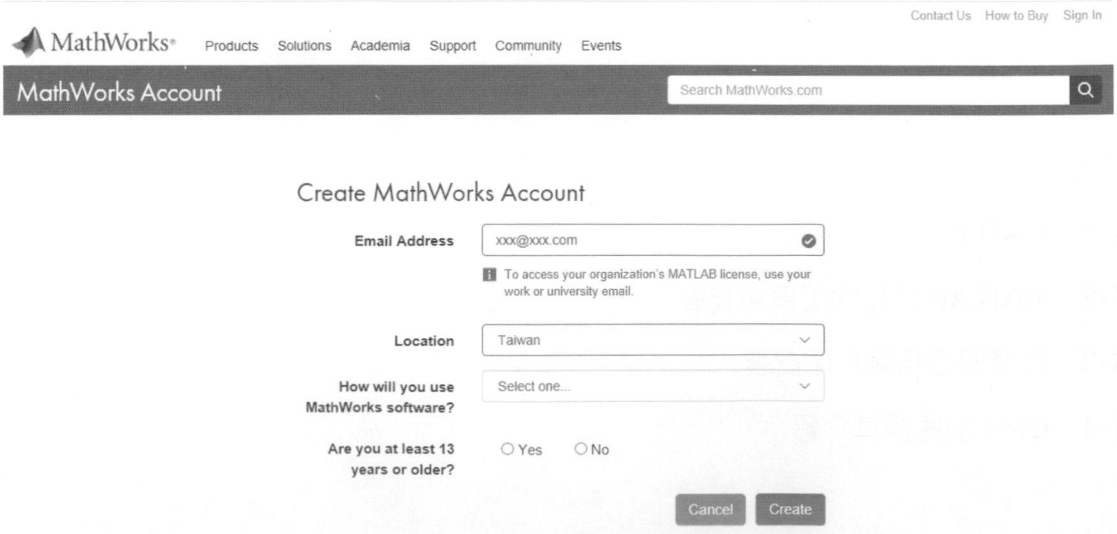

圖 1.1 申請 MATLAB 帳號頁面。

### Step 2. 下載 MATLAB 軟體

登入 Mathworks account 後前往下載頁面下載安裝軟體，其網址為：https://www.mathworks.com/downloads/web_downloads/?s_iid=hp_ff_t_downloads，下載頁面如圖 1.2 所示，目前最新的版本為 R2020a，支援最多深度學習套件，本書例子也以 R2020a 當範例。點擊 Download R2020a 圖示以下載安裝檔，完成下載後，會在指定儲存的資料夾中出現 matlab_R2020a_win64.exe 的安裝檔。

圖 1.2 下載頁面。

### Step 3. 安裝 MATLAB

點擊 matlab_R2020a_win64.exe，開始解壓縮 MATLAB 安裝資料，如圖 1.3 所示。

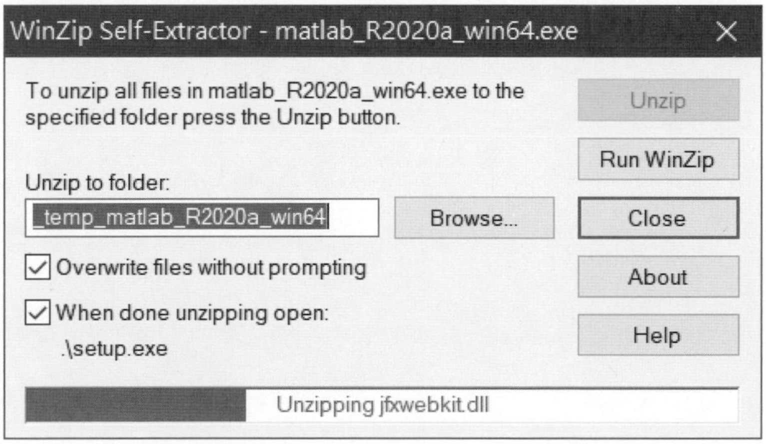

圖 1.3 解壓縮 MATLAB 安裝資料。

接著就會出現安裝畫面，如圖 1.4 所示，登入 MATLAB 帳號後，點擊 Sign In 進入下一步驟。

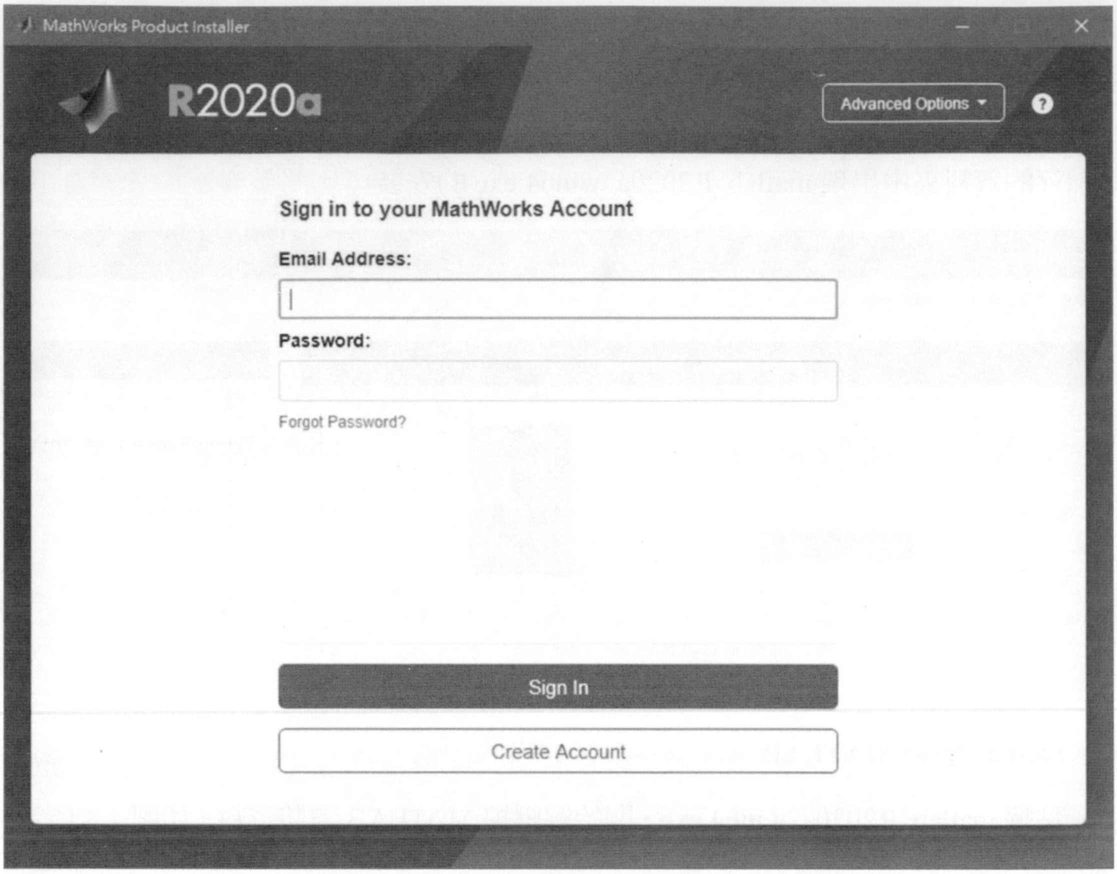

圖 1.4　MATLAB 安裝頁面-1。

**Step 4. License Agreement**

點擊 Yes，並點擊 Next 進行下一步，如圖 1.5 所示。

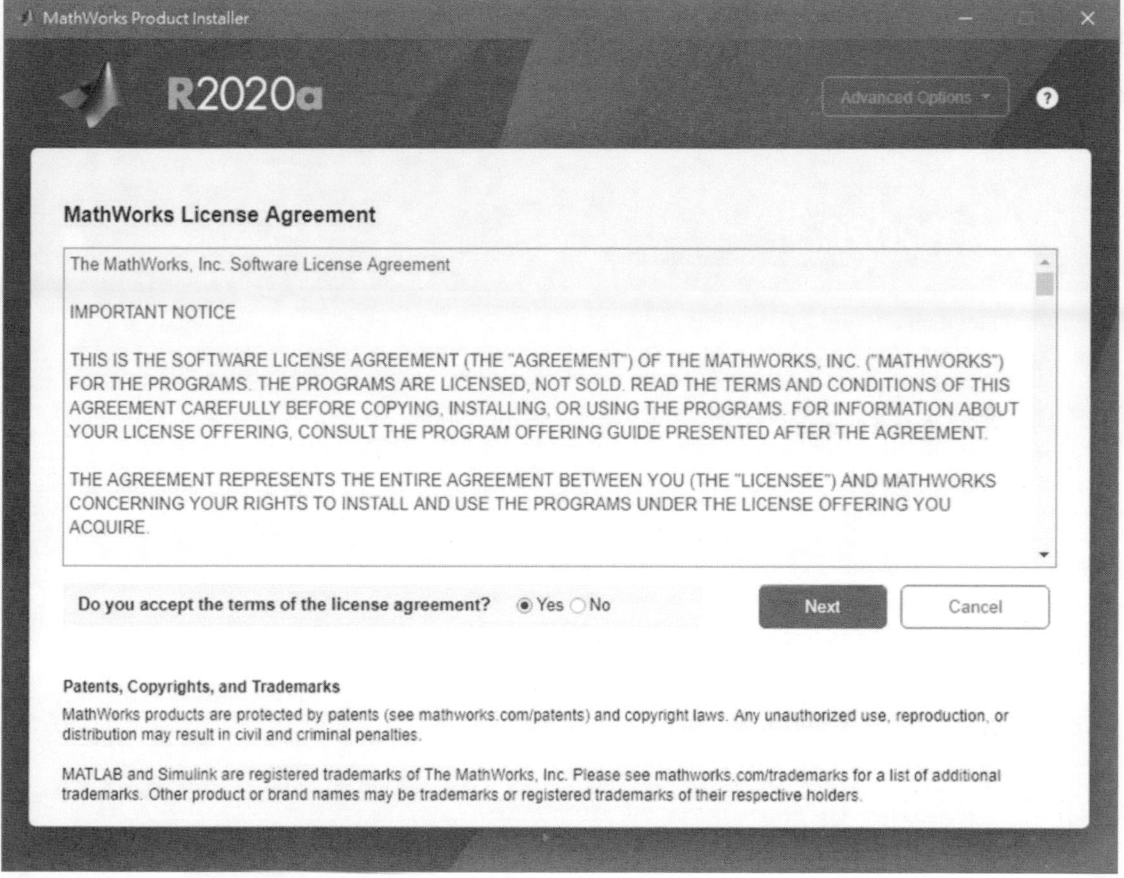


圖 1.5 MATLAB 安裝頁面-2。

**Step 5. Select license**

選擇 license，如圖 1.6 所示，如果帳號是屬於某機構的帳號，且該機構有購買 MATLAB，則在 Licenses 選項中選擇一 license；如果屬於個人申請的話，選擇 Enter Activation Key 並輸入 license，若沒有 license 的話可以到 MATLAB 官網申請試用版本。選擇好 license 後點擊 Next 進行下一步驟。

圖 1.6　MATLAB 安裝頁面-3。

**Step 6. Select destination folder**

指定 MATLAB 安裝路徑，如圖 1.7 所示，筆者建議依照預設路徑安裝即可，未來若要安裝其他 MATLAB 套件的話，發生路徑問題的機率會比較少。

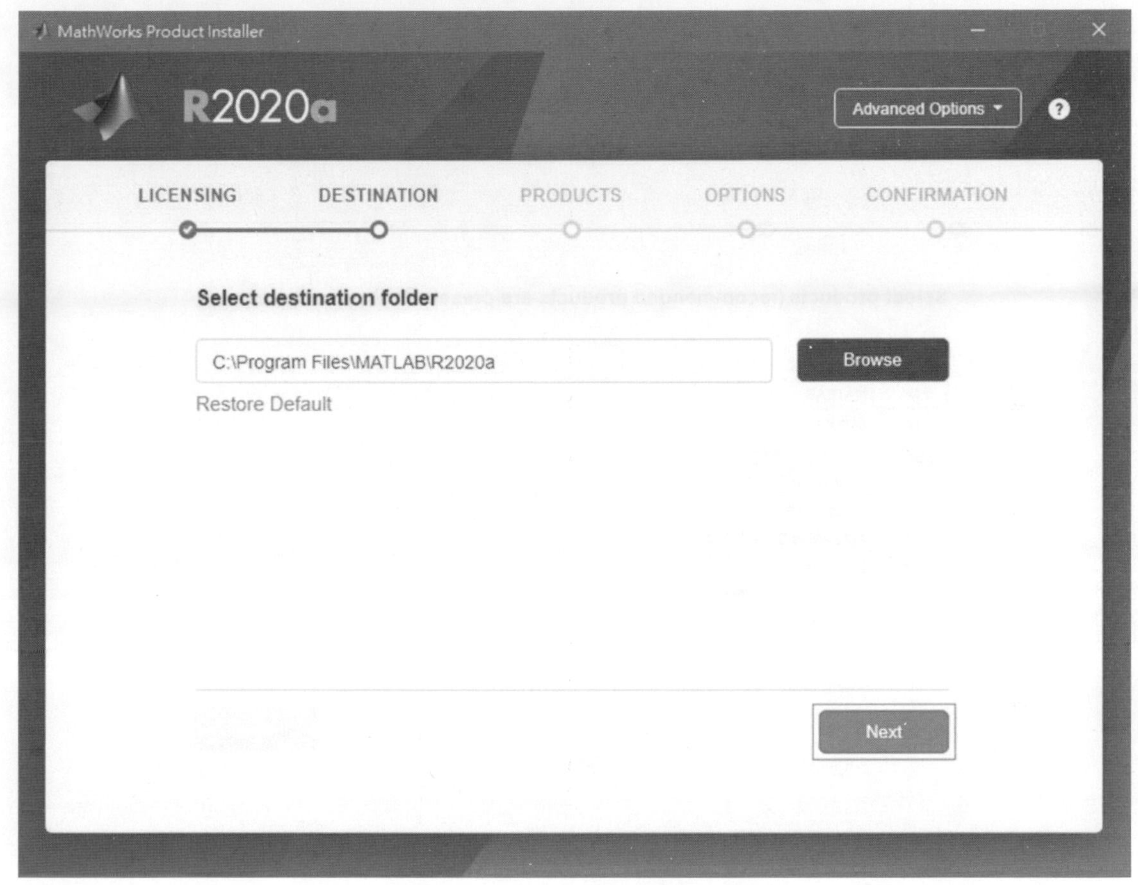


圖 1.7 MATLAB 安裝頁面-4。

**Step 7. Select products**

選擇安裝的工具包，如圖 1.8 所示，基本上建議選擇所有能夠安裝的工具包，點擊 Select All 後點擊 Next 進行下一步驟。

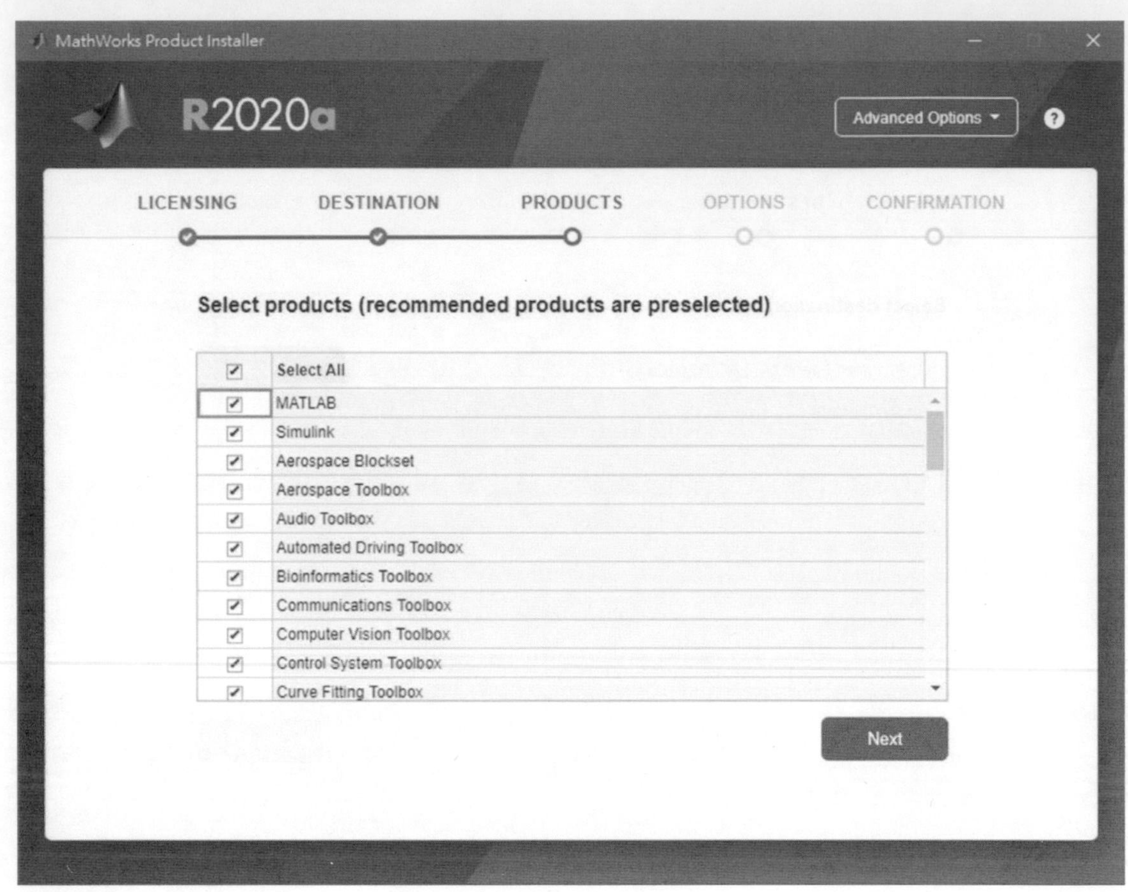


圖 1.8　MATLAB 安裝頁面-5。

**Step 8. Select options**

這步驟的兩個選項分別是，是否要在桌面建立快捷鍵，以及是否傳送一些資訊來幫助改善 MATLAB，如圖 1.9 所示。可以根據使用者喜好選擇要或不要。

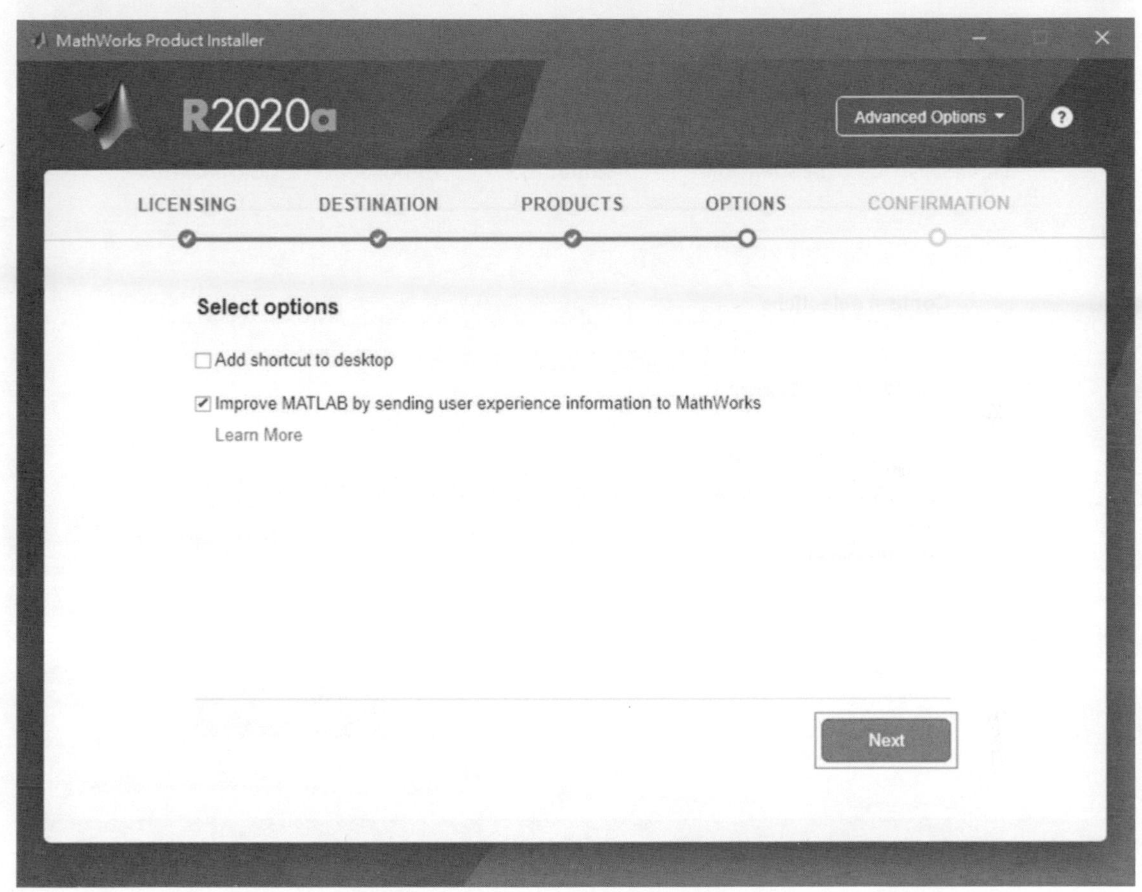


圖 1.9　MATLAB 安裝頁面-6。

**Step 9. Confirm selections**

確認所有選項後，就可以點擊 Begin install 進行安裝，如圖 1.10 所示。

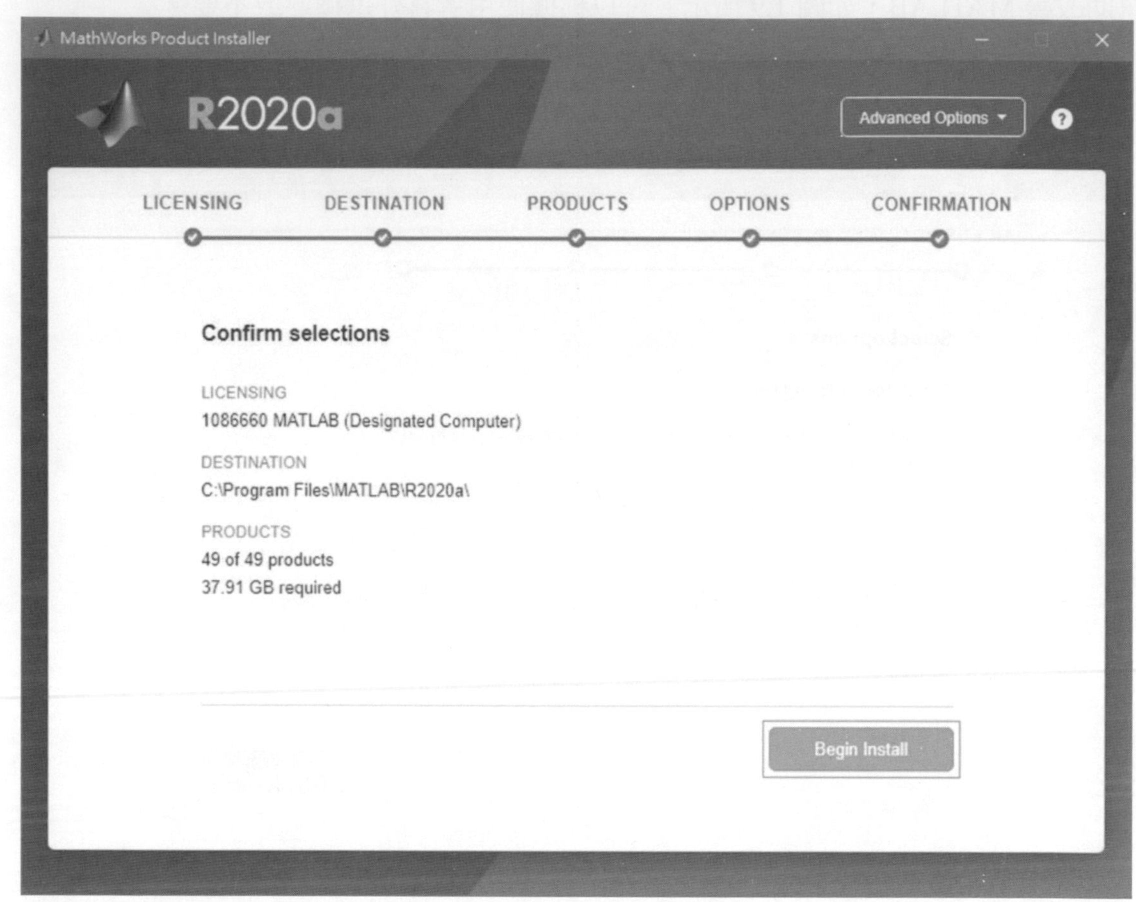


圖 1.10 MATLAB 安裝頁面-7。

## 1-3 深度學習相關套件安裝

MATLAB 新增了 Add-On Explore 作爲取得 MATLAB&Simulink® add-on 的工具。透過 Add-On Explore，您可以自行尋找、安裝及管理 MATLAB&Simulink 的支援套件。Add-on 是 MATLAB 的功能擴充庫，它可以安裝深度學習套件、連結硬體設備或是網路上其他作者寫的應用程式等。Add-on 囊括相當廣泛的資源，包含產品、應用程式、支援套件以及工具箱。Add-on 由 MathWorks 及全球各地的 MATLAB 使用者社群所提供。除了從 Add-On Explorer 找到合適的 add-on 並安裝之外，我們也可以開發專屬於自己的 add-on，包括應用程式和工具箱等。

本節將介紹如何使用 add-ons 來下載預訓練好的深度神經網路模型，並實際套用在 MATLAB 程式中。其他還有許多套件，不管是 MATLAB 開發的或是其他網路作者開發的，大家也都可以去試著下載並實際應用看看。

AlexNet 是 2012 年 ImageNet 競賽冠軍得主 Alex Krizhevsky 設計的，深度學習網路之所以現在會這麼熱門，也是因爲當初 AlexNet 出現的關係。雖然在現在已經有其他更深的網路層，如：ResNet、DenseNet...等，不過以初學者來說，AlexNet 是最好入門的網路層，筆者也建議對 AlexNet 的架構熟悉後，再來慢慢研究其他架構。而在第三章也會再對這些網路架構進行更深度的解釋。

**Step 1. 開啓 MATLAB R2020a**

點擊上方工作列的 HOME，如圖 1.11 所示。

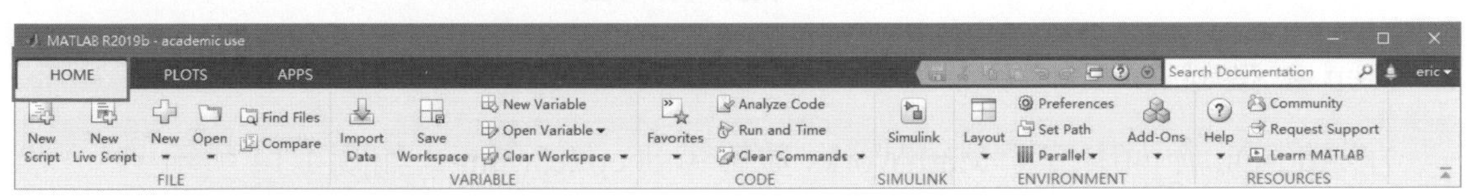


圖 1.11　MATLAB 工作列-1。

**Step 2. 開啓 Add-Ons**

從 HOME 工作列中點擊 Add-Ons，如圖 1.12 所示。

圖 1.12　MATLAB 工作列-2。

**Step 3. Add-On 介面**

Add-On 介面如圖 1.13 所示，左上角 Filter by Source 分成 MathWorks 與 Community，MathWorks 是由 MATLAB 公司釋出的 Functions 或是網路架構層，那 Community 就是由任何人都能上傳的給所有使用者使用的各種自己寫的 Functions...等。

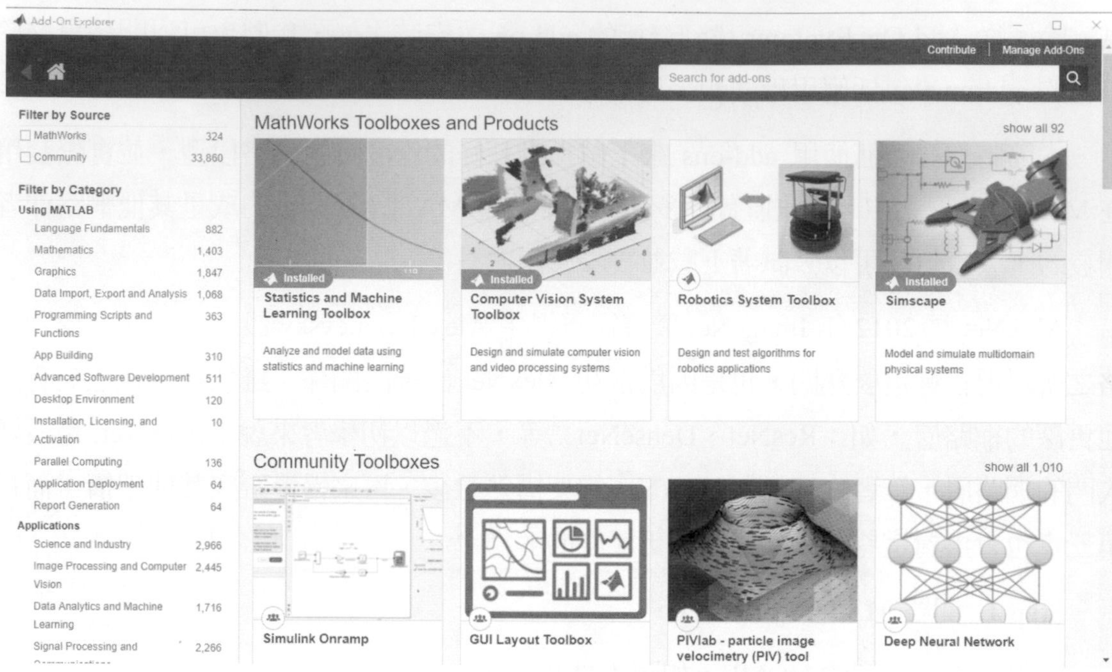


圖 1.13　Add-On 介面。

## Step 4. 搜尋 AlexNet

在 Add-On 介面中按下 MathWorks 並搜尋 deep learning，如圖 1.14 所示。

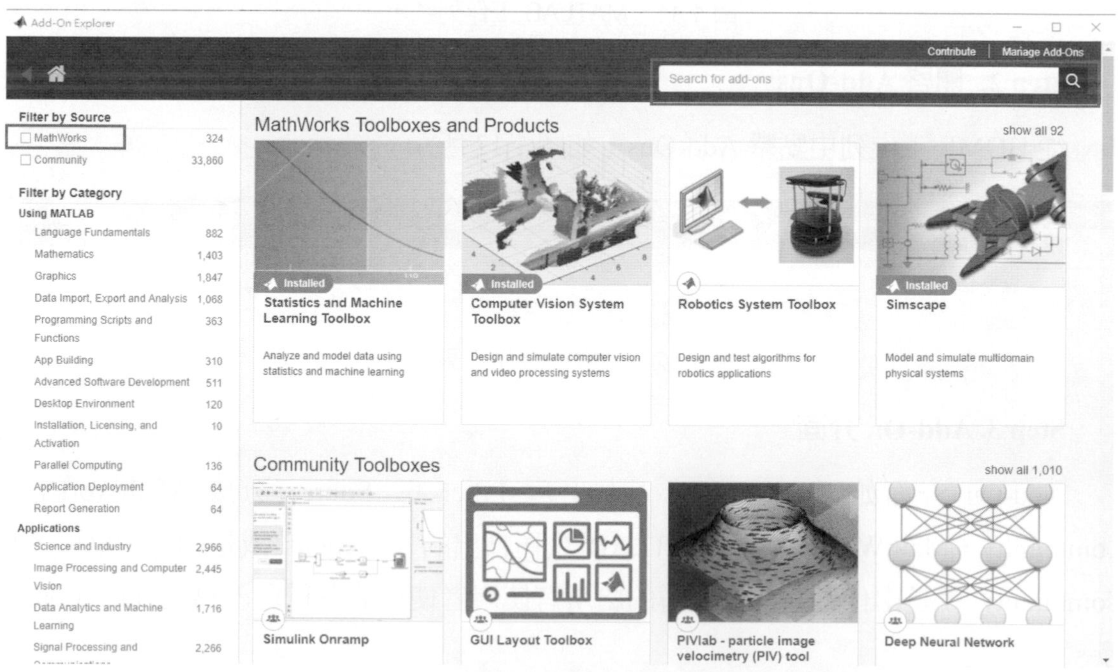


圖 1.14　輸入關鍵字 deep learning。

**Step 5. 選擇 Deep Learning Toolbox for AlexNet Network**

在搜尋結果中選擇 Deep Learning Toolbox for AlexNet Network，除了 AlexNet 外，add-ons 內還有許多的預訓練模型可以下載，如圖 1.15 所示。在第四章的範例中，會在使用其他網路層去做示範，並解釋預訓練模型的架構。

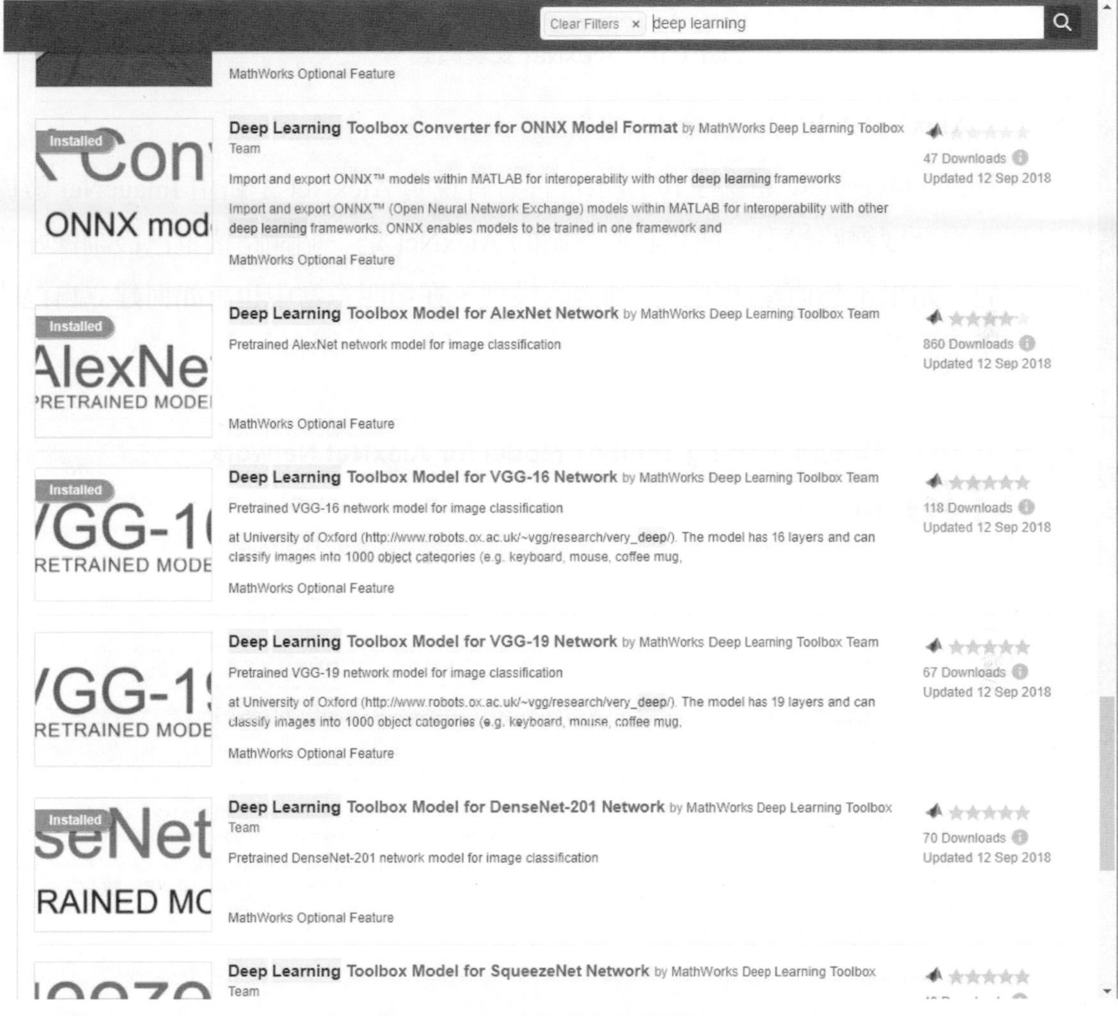


圖 1.15 各式各樣的網路模型。

**Step 6. 下載 AlexNet**

點擊右方的 install 按鈕，如圖 1.16 所示，會有兩個選項出現，install 與 download only，請選擇 install，將套件下載並安裝。

AlexNet
PRETRAINED MODEL
Deep Learning Toolbox Model for AlexNet Network
by MathWorks Deep Learning Toolbox Team
Pretrained AlexNet network model for image classification
MathWorks Optional Feature
51 Ratings
887 Downloads
Updated 12 Sep 2018
Install
Overview
Editor's Note: This file was selected as MATLAB Central Pick of the Week Popular File 2017
Requires
Deep Learning Toolbox
MATLAB Release Compatibility

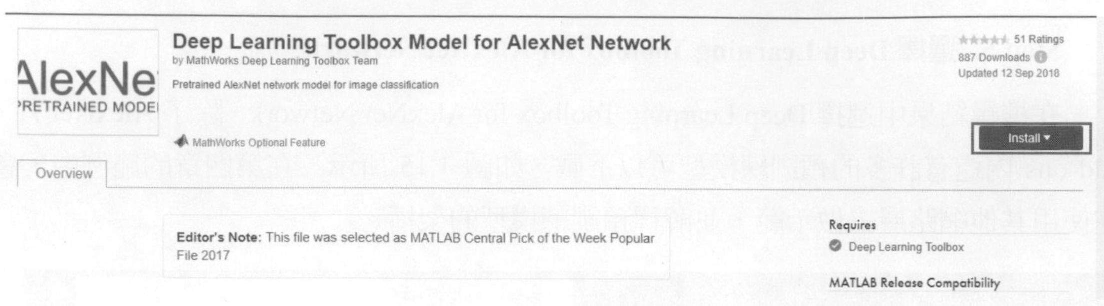

圖 1.16　AlexNet 安裝頁面。

**Step 7. AlexNet Add-On overview**

AlexNet 的 Overview 如圖 1.17 所示，官方有說明 AlexNet 是藉由 ImageNet 數據集加以訓練的深度網路模型，所以我們下載的 AlexNet 是一個網路權重已被訓練好的預訓練模型，如果不想直接使用預訓練過的模型，在第四章當中也有如何建立自己的深度網路模型的教學。

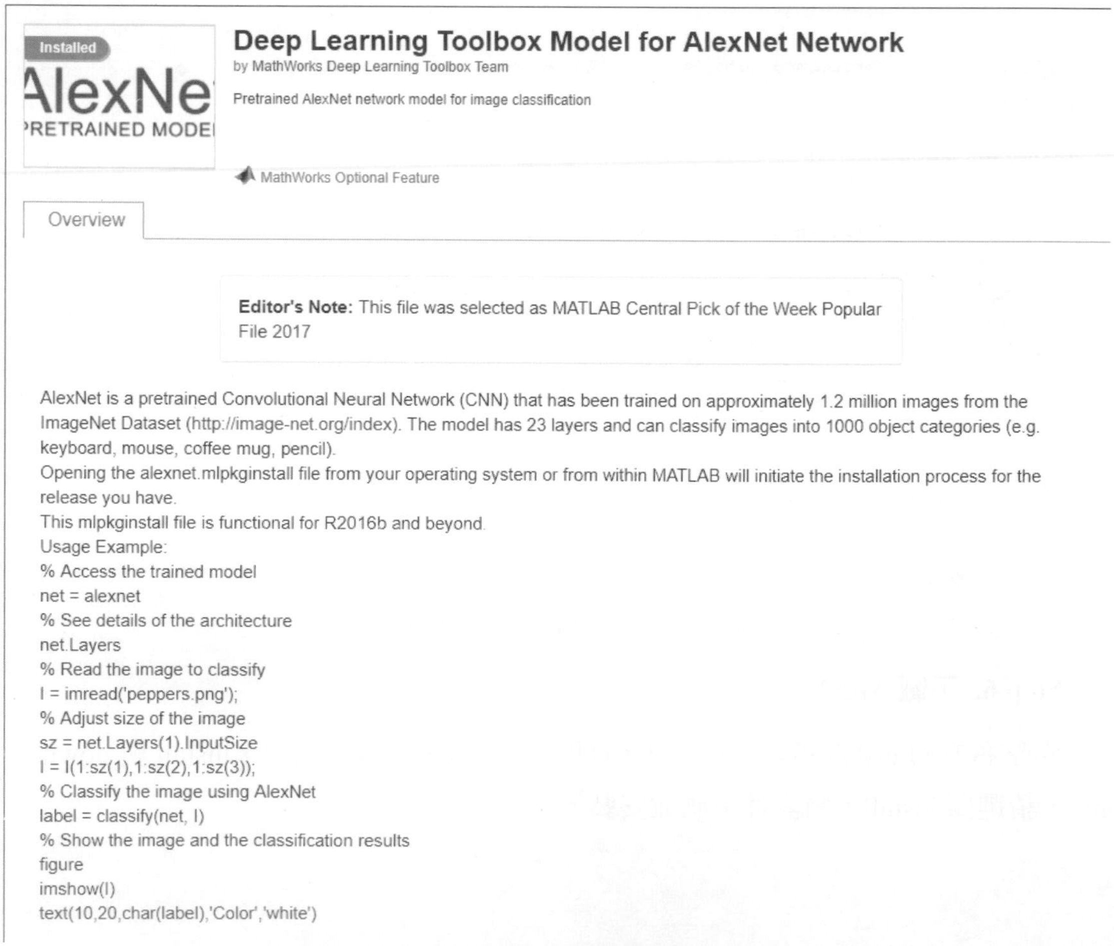

Installed
AlexNet
PRETRAINED MODEL
Deep Learning Toolbox Model for AlexNet Network
by MathWorks Deep Learning Toolbox Team
Pretrained AlexNet network model for image classification
MathWorks Optional Feature
Overview
Editor's Note: This file was selected as MATLAB Central Pick of the Week Popular File 2017
AlexNet is a pretrained Convolutional Neural Network (CNN) that has been trained on approximately 1.2 million images from the ImageNet Dataset (http://image-net.org/index). The model has 23 layers and can classify images into 1000 object categories (e.g. keyboard, mouse, coffee mug, pencil).
Opening the alexnet.mlpkginstall file from your operating system or from within MATLAB will initiate the installation process for the release you have.
This mlpkginstall file is functional for R2016b and beyond.
Usage Example:
% Access the trained model
net = alexnet
% See details of the architecture
net.Layers
% Read the image to classify
I = imread('peppers.png');
% Adjust size of the image
sz = net.Layers(1).InputSize
I = I(1:sz(1),1:sz(2),1:sz(3));
% Classify the image using AlexNet
label = classify(net, I)
% Show the image and the classification results
figure
imshow(I)
text(10,20,char(label),'Color','white')

圖 1.17　AlexNet 的 Overview。

**Step 8. 測試是否安裝成功**

在 MATLAB R2020a 的 Command Window 輸入下列指令，如圖 1.18 所示。

```
net = alexnet;
```

這行程式碼是將完成下載的 AlexNet 網路層傳送給 net 變數裡，如果按下 Enter 鍵後沒有跳出任何提示訊息代表安裝成功。如果跳出"Error using alexnet. Alexnet requires the Deep Learning Toolbox Model for AlexNet Network support package. To install this support package, use the Add-On explorer."代表在安裝上可能沒有安裝好，需要再回去本小節的 Step 1 到 Step 7 檢查一下。

```
Command Window
>> net = alexnet;
fx >>
```

圖 1.18　Command Window 輸入"net = alexnet;"。

在 Workspace 這裡可以看到，我們設定的變數 net 已經有接到 alexnet 的網路架構了，如圖 1.19 所示。

圖 1.19　Workspace 裡的 net。

**Step 9. 查看 AlexNet 的網路架構(點擊 net)**

在 Workspace 按下如圖 1.19 的 net，可以在 Variables 看到 net 下面的網路架構，這是由 25×1 的 Layer 所組成的，如圖 1.20 所示。

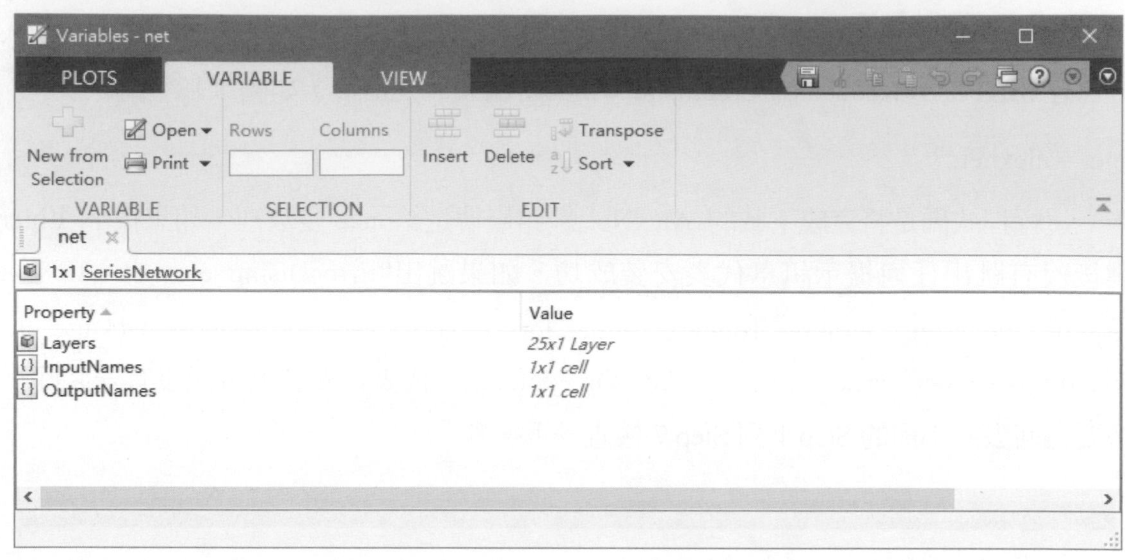


圖 1.20　變數 net 的內容(AlexNet 網路架構)。

**Step 10. 查看 AlexNet 的網路架構(輸入程式碼)**

在 Command Window 中輸入"net.Layers"這段程式碼可顯示出變數 net 內的每一層網路架構，如圖 1.21 所示。這裡顯示出這 25 層網路層每一層的概念，例如："conv1"是一層卷積層，具有 96 個 11×11×3 的卷積核等訊息。Layer 是 MATLAB 建構深度網路模型的物件，在第三章會介紹這些網路層(Layer)，包含如何修改及應用。

```
Command Window
>> net.Layers

ans =

  25x1 Layer array with layers:

     1   'data'     Image Input                   227x227x3 images with 'zerocenter' normalization
     2   'conv1'    Convolution                   96 11x11x3 convolutions with stride [4  4] and padding [0  0  0  0]
     3   'relu1'    ReLU                          ReLU
     4   'norm1'    Cross Channel Normalization   cross channel normalization with 5 channels per element
     5   'pool1'    Max Pooling                   3x3 max pooling with stride [2  2] and padding [0  0  0  0]
     6   'conv2'    Grouped Convolution           2 groups of 128 5x5x48 convolutions with stride [1  1] and padding [2  2  2  2]
     7   'relu2'    ReLU                          ReLU
     8   'norm2'    Cross Channel Normalization   cross channel normalization with 5 channels per element
     9   'pool2'    Max Pooling                   3x3 max pooling with stride [2  2] and padding [0  0  0  0]
    10   'conv3'    Convolution                   384 3x3x256 convolutions with stride [1  1] and padding [1  1  1  1]
    11   'relu3'    ReLU                          ReLU
    12   'conv4'    Grouped Convolution           2 groups of 192 3x3x192 convolutions with stride [1  1] and padding [1  1  1  1]
    13   'relu4'    ReLU                          ReLU
    14   'conv5'    Grouped Convolution           2 groups of 128 3x3x192 convolutions with stride [1  1] and padding [1  1  1  1]
    15   'relu5'    ReLU                          ReLU
    16   'pool5'    Max Pooling                   3x3 max pooling with stride [2  2] and padding [0  0  0  0]
    17   'fc6'      Fully Connected               4096 fully connected layer
    18   'relu6'    ReLU                          ReLU
    19   'drop6'    Dropout                       50% dropout
    20   'fc7'      Fully Connected               4096 fully connected layer
    21   'relu7'    ReLU                          ReLU
    22   'drop7'    Dropout                       50% dropout
    23   'fc8'      Fully Connected               1000 fully connected layer
    24   'prob'     Softmax                       softmax
    25   'output'   Classification Output         crossentropyex with 'tench' and 999 other classes
fx >>
```

圖 1.21　變數 net 內的每一層網路架構。

## 1-4 GPU 加速運算介紹

Graphics processing unit (GPU)稱圖形處理器，是針對需要大量平行運算的繪圖應用程式所設計。所謂的平行運算指的就是將大量且密集的運算問題，切割成一個個小的運算公式，並且在同一個時間內完成計算的一種運算類型。而 GPU 則是最能夠將平行運算發揮到極致的一大關鍵，這是因爲 GPU 在晶片架構上，原本就被設計成適合以分散式運算的方式，來加速完成大量且單調式的計算工作，例如圖形渲染等工作。NVIDIA 於 2007 年就率先推出 GPU 加速器，爲汽車、手機、平板電腦、桌電等平台提升應用程式的速度。

本節將介紹如何在 MATLAB 平台上使用 GPU(在自己電腦上有 NVIDIA 顯示卡的情況下)，然後使用一些範例程式來確定自己是否使用 GPU 進行運算工作。下表也列出現在 MATLAB 所支援的所有 GPU 設備，也請各位在使用 MATLAB 時，務必確定自己的 GPU 設備可以被 MATLAB 所支援。更多 MATLAB 支援信息，也請大家到相關網站查詢，其網址為：

https://www.mathworks.com/help/distcomp/gpu-support-by-release.html。

### 1-4-1 為什麼深度學習需要 GPU？

一般人對 GPU 的第一印象就是要用來玩 3A 遊戲大作，因為遊戲本身就有龐大運算量，而深度學習本身是由許多的數學公式組成運算一個極其複雜的模型，如：卷積層、池化層...等等的運算，來分別計算出不同層次的特徵，這些運算並不會做出任何判斷，只會重覆相同的計算工作，因此使得 GPU 在深度學習方面可以獲得很好的發揮，而隨著網路、雲端和硬體技術成熟所帶來巨量的資料，也造就了現在使用 GPU 讓深度網路模型加速學習巨量資料內的特徵。

### 1-4-2 MATLAB GPU 設定

本節會一個步驟一個步驟簡單地教大家如何確認自己的設備有應用在 MATLAB 2020a 的平台上。MATLAB 使用 GPU 的好處就是不需要多下載任何的驅動程式，如 CUDA 或是 cuDNN...等，所以在這方面，可以比其他程式語言如 python，更簡易的使用。

**Step 1. 查看 GPU 資訊**

輸入底下指令可以去確定現在電腦上有幾塊 GPU 設備。

```
gpucount = gpuDeviceCount
```

然後再輸入“gpuDevice”可以查看自己電腦設備 GPU 的狀況，如：GPU 設備名稱、顯示卡記憶體...等資訊。筆者這裡都會用 GTX 1080Ti 來做後續的示範。如果在訓練過程與筆者訓練的時間有差，就是差在顯示卡的 Cuda 核心數，但對於訓練出來的結果是不會有任何影響的。GPU 的不一樣只差在訓練以及測試執行的時間上，如圖 1.22 所示。

```
gpudevice = gpuDevice
```

```
Command Window
>> gpucount = gpuDeviceCount

gpucount =

     2

>> gpudevice = gpuDevice

gpudevice =

  CUDADevice with properties:

                      Name: 'TITAN Xp'
                     Index: 1
         ComputeCapability: '6.1'
            SupportsDouble: 1
             DriverVersion: 10.2000
            ToolkitVersion: 10.1000
        MaxThreadsPerBlock: 1024
          MaxShmemPerBlock: 49152
        MaxThreadBlockSize: [1024 1024 64]
               MaxGridSize: [2.1475e+09 65535 65535]
                 SIMDWidth: 32
               TotalMemory: 1.2885e+10
           AvailableMemory: 1.0483e+10
       MultiprocessorCount: 30
              ClockRateKHz: 1582000
               ComputeMode: 'Default'
      GPUOverlapsTransfers: 1
    KernelExecutionTimeout: 1
          CanMapHostMemory: 1
           DeviceSupported: 1
            DeviceSelected: 1
```

圖 1.22 GPU 相關資訊。

### Step 2. 程式記憶體最佳化

透過底下程式內容比較使用 CPU 與使用 GPU 進行矩陣相乘的時間差，程式內容可參考光碟範例的 CH1_1.mlx。首先設置兩個變數 RandA 及 RandB，皆為 10000×10000 的隨機矩陣，並進行相乘。接下來使用函式 gpuArray 將 RandA 這個變數搬移至 GPU 的記憶體中，並用變數 ArrayA 表示，RandB 一樣的做法。最後將 CPU 與 GPU 比較可以發現，GPU 光是這個非常簡單的矩陣相乘運算效能就已經比 CPU 運算的效能快 10 倍以上，如圖 1.23 所示。

```
%% 建立 10000*10000 的矩陣
RandA = rand(10000,10000);
RandB = rand(10000,10000);

%% 在 CPU 內進行乘法運算
tic
NumC = RandA*RandB;
fprintf('CPU time = %g sec\n', toc);

%% MATLAB Workspace 的 RandA 及 RandB 搬至 GPU 記憶體中
ArrayA = gpuArray(RandA);
ArrayB = gpuArray(RandB);

%% 在 GPU 內進行乘法運算
tic
ArrayC = ArrayA*ArrayB;
fprintf('GPU time = %g sec\n',toc);
```

```
Command Window
  CPU time = 6.2782 sec
  GPU time = 0.0341947 sec
fx >>
```

圖 1.23　CPU 與 GPU 運算效能比較。

CHAPTER 2

# 數據標記與常見工具介紹

本章摘要

2-1 基本資料標記

2-2 影像感興趣區域標記

2-3 圖像預處理

2-4 資料擴增(Data augmentation)

## 2-1 基本資料標記

監督式學習(supervised learning)就是在訓練的過程中預先告訴機器答案，也就是「有標記」正確類別的資料，如：給機器各看了 1000 張蘋果和橘子的照片後，再來詢問機器新的一張照片中是蘋果還是橘子。標記資料的目的是讓機器(或深度網路模型)經過訓練後能夠預測我們想要的結果，因此訓練機器的資料中就必須要有這個結果，也就是正確答案(也可稱爲標籤或 ground truth)，然而這些正確答案並不是在原本的資料當中就存在，我們需事先標記好正確答案，才能夠讓機器在訓練過程中學習我們的資料。當然，並不是所有資料預處理都需要去做標記資料的動作，有兩種情況是不必另外標記資料的，第一個狀況就是我們本身的訓練資料集已經事先或是自動標記好，第二個狀況就是我們所做的訓練是非監督式的學習(unsupervised learning)。

非監督式的學習如上面所述，我們不需要事先標記好正確解答，因此在結果的呈現主要也不是預測，而是給出一個可能相對較好的解決方案。舉例來說，機器學習中的分群演算法(clustering algorithm)就是如此，假設我們手上有許多不一樣的物品，我們希望可以把它自動分進去「螢幕」、「桌子」、「電風扇」...但是如果我們手上並沒有分類好的資料去訓練分類器，那麼這個訓練的網路就會根據這些物品中不同的特徵，藉由分群演算法去把相近的物品分在同一個群組當中。

本節將說明如何將資料集裡面的資料輸入進 MATLAB 裡面，並在訓練網路前將資料做好標記的動作，請參考光碟範例 CH2_1.mlx。

**Step 1. 開啓 MATLAB 並建立新專案**

在 Editor 裡面按下＋或按下 Ctrl + N 即可建立新的檔案，如圖 2.1 所示，接著按下 Ctrl + S 就可先將專案存檔，存檔位置可以任意設定，記得最後檔案格式要爲.m 檔。

圖 2.1 MATLAB 建立新檔案。

**Step 2-1. 數據集介紹**

首先在 Command Window 中輸入以下指令，如圖 2.2 所示，其解壓縮的圖片會存放在 MATLAB 當下的路徑。可在 Command Window 輸入 pwd 查詢 MATLAB 當前的路徑。

```
unzip('MerchData.zip');
pwd
```

```
Command Window
>> unzip('MerchData.zip');
>> pwd

ans =

    'C:\Users\lab408\Documents\MATLAB\Examples\R2020a\nnet\GetStartedWithDeepNetworkDesignerExample'

fx >>
```

圖 2.2　Command Window 中輸入相關指令。

本範例使用的數據集包含五個類別，分別是 MathWorks Cap、MathWorks Cube、MathWorks Playing Cards、MathWorks Screwdriver 及 MathWorks Torch，通常會先將數據集的資料整理成如圖 2.3 所顯示的樣式，也就是將相同的類別存放在同一個資料夾內。

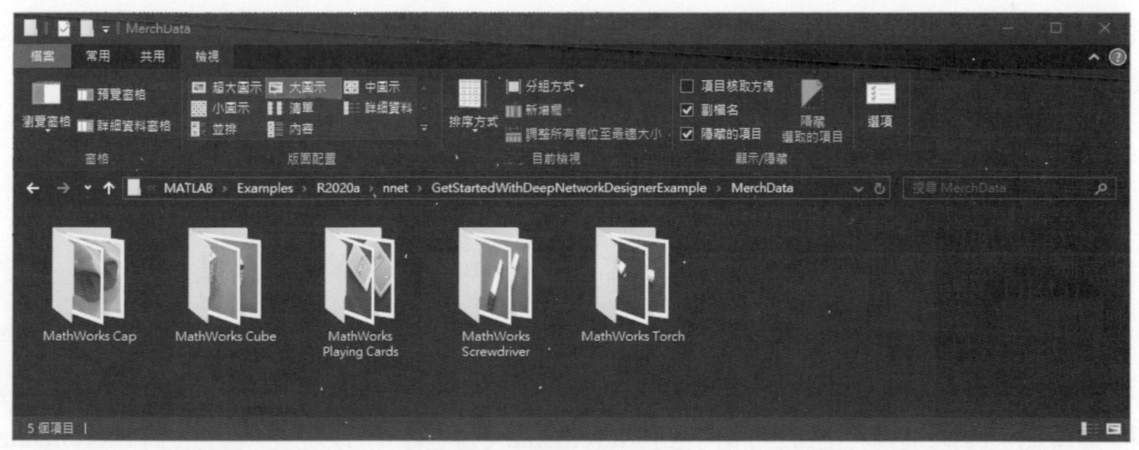


圖 2.3　資料存放形式。

**Step 2-2. 資料集介紹**

開啓各別的資料夾，就能看到每個資料夾內的圖像都是由同種物品在不同視角下的圖片，如圖 2.4 所示。

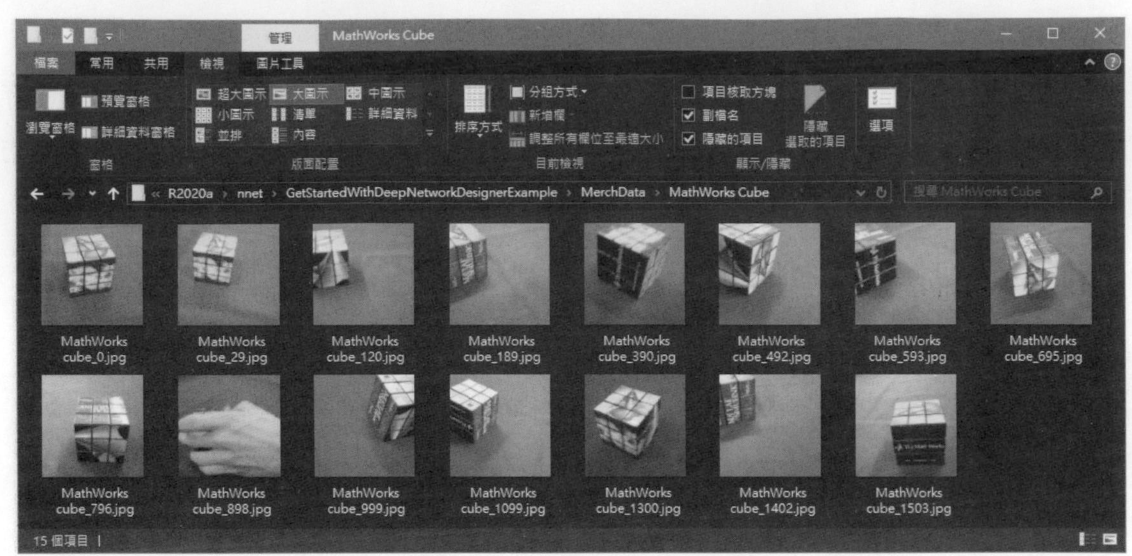


圖 2.4　MathWorks Cube 資料夾內容。

註　照片名稱可以不用依照我們取名的格式，只要是被放在同一個資料夾內 MATLAB 就可以使用內建函式將它們歸類於同一個類別，而類別的名稱即為資料夾的名稱。

**Step 3. 讀取檔案位置**

接下來在 Editor 中輸入底下指令，這裡筆者習慣會先訂定一個變數 ParentDir (父路徑)，設定為所有數據集的存放位置；變數 dataDir (子路徑)設定為所使用數據集的存放位置，因為有些數據集可能不只有包含一個類別，因此才會分為 ParentDir 及 dataDir。

```
ParentDir= pwd
dataDir = 'MerchData';
```

**Step 4. 使用 MATLAB 的內建函式 imageDatastore 來讀取資料集**

MATLAB 的 imageDatastore 函式可以用來讀取資料集，我們先設一個變數 imds 去讀取 imageDatastore 的資料，fullfile 函式就是將 paretDir 的檔案位置加上 dataDir 的檔案位置，透過上述用法就會指引到 MerchData 資料集。所以現在就會來到 MerchData 資料夾。IncludeSubfolders 是代表是否要讀取 MerchData 內部的資料夾，也就是 MathWorks Cap、MathWorks Cube、MathWorksPlaying Cards、MathWorks Screwdriver 及 MathWorks Torch 的資料，最後 LabelSource 是區分類別的參數。我們直接設定

MerchData 裡面的資料夾的名稱為我們的標籤，也就是說我們現在根據資料夾的名稱將所有的圖像標記其相對應的標籤(label)。

```
imds =imageDatastore(fullfile(ParentDir,dataDir),
'IncludeSubfolders',true,'LabelSource','foldername')
```

**Step 5. 執行程式**

點擊上方工作列的 Run 按鈕或者是按 F5 執行程式，如圖 2.5 所示。

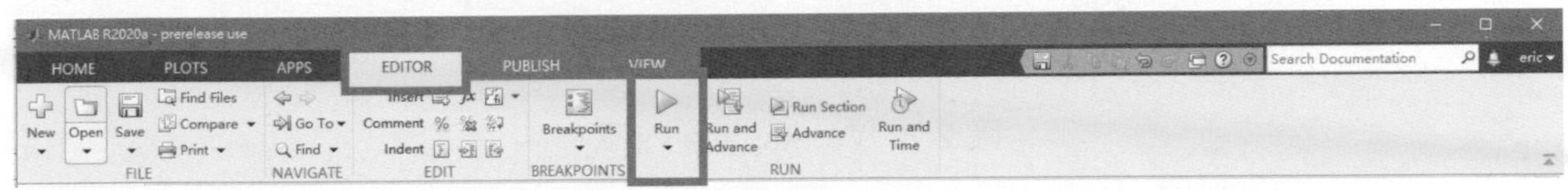


圖 2.5　Run 按鈕位置。

**Step 6. 查看 Command Window**

如果執行程式沒有任何問題，那就代表有順利讀取到資料集，另外也會顯示出 imds 的資訊，如圖 2.6 所示。如果出現 Cannot find files or folders matching 的錯誤，代表檔案的位置可能放錯，導致無法讀取。

```
Command Window
>> imds = imageDatastore(fullfile(Parent,dataDir),'IncludeSubfolders',true,'LabelSource','foldername')

imds =

  ImageDatastore with properties:

                       Files: {
                              ' ...\MerchData\MathWorks Cap\Hat_0.jpg';
                              ' ...\MerchData\MathWorks Cap\Hat_123.jpg';
                              ' ...\MerchData\MathWorks Cap\Hat_148.jpg'
                               ... and 72 more
                              }
                     Folders: {
                              ' ...\R2020a\nnet\GetStartedWithDeepNetworkDesignerExample\MerchData'
                              }
                      Labels: [MathWorks Cap; MathWorks Cap; MathWorks Cap ... and 72 more categorical]
    AlternateFileSystemRoots: {}
                    ReadSize: 1
      SupportedOutputFormats: ["png"    "jpg"    "jpeg"    "tif"    "tiff"]
         DefaultOutputFormat: "png"
                     ReadFcn: @readDatastoreImage

fx >>
```

圖 2.6　imds 的相關資訊。

**Step 7. 查看 Workspace**

看右邊的 Workspace，可以看到一個 imds 的變數，將其點開可以查看圖像的狀態，如圖 2.7 及 2.8 所示，可以看出 2 個重點狀態，分別為 File(所有資料夾圖片檔案位置)與 Labels(圖片標記名稱)。

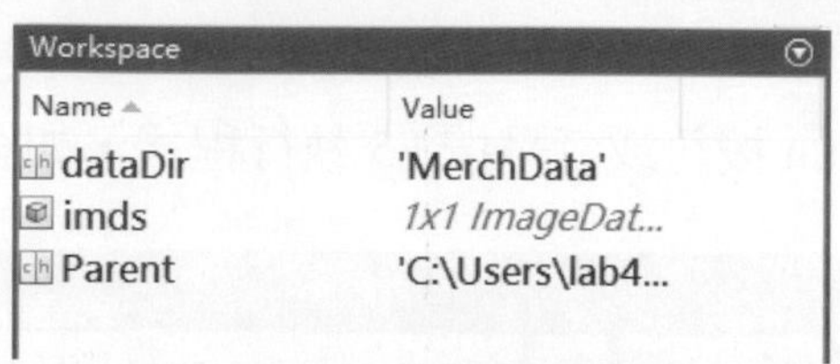


圖 2.7 Workspace 內容。

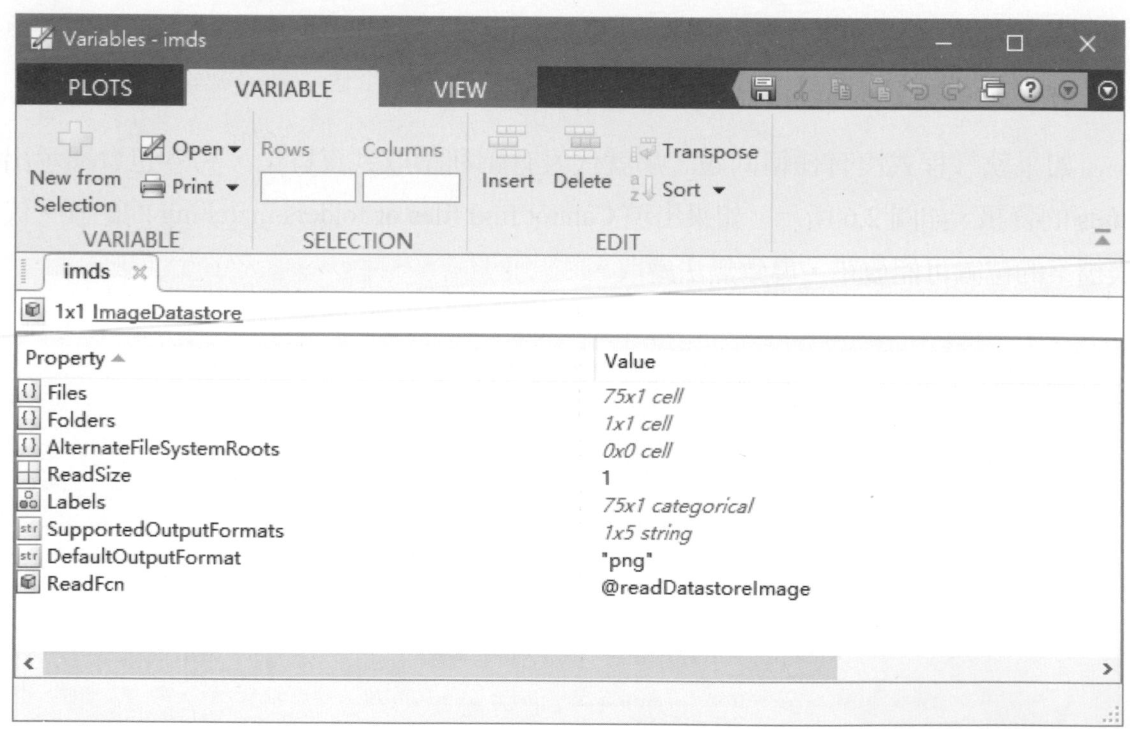


圖 2.8 imds 內的相關資訊。

上述做法就是 MATLAB 最基本的資料標記方法，藉由簡單的資料夾分類就可以快速的使用 MATLAB 函式進行標記。

## 2-2 影像感興趣區域標記

圖像分類是現在深度學習的廣泛應用之一，我們可以從圖 2.9 看出，圖像分類是將一張圖片輸入到深度網路模型讓模型判斷這張圖片爲哪一個類別。若今天我們將圖 2.9 的右側圖像輸入進模型裡判斷，模型雖然能辨別出一個單一類別出來，但並不能很準確地辨別出某一類別，因爲一張圖片裡面有狗，有貓，還有鴨子，所以圖像分類模型容易被混淆，也因此才發展出物件偵測(object detection)的技術。

Classification

CAT

Object Detection

CAT, DOG, DUCK

圖 2.9　圖像分類與物件偵測。

物件偵測分成兩個步驟，第一個步驟會先框選圖像中感興趣區域(region of interest, ROI)，也就是所要偵測的物件，而用來框選物件的框稱爲 bounding box，第二個步驟則是對 bounding box 內的圖像內容再進行分類，如此一來我們就可以在此張圖片裡面判斷物件的位置以及類別。所以物件偵測網路的訓練並不是將一張圖片標記成一個類別，而是要將一張圖片裡的物件位置框選出來，並且將框起來的物件給定一個類別，這樣才是物件偵測網路完整的訓練資料。

MATLAB 有提供標記對圖像感興趣區域的 APP，Image Labeler、Video Labeler 及 Ground Truth Labeler。前兩個來自電腦視覺工具箱(computer vision toolbox)，最後一個來自自動駕駛工具箱(automated driving toolbox)，三者之間差異在於資料來源、可使用功能及延伸應用的領域。Image Labeler 支援的資料格式只有圖片，而另外兩個則同時支援圖片及影像；Video Labeler 及 Ground Truth Labeler 除了可以手動標記影像感興趣區域，也可根據時間的前後關係執行自動標記。本節將教導讀者運用 MATLAB 的 Image Labeler 及 Video Labeler 對圖像及影像標記感興趣區域，並且將它輸出成訓練的檔案模式。

這三個 Labeler app 操作簡單，且能夠使用不同形狀的 bounding box 來標記感興趣區域(ROI)，例如：矩形、多邊形及圓形等等。此外也可以對將感興趣區域的像素進行上色，加以進行語義分割。這裡將用兩個範例進行教學，第一爲手動標記圖像(.jpg、.png 等等)及影片(.avi、.mp4 等等)的物件，第二爲使用自動化演算法自動標記影片中的物件。

## 2-2-1 手動標記

**Step 1. 開啓 APPS 頁面**

開啓 MATLAB 程式後，都會預先在 HOME 的頁面，而要使用 APPS 就要點選 APPS，如圖 2.10 所示。

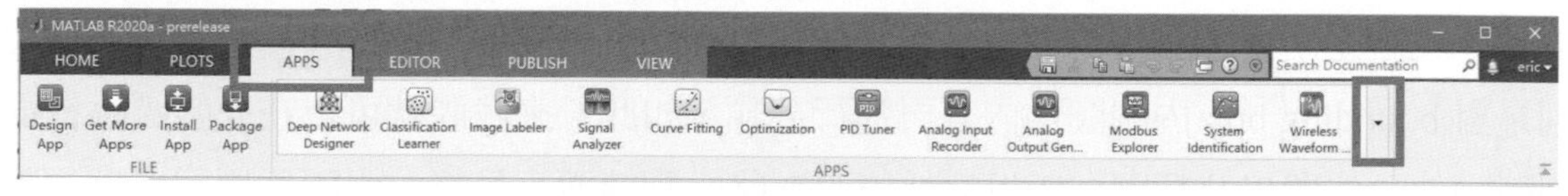


圖 2.10　APPS 按鈕位置。

**Step 2. 選擇 Image Labeler**

Image Labeler 位於 Image processing and computer vision 的位置下，點擊 Image Labeler，如圖 2.11 所示。或者在 Command Window 中輸入：imageLabeler。

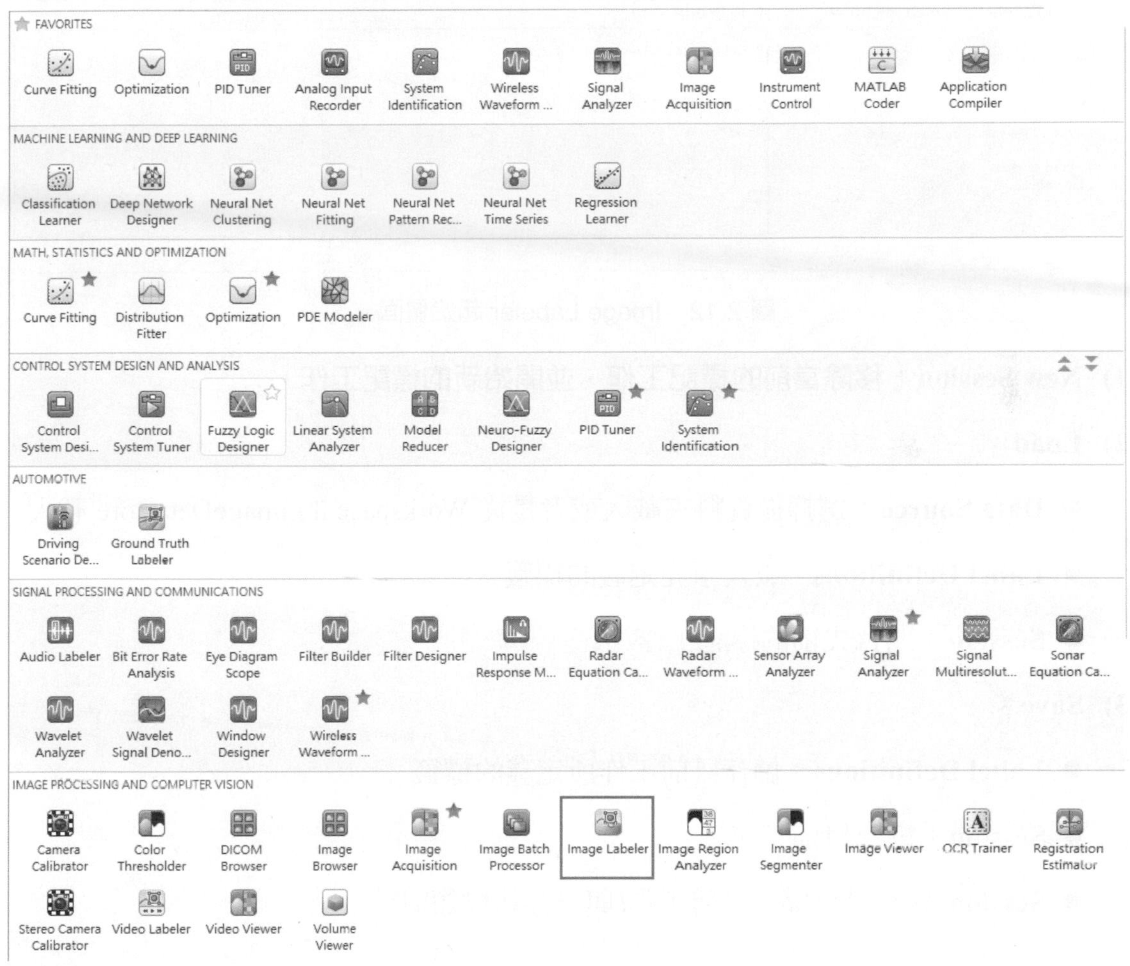


圖 2.11　Image Labeler 位置。

**Step 3. 起始畫面**

Image Labeler 的起始畫面如圖 2.12 所示，畫面左上方共有四個功能：(1) New Session、(2) Load、(3) Save 及(4) Import Labels，其詳細說明如下。

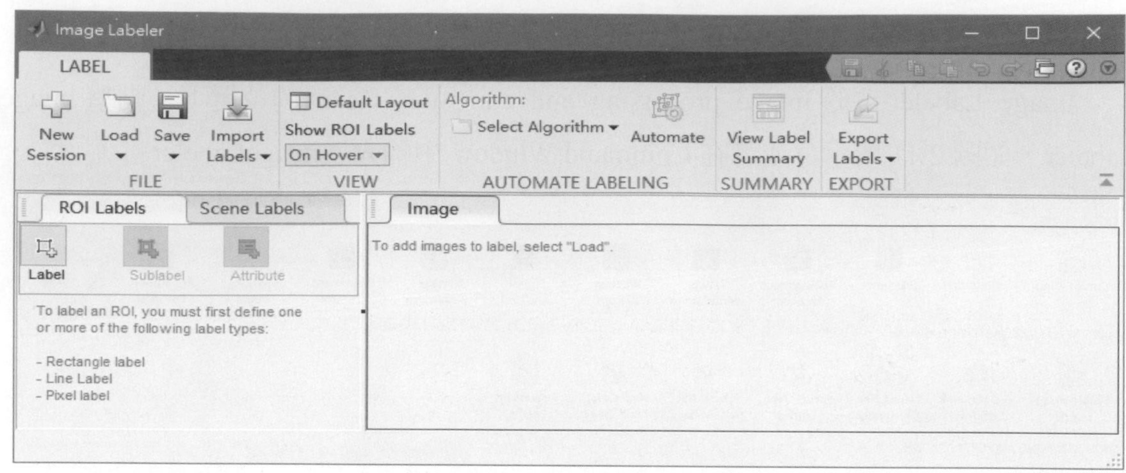


圖 2.12 Image Labeler 起始畫面。

(1) **New Session：移除當前的標記工作，並開始新的標記工作。**

(2) **Load：**

- **Data Source**：選擇從資料夾載入或者是從 Workspace 的 imageDatastore 載入
- **Label Definitions**：載入事先定義的標籤
- **Session**：開啓先前的標記工作

(3) **Save：**

- **Label Definitions**：儲存目前工作所定義的標籤
- **Session**：儲存目前工作
- **Session As**：另存儲存目前工作(與另存新檔類似)

**Step 4.選擇欲標記檔案**

該步驟會分別說明如何載入圖像及影片至相對應的 labeler。

**Step 4-1. 選擇欲標記檔案：圖像**

在此之前，先到 MATLAB 的 Command Window 中輸入底下指令。

```
imageFolder = fullfile(toolboxdir('vision'),'visiondata','stopSignImages')
imds = imageDatastore(imageFolder)
```

回到 image labeler 點擊 Load 按鈕，接著從下拉式選單選擇 Add images from Datastore，然後會跳出一選擇 Datastore 的視窗，選擇所要標記的 Datastore，如圖 2.13 所示，圖 2.14 爲完成載入欲標記影像的畫面。

註 如果先前已有將圖像載入至 image labeler，則新資料會堆疊在先前載入圖像之後，如果前後載入圖像不相關的話可以點擊 New Session。

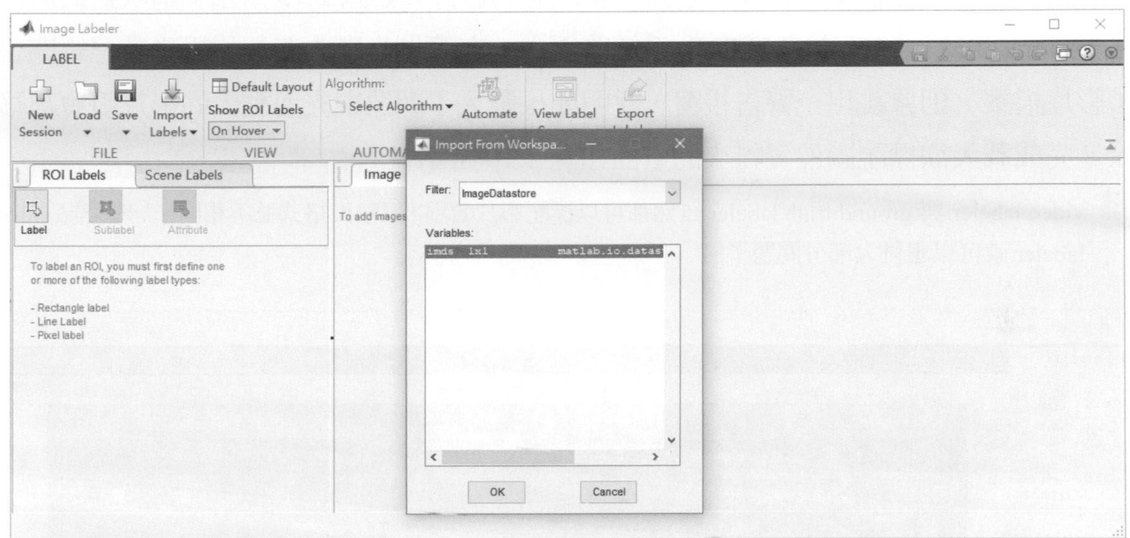


圖 2.13　選擇影像檔案的視窗。

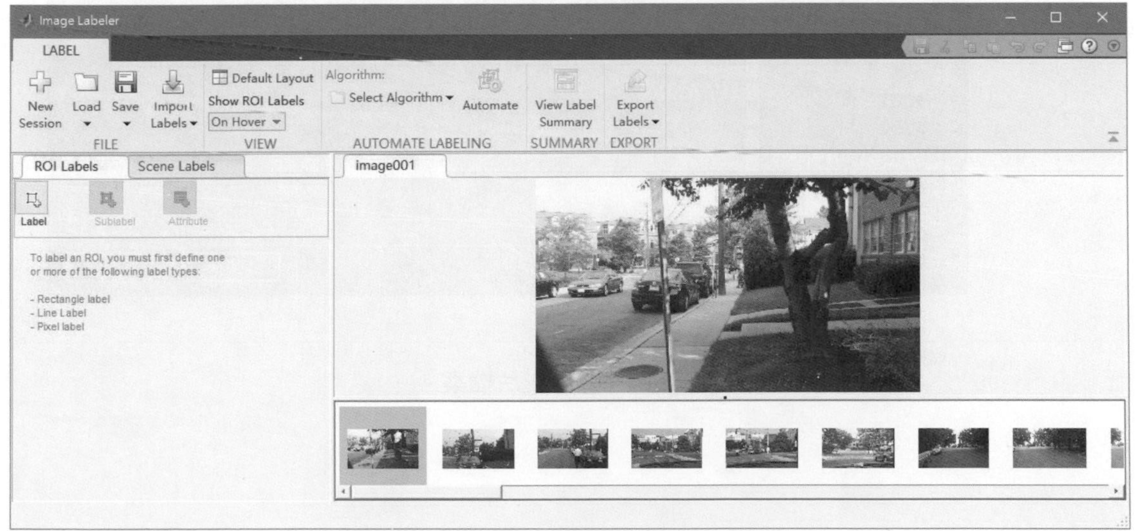


圖 2.14　完成載入欲標記影像的畫面。

**Step 4-2. 選擇欲標記檔案：影片**

如果欲標記檔案為影片或有時間相關性的連續圖像的話，可以使用 video labeler 或 ground truth labeler，開啓方式與 image labeler 大同小異。在 Command Window 中輸入 videoLabeler 開啓 video labeler。點擊 Load 按鈕，接著從下拉式選單選擇 Video，然會跳出一選擇影片檔案的視窗，選擇所要標記的影片，如圖 2.15 所示，這次選的影片為 visiontraffic.avi，存於 MATAB 系統路徑內，在範例光碟中有。如果先前已經開啓了影片檔案，則會跳出一警告視窗，說明如果載入了圖像則先前載入的影片將會被移除。完成載入欲標記圖像資料夾的畫面如圖 2.16 所示。

註 video labeler 與 ground truth labeler 雖然都可以標記影片資料，但輸出格式並不相同，一般來說 video labeler 就可以應付大部分問題了。

圖 2.15　選擇影片檔案。

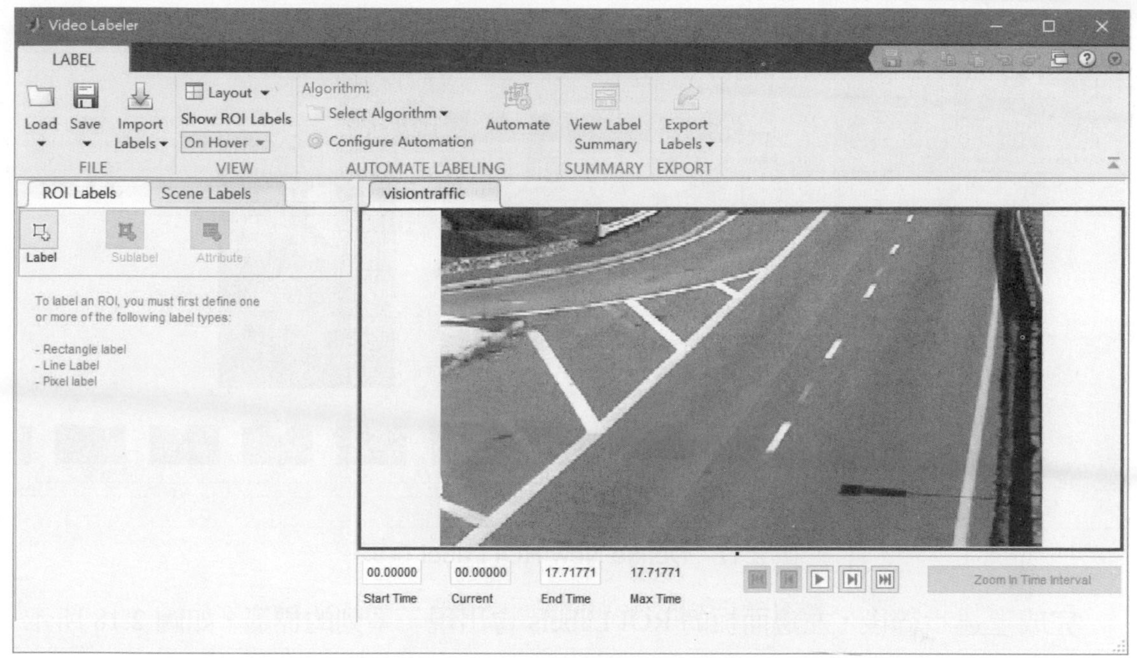


圖 2.16 完成載入影片畫面。

此外，可以點擊播放按鈕瀏覽影片，影片內是某個交流道出口，會有車子出入，而在此範例中，假設感興趣區域(ROI)是影片內的車子，因此要爲車子標記其 bounding box。在這影片當中有些時間點是沒有車子經過，因此可以將 Start Time 設定爲 5.2 秒；以及 End Time 設爲 13.6 秒，以節省時間。

### Step 5. 定義標籤

這三個 labeler app 的標記方式都是大同小異，這邊以 Image Labeler 爲例進行說明，因此請先回到 Step 4-1。點擊 Image Labeler 左邊面板(ROI Labels)的 Label ( )，此時會跳出一視窗(Define New ROI Label)，如圖 2.17 所示。接下來說明定義標籤步驟：

1. 在 Label Name 欄位中輸入標籤名字：Car，如圖 2.17 所示。
2. 在 Group 下拉式選單選擇 New Group，接著新增：Vehicle，然後點擊 OK。
3. 點擊 Label，在 Label Name 欄位中輸入標籤名稱：Truck。

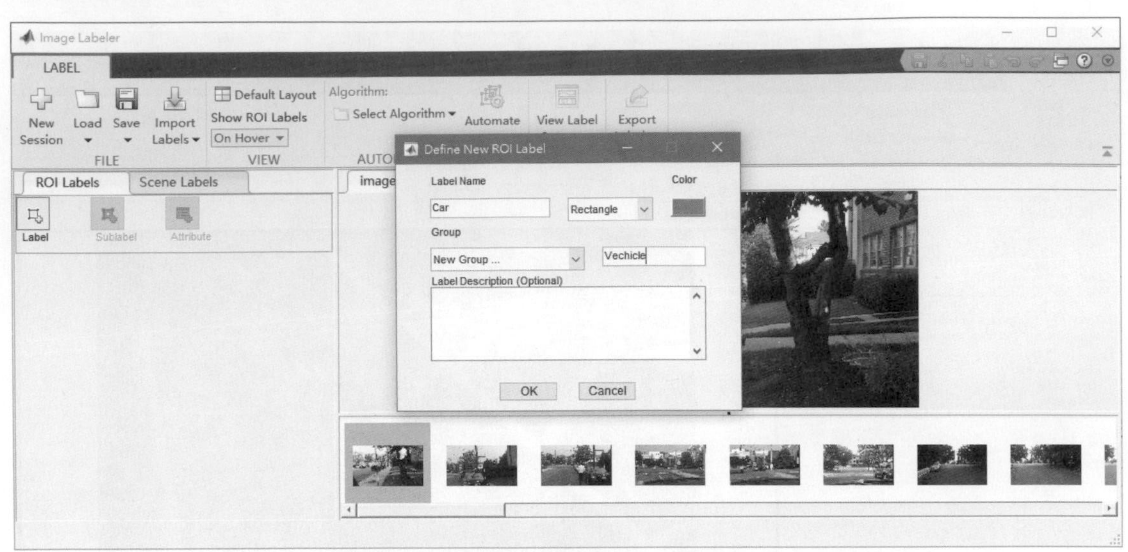


圖 2.17 Define New ROI Label 視窗。

完成上述步驟後，左邊面板的 ROI Labels 會出現一系列的標籤，如圖 2.18 所示。點擊 ROI Labels 中的 Car 標籤，接著將滑鼠移動到圖像上，鼠標會變成十字架，就可以標記 bounding box。接下來就可以點擊向右按鈕，顯示下一張圖像標記感興趣區域的 bounding box，對所有圖像進行標記。

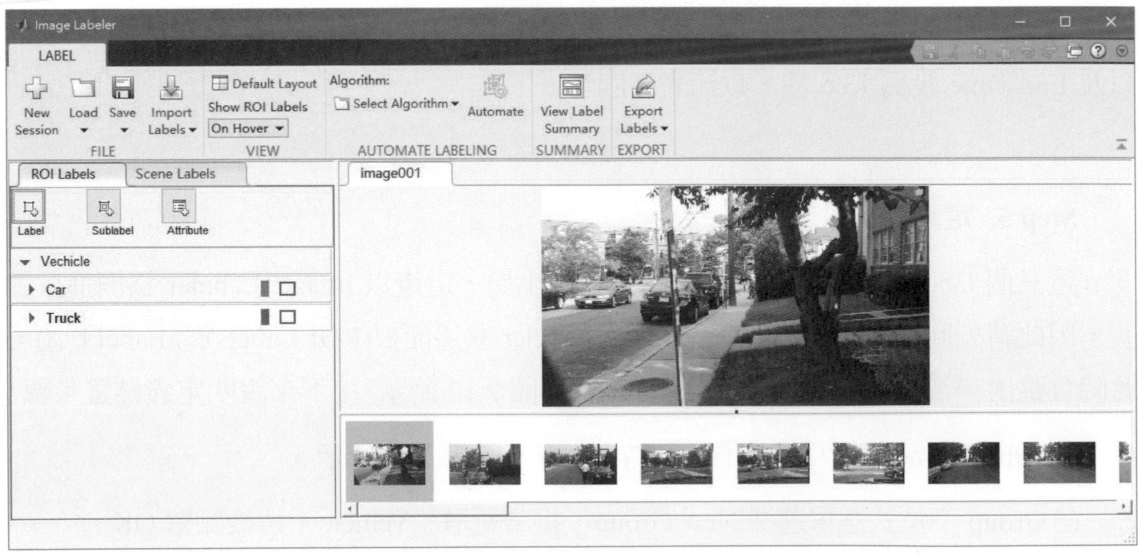


圖 2.18 目前所定義標籤及標記 bounding box。

上述步驟已說明如何進行圖像或影片中感興趣區域的 bounding box 標記，接下來將介紹如何進行感興趣區域的**像素標記**。這邊一樣使用上述的資料進行說明，資料載入後，可參考“Step 5. 定義標籤”的方式，一樣點擊 ROI Labels 中的 Label 以定義標籤，但是標記方式需要從 Rectangle 修改成 Pixel label，如圖 2.19 所示。

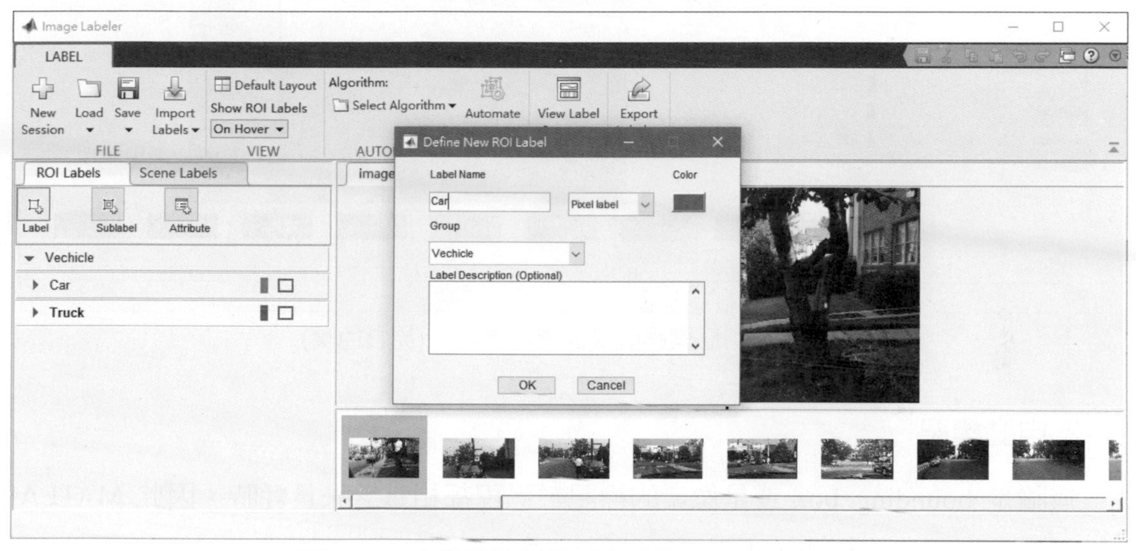


圖 2.19　定義標籤其標記方式為 pixel label。

定義好標籤後，就可以透過上方的上色工具對感興趣區域的像素進行標記，如圖 2.20 所示。上方工具列包含多邊形標記(polygon)、填充(flood fill)、刷子(brash)及橡皮擦，讀者們可以自行嘗試看看。圖 2.20 筆者定義了 pixel Car、pixel Road 及 pixel Back。而像素標記的資料可用來進行語義分割，在第八章會介紹相關例子。

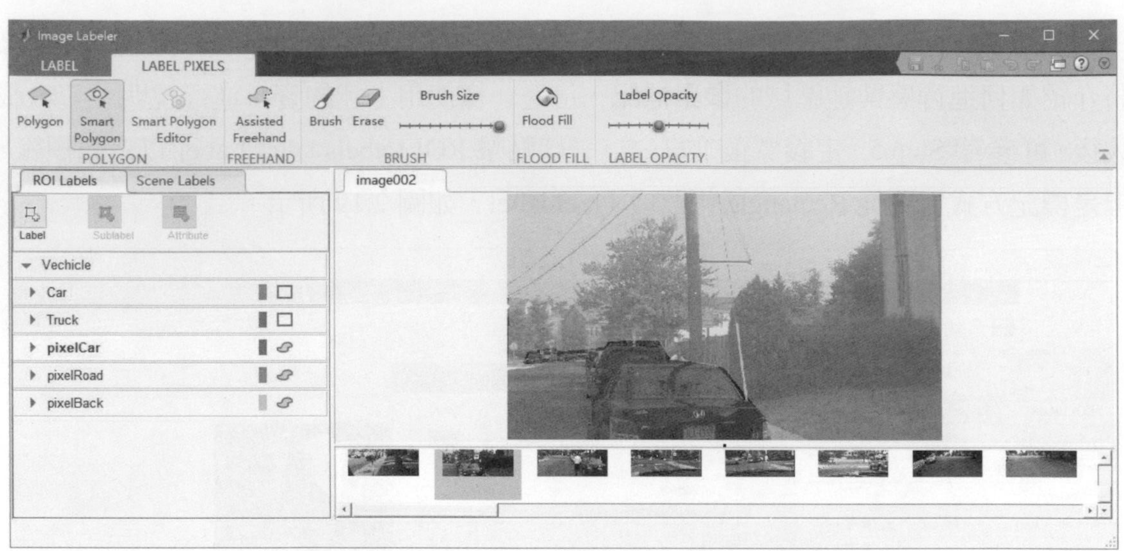


圖 2.20　感興趣區域像素的標記。(見彩色圖)

## 2-2-2 自動標記

無論是 bounding box 或是像素的標記，過程都相當乏味且耗時，因此 MATLAB 提供了自動標記的演算法，不過這些演算法需要標記的資料是有時間上的相關性，也就是下一張不能與前一張相差太多。這邊使用 video labeler 來進行說明，參考前一章節的 2-2-1 的 Step 4-2 將影片載入，然後依照“2-2-1 的 Step 5. 定義標籤”的方式定義標籤。

**Step 1. 選擇演算法**

按下 Algorithm 下面的 Select Algorithm，來選擇我們想要使用的自動標籤演算法。我們選擇 Point Tracker 為例，如圖 2.21 所示，這是基於 Kanade-Lucas-Tomasi(KLT) algorithm 概念所開發的跟蹤演算法，又稱為 Lucas 光流演算法，這套演算法最基本的概念就是藉由評估當前這幀圖像以及它的後一幀圖像來做比較，它藉由假設一個物體的顏色在前後兩幀沒有很明顯的變化，一有變化則將變化的區域給抓出來。這個方法主要運用在跟蹤方面，尤其是可以做到即時的計算處理速度上，故到現在仍是許多研究者在做影像追蹤時所採用的演算法之一。此外在 Algorithm 內可以點擊 Configure Automation 修改一些參數設定。

圖 2.21 選擇 Point Tracker 自動標記演算法。

**Step 2. 執行自動標記**

首先將時間軸移動至約 4.2 秒的位置之後點擊 Automate 按鈕，會開啓自動標記的新工作，其中演算法說明會在右邊面板，如圖 2.22 所示。

圖 2.22 自動標記的新工作的畫面。

**Step 3. 框出候選區域**

根據 Point Tracker 演算法的說明，必須先標記出一個或多個感興趣區域的 bounding box。因此爲汽車標記其 bounding box，如圖 2.23 所示。

圖 2.23　標記汽車的 bounding box。

**Step 4. 執行**

直接按下 Run 便可開始運行。

**Step 5. 按下 Accept**

Point Tracker 自動標記演算法結束後，如果對感興趣區域的 bounding box 所標記的目標滿意的話，就可以直接按下 Accept 來儲存這次的動作，如圖 2.24 所示。如果不滿意的話，可以選擇 Cancel 來結束這次的結果。重複 Step2 ~ Step5 步驟即可標記出所有汽車的 bounding box。

圖 2.24　確認儲存自動標記結果的畫面。

## 2-2-3 輸出 ground truth table

完成標記後，最重要的步驟就是將結果輸出到 MATLAB 的 Workplace 或是將結果儲存在磁碟空間裡。點擊 Export Labels 按鈕，嘗試使用下拉式選單內的兩個功能：(1) To File 及(2) To Workspace，如圖 2.25 所示。

圖 2.25　輸出標記結果的選項。

點擊 To Workspace，會跳出如圖 2.26(a)所示的視窗，讓使用者輸入變數名稱，完成後就可以按 OK 將標記資料輸出至 Workspace，如圖 2.26(b)所示。點擊 To File 會輸出與 To Workspace 相同資料型態(groundTruth)的變數的.mat 檔案到指定的資料夾內。

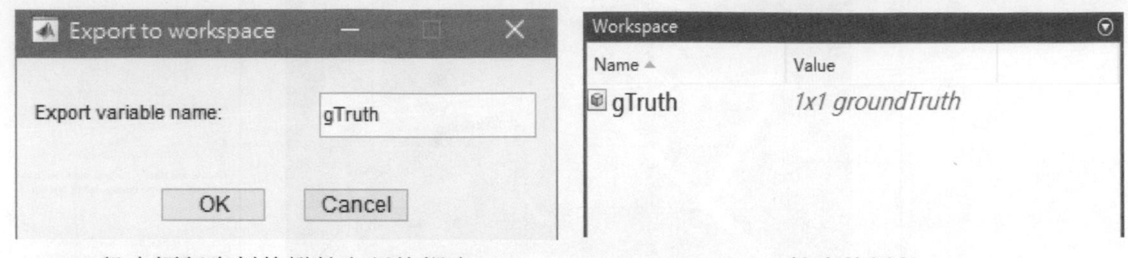


(a)設定標記資料的變數名稱的視窗。 (b)輸出的變數。

圖 2.26 相對應畫面。

gTuruch 變數的內容如圖 2.27 所示，包含了 DataSource (資料來源)、LabelDefinitions (定義的標籤)、LabelData (標記資料)。讀者們可以透過底下簡單的指令將 gTuruch 轉換成物件偵測網路所要求的訓練資料格式，如 table，這部分會在第八章進行說明。

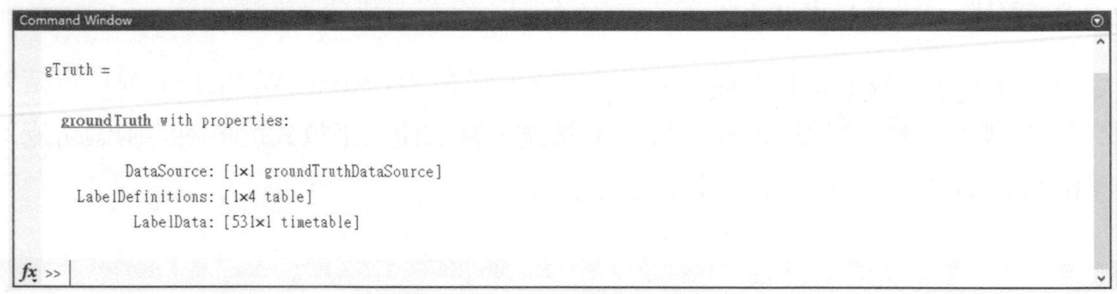


圖 2.27 gTuruch 變數的內容。

```
%轉成 table
trainingDataTable = objectDetectorTrainingData(gTruth);

%轉成 imageDatastore 及 bounding box 的資料
[imds,blds] = objectDetectorTrainingData(gTruth)
cds = combine(imds,blds); %結合
```

## 2-3 圖像預處理

有時候我們在做深度學習網路訓練時，通常會收集一堆圖像資料，其中可能會包含不同尺寸及不同通道數(RGB 或灰階)的圖像，而圖像的不一致很有可能導致在輸入到網路模型的時候發生問題；或是收集的圖像資料不多，導致在訓練模型上出現過度擬合的情況。爲了避免上述情況，通常會進行圖像處理，例如將尺寸或通道數修改成相同大小、將現有的資料進行變形處理以增加資料量(資料擴增)。本節將介紹如何使用 MATLAB 裡面的 Image Batch Processor 來做圖像的批次處理，這個套件的最大好處就是可以藉由寫入一個能透過簡易的修改程式修改單一張圖片，並可將所有同一資料集裡的圖片同步處理，如：轉灰階或是圖片縮放等，就可以將所有資料集裡面圖片都同步處理完成，這可以讓許多對程式不是很上手的人，簡單地批次處理圖像資料。

**Step 1. 開啓 MATLAB 並按下 APPS**

開啓 MATLAB 程式後，都會預先在 HOME 的頁面，而要使用 APPS 就要點選 APPS，如圖 2.28 所示。

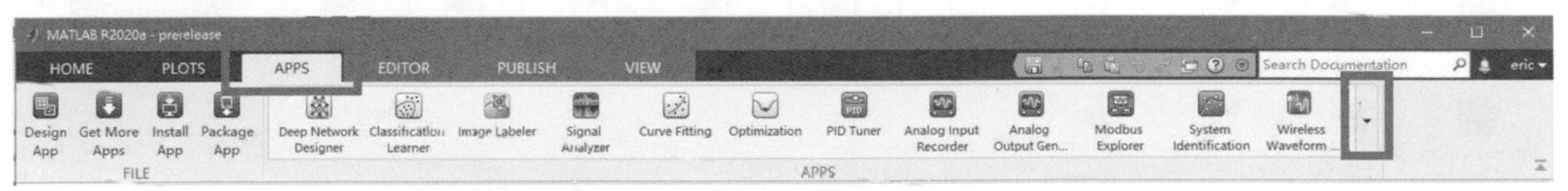


圖 2.28 APPS 按鈕位置。

**Step 2. 選擇 Image batch processor**

Image batch processor 位於 Image processing and computer vision 的位置下，如圖 2.29 所示。或者在 Command Window 中輸入：imageBatchProcessor。

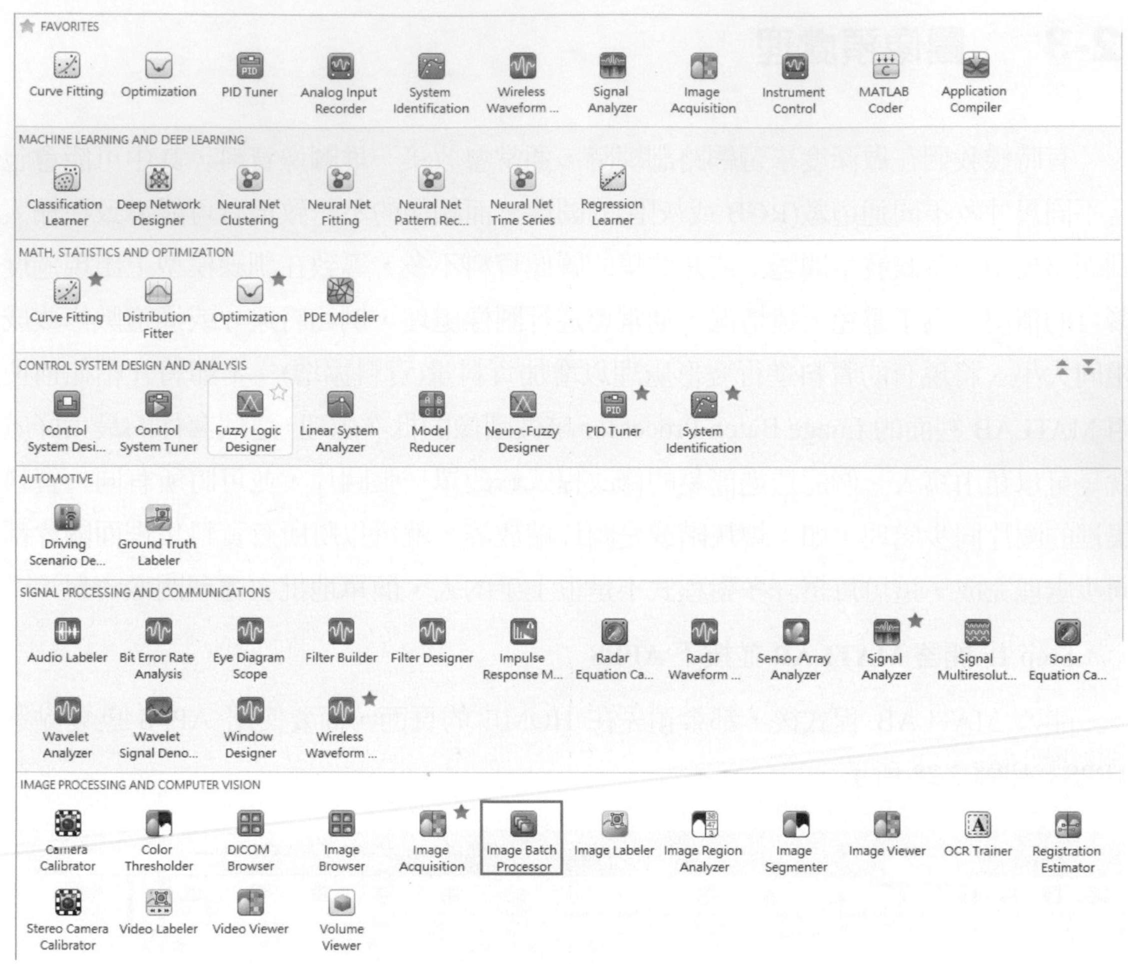


圖 2.29 Image batch Processor 位置。

**Step 3. 選擇 Load Images**

接下來是去選擇想要輸入的圖像資料集，本範例是拿 2-1 的圖像分類例子的 MathWorks Cap 資料夾進行示範。資料路徑請參考 2-1。

首先點擊 Image batch Processor 左上方的 Load Images 選取資料夾的動作，此時會跳出一視窗，如圖 2.30 所示，用以選擇要載入的資料夾。確定資料夾位置就按下 Load。在讀取檔案位置下面的 Include images in subfolders 的訊息，則是可以將整個圖片分類資料夾下所有分類的子資料夾一起同時做批次處理。

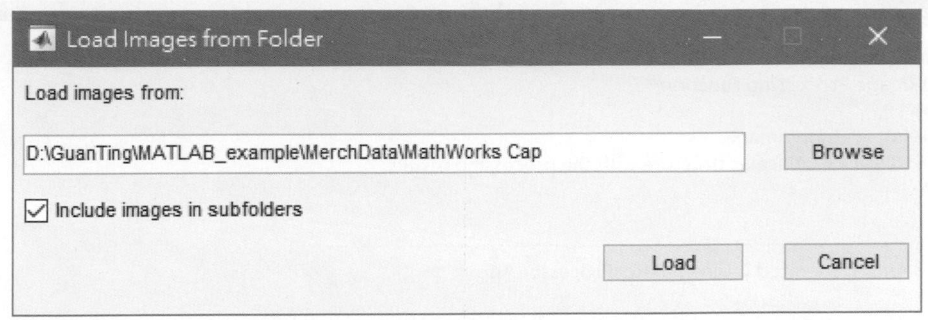


圖 2.30　讀取資料夾位置。

**Step 4. 圖片資料狀態**

讀取資料夾成功後，會將資料夾中的圖片全部顯示出來，左邊爲圖像資料夾的所有圖片，右邊會顯示我們所點選的圖片，如圖 2.31 所示。如果有讀取失敗的問題，請再回去前面步驟去做檢查。

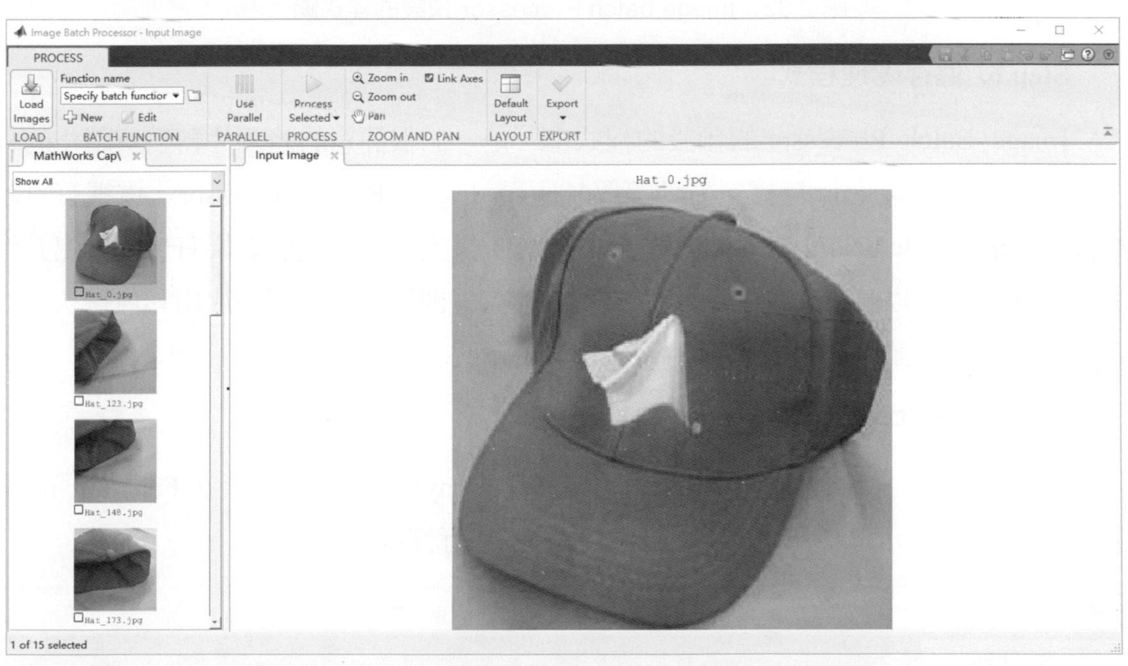


圖 2.31　Image batch Processor 成功載入圖片畫面。

**Step 5. 新增批次處理程式**

點取 PROCESS 下面 Function name 的 New，就會在 Editor 顯示一組預設的程式碼，如圖 2.32 所示。

```
Editor - Untitled*
Untitled*

function results = myimfcn(im)
%Image Processing Function
%
% IM      - Input image.
% RESULTS - A scalar structure with the processing results.
%

%--------------------------------------------------------------------------
% Auto-generated by imageBatchProcessor App.
%
% When used by the App, this function will be called for every input image
% file automatically. IM contains the input image as a matrix. RESULTS is a
% scalar structure containing the results of this processing function.
%
%--------------------------------------------------------------------------



% Replace the sample below with your code---------------------------------

if(size(im,3)==3)
```

圖 2.32　Image batch Processor 預設的程式碼。

**Step 6. 儲存處理程式**

Image Batch Processor 的預設的程式中，是一個很簡單的將圖片轉為灰階化的程式，此程式請直接進行存檔，方便等等加入至 Image Batch Processor。這裡有寫說 Replace the sample below with your code 的註解，代表說這裡我們如果有想要做出其他圖片的轉換，可以直接在這裡改程式碼。作者在這裡先使用此把圖片由彩色轉灰階的程式進行示範，並將此程式碼取名為 myimfcn.m。

**Step 7. APP 中 Function name 選擇程式**

回到 APP 中，我們可以看到我們剛剛儲存的 myimfcn.m 的程式在 Function name 中，如圖 2.33 所示，按下 Edit 可跳出此程式以進行修改。

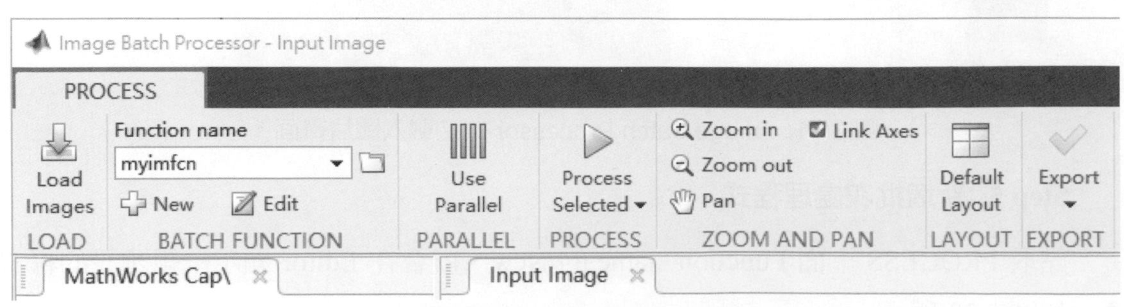


圖 2.33　Function name。

**Step 8-1. Process Selected**

接下來，我們直接按下 Process Selected，可以看到第一張圖片轉化成灰階化的樣子。按下右邊 Results 的 Show 就可以將轉變過後的圖像顯示出來。

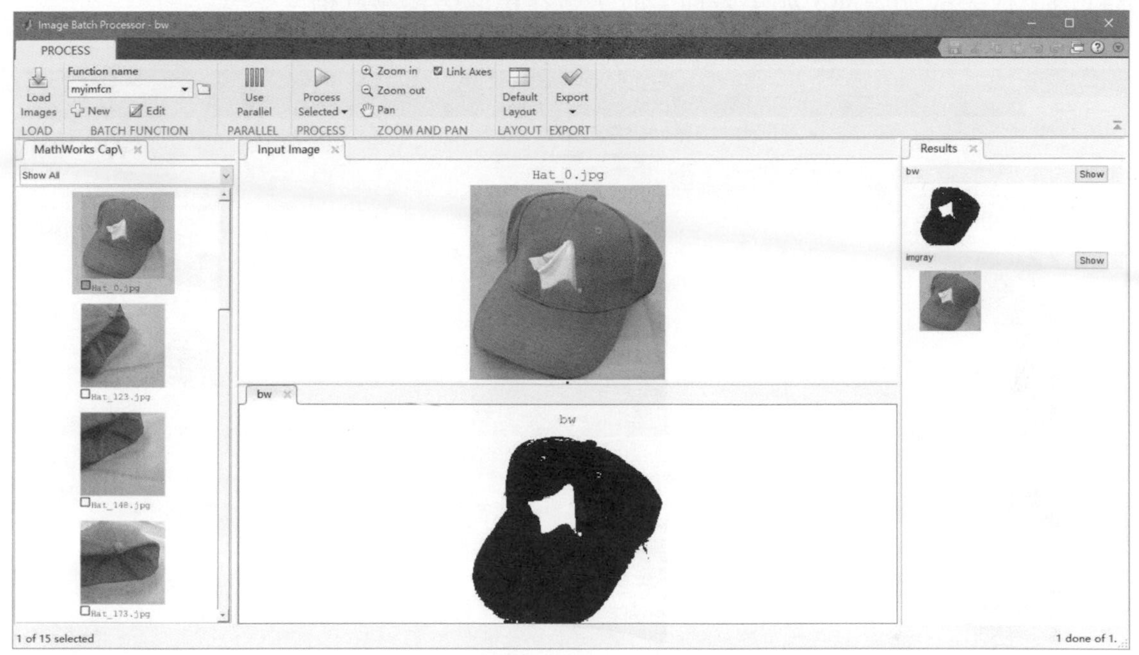


圖 2.34　圖像經過 myimfcn.m 處理後的結果。

**Step 8-2. Process Selected 批次處理**

上述範例爲一張圖片的處理，接下來按下 Process Selected 的下鍵，可以選取 Process Selected (選擇圖片進行批次處理)及 Process All (所有資料夾圖片同時批次處理)，我們這裡選擇 Process All，如圖 2.35 所示。

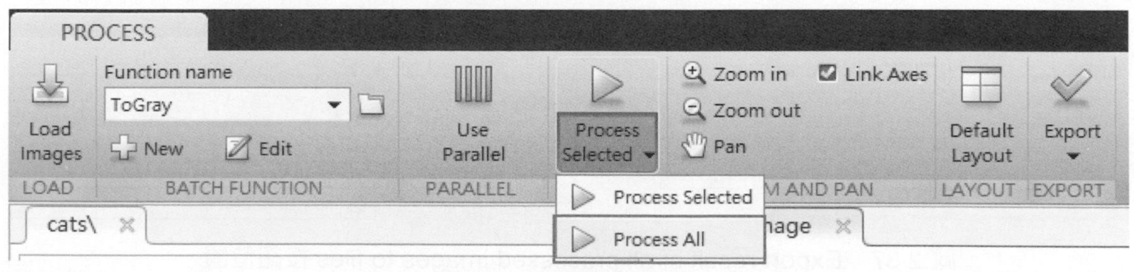


圖 2.35　Process All 按鈕位置。

### Step 8-3. 檢視批次處理結果

批次處理的時候，可以看著右下角的進度條，看出現再處理到第幾張圖片。批次處理完，就可以點選每一張圖片，並看結果如何。每一張圖片處理完都會再檔名旁邊亮綠燈，代表成功處理，如果處理失敗，會在檔名旁邊亮紅燈。

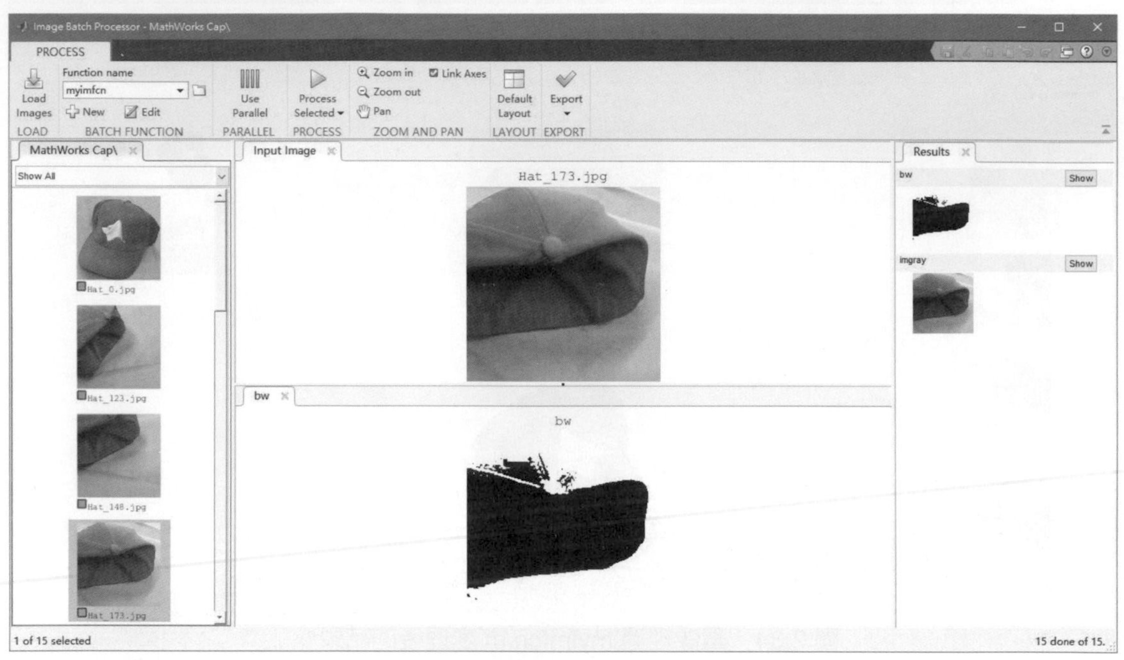


圖 2.36　全部圖像經過 myimfcn.m 處理後的結果。

### Step 9-1. 將批次圖像結果儲存成資料夾

點取 Export，選擇第二個 Export result of all processed images to files，將批次處理後的圖片儲存在其他檔案資料集裡面，如圖 2.37 所示。

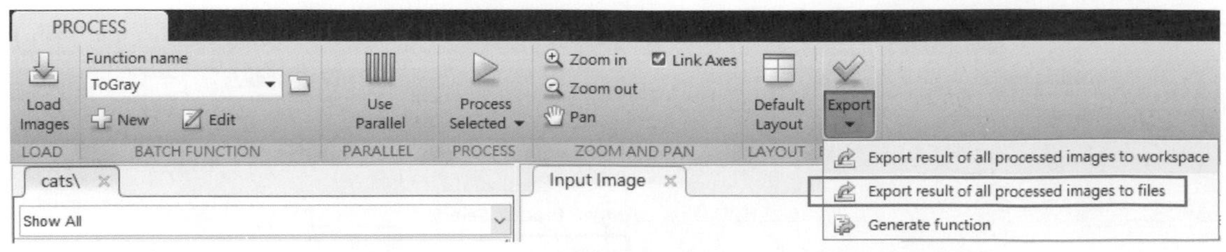


圖 2.37　Export result of all processed images to files 按鈕位置。

**Step 9-2. 將批次圖像結果儲存成資料夾**

這時會跳出一視窗，如圖 2.38 所示，上面是選擇圖像儲存的檔案格式，下面則是選擇要將圖像儲存在哪一個資料夾裡面。選擇完畢後按下 OK。

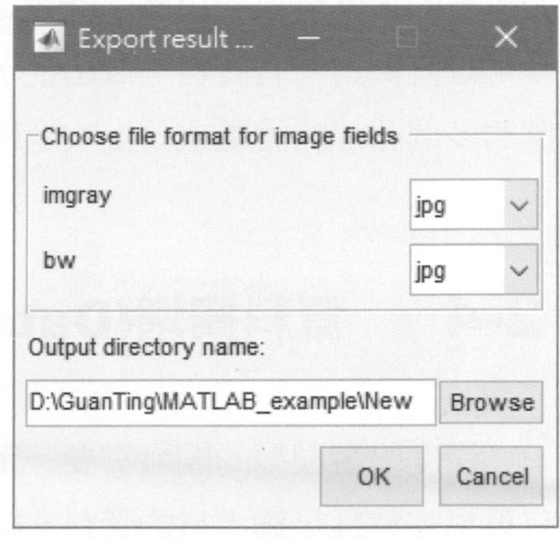


圖 2.38　儲存圖片設定。

**Step 10. 檢查輸出圖片資料夾**

找出前一步驟儲存的圖片資料夾，就可以看到剛剛結果已儲存成功，如圖 2.39 所示。

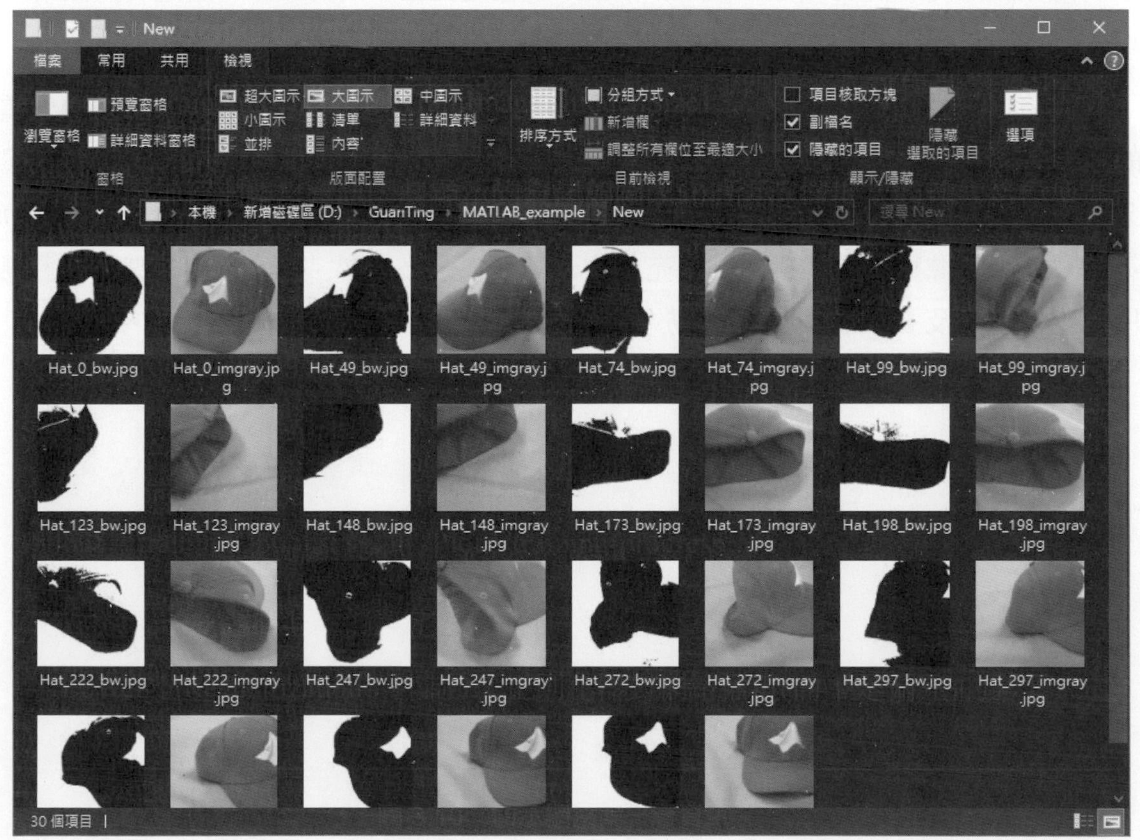


圖 2.39　儲存圖片的結果。

此節範例主要為介紹批次處理 APP 的功能，如果有同學需要批次對圖像做出其他的改變的，就可以使用此 APP，輸入的程式碼只要對單一圖片做處理，放入此 APP，就可以直接對所有資料夾做出批次處理。這對許多不熟悉程式的同學，包含如何自己撰寫多個圖片的讀檔或是批次處理等，可以說算是很簡單的方式。

## 2-4 資料擴增(Data augmentation)

深度學習模型的開發需要一定的資料量，然而對於個人開發者或普通公司很難擁有蒐集完整且足夠大量的資料，若資料量不足會導致擬合不足(underfitting)；而資料的多樣性不足會導致過度擬合(overfitting)，使模型無法廣泛地應用於其他相關資料上。因此，就有資料擴增技術的出現，資料擴增是將原始圖像進行旋轉、調整比例、改變色溫、翻轉、加噪或切割等動作，加以產生一張新的圖像，這些新的圖像透過人眼觀察仍可辨識出是相同的圖像，但對於機器來說已是完全不同的圖像。透過資料擴增可以解決資料量不足的問題且能夠提升模型的預測準確率以及廣泛地應用能力。

MATLB 已提供許多方法在不同應用上進行資料擴增，除了可以對一般圖像分類的訓練上進行資料擴增外，如圖 2.40 所示，也能夠將資料擴增應用於物件偵測及語義分割上，如圖 2.41 所示。而在後續章節中，資料擴增的應用方式將透過例子進行說明：第四章 4-1 圖像重調整與數據集擴充、第五章 5-3 遷移學習、第八章 8-3 深度學習應用於物件偵測及 8-5 深度學習應用於語義分析，皆有資料擴增的應用。

圖 2.40 一般圖像分類的訓練上進行資料擴增。

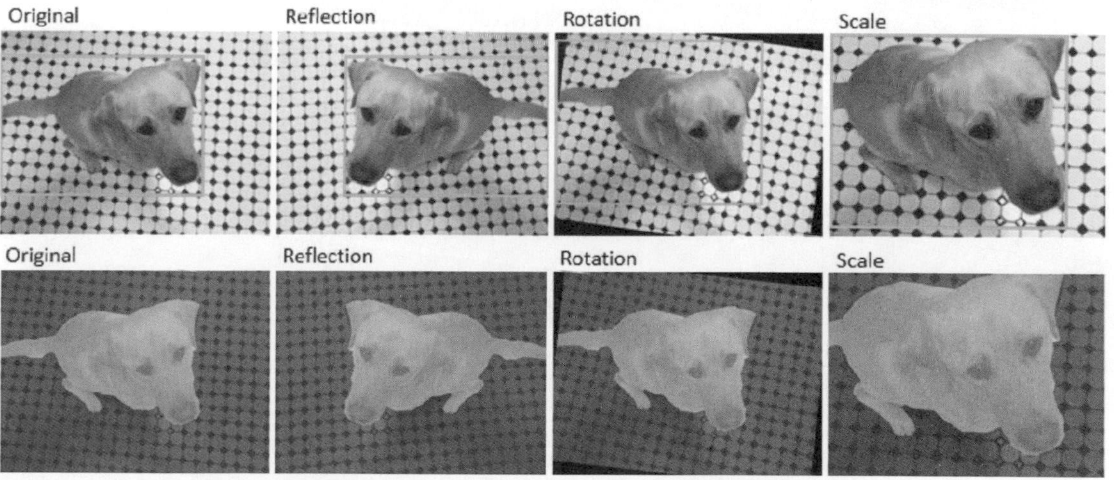


圖 2.41 資料擴增應用於物件偵測及語義分割。

# 習題

1. 如何得知 MATLAB 的當前路徑？
2. imageDatastore 函式需設定哪一項輸入選項才可以根據資料夾名稱給予標籤？
3. Image Labeler 及 Video Labeler 可以 Export 哪一些資料型式？
4. Image Labeler 可以進行哪一些標記方式？

CHAPTER 3

# 深度學習常見模型與函式語法介紹

## 本章摘要

# 3-1　卷積神經網路(convolution neural network, CNN)

卷積神經網路是神經網路的一種，其示意圖如圖 3.1 所示，大部分 CNN 架構包含：(1)卷積層(Convolution Layer)、(2)池化層(Pooling Layer)及(3)全連接層(Fully Connected Layer，內部包含 Flatten 層)。通常入門深度學習會以 CNN 爲起點，CNN 較容易被理解，並且在圖像識別以及分類等領域十分熱門，成果也較容易被展現。

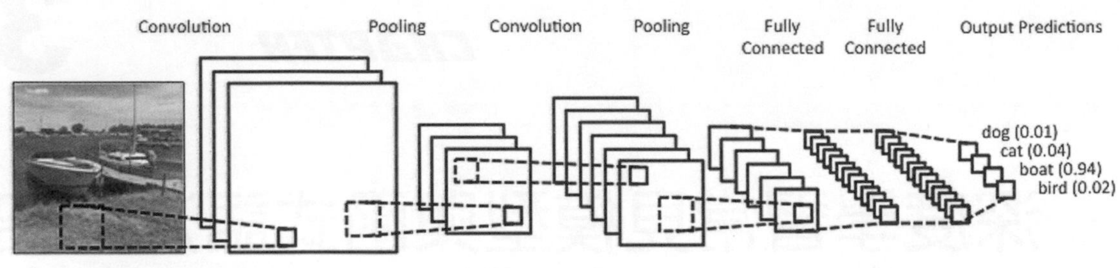


圖 3.1　卷積神經網路架構[1]。

## 3-1-1 卷積層(Convolution Layer)

卷積運算就是將圖像的與特定的卷積核(有些人稱其爲 kernel，有些人稱其爲 filter)進行卷積運算(運算符號：⊗)，卷積運算示意圖如圖 3.2 所示。卷積運算是將卷積核對應的圖像區域與卷積核進行元素對元素的相乘後再相加，以圖 3.2 爲例 $0\times0 + 0\times0 + 0\times1 + 0\times1 + 1\times0 + 0\times0 + 0\times0 + 0\times1 + 0\times1 = 0$。

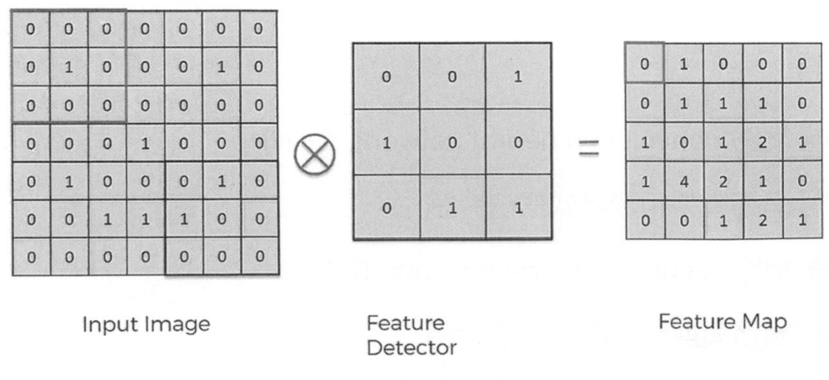


圖 3.2　卷積運算示意圖[2]。

而中間獲取新的特徵圖的部分，會使用(1)步長(stride)與(2)填充(padding)達到更多變化，其示意圖如圖 3.3 及 3.4 所示。設定步長能調整每次卷積核滑動的格數，來達到放大縮小特徵圖的效果。設定的步長越大，得到的特徵圖越小；設定填充可將圖像周圍填補，最常見的手法為 zero padding，讓卷積後特徵圖不會縮小，也能設定不同值來達到目的。

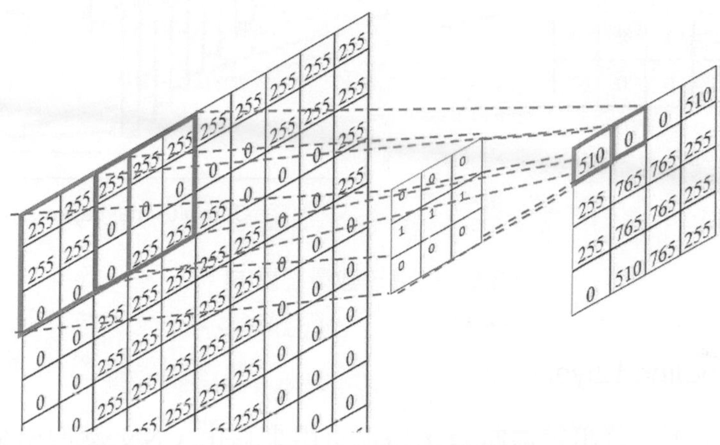

圖 3.3　步長示意圖，此示意圖步的長為 2[3]。

| 255 | 255 | 255 | 255 | 255 | 255 | 255 | 255 | 255 | 255 |
|---|---|---|---|---|---|---|---|---|---|
| 255 | 255 | 0 | 0 | 0 | 0 | 0 | 255 | 255 | 255 |
| 0 | 0 | 0 | 255 | 255 | 255 | 0 | 0 | 0 | 255 |
| 0 | 0 | 255 | 255 | 255 | 255 | 255 | 0 | 0 | 255 |
| 0 | 0 | 255 | 255 | 255 | 255 | 255 | 0 | 0 | 0 |
| 0 | 0 | 255 | 255 | 255 | 255 | 255 | 0 | 0 | 0 |
| 0 | 0 | 255 | 255 | 255 | 255 | 255 | 0 | 0 | 0 |
| 0 | 0 | 0 | 255 | 255 | 255 | 255 | 0 | 0 | 0 |
| 255 | 0 | 0 | 0 | 255 | 255 | 255 | 0 | 0 | 0 |
| 255 | 255 | 0 | 0 | 0 | 0 | 0 | 0 | 255 | 255 |

| 0 | 0 | 0 | 0 | 0 | 0 | 0 | 0 | 0 | 0 | 0 | 0 |
|---|---|---|---|---|---|---|---|---|---|---|---|
| 0 | 255 | 255 | 255 | 255 | 255 | 255 | 255 | 255 | 255 | 255 | 0 |
| 0 | 255 | 255 | 0 | 0 | 0 | 0 | 0 | 255 | 255 | 255 | 0 |
| 0 | 0 | 0 | 0 | 255 | 255 | 255 | 0 | 0 | 0 | 255 | 0 |
| 0 | 0 | 0 | 255 | 255 | 255 | 255 | 255 | 0 | 0 | 255 | 0 |
| 0 | 0 | 0 | 255 | 255 | 255 | 255 | 255 | 0 | 0 | 0 | 0 |
| 0 | 0 | 0 | 255 | 255 | 255 | 255 | 255 | 0 | 0 | 0 | 0 |
| 0 | 0 | 0 | 255 | 255 | 255 | 255 | 255 | 0 | 0 | 0 | 0 |
| 0 | 0 | 0 | 0 | 255 | 255 | 255 | 255 | 0 | 0 | 0 | 0 |
| 0 | 255 | 0 | 0 | 0 | 255 | 255 | 255 | 0 | 0 | 0 | 0 |
| 0 | 255 | 255 | 0 | 0 | 0 | 0 | 0 | 0 | 255 | 255 | 0 |
| 0 | 0 | 0 | 0 | 0 | 0 | 0 | 0 | 0 | 0 | 0 | 0 |

圖 3.4　zero padding 填充示意圖[4]。

此外，卷積核數量可以自行設定其多寡，用以產生好幾種不同的形狀、線條及紋理等等，其目的就是萃取出圖像當中多樣的特徵，就像人的大腦在判斷這個圖片是什麼東西也是根據某些特徵來推測。卷積核通常設計為 3×3 一般在圖像上，捲積運算後會再加上激活函數(activation function)，進行非線性轉換，之後得到的圖片會稱為特徵圖(feature map)，如圖 3.5 所示。

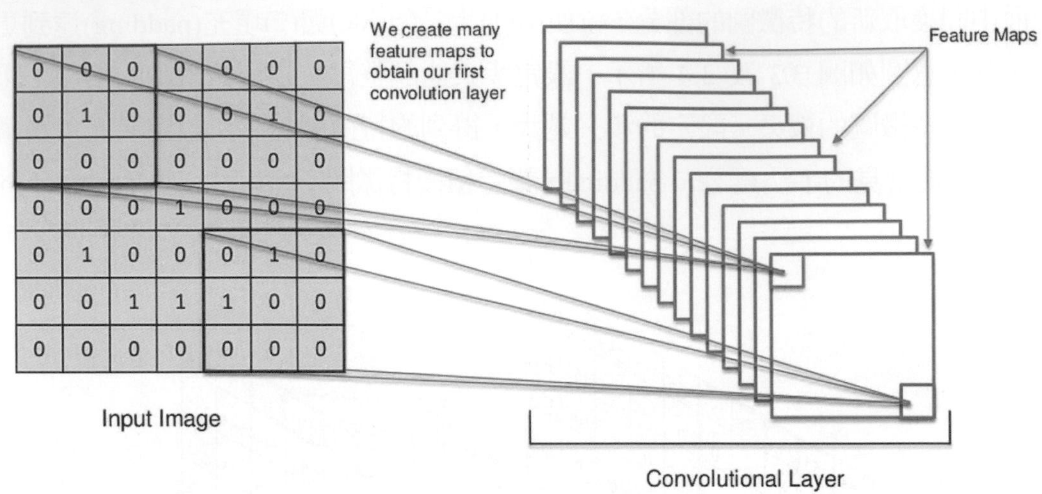


圖 3.5 卷積核數量設置[5]。

### 3-1-2 池化層(Pooling Layer)

池化層主要是用以降低特徵數量，也可以用來強化 CNN 萃取出來的特徵。池化層有很多種形式，其中最大池化(Max pooling)是最爲常見，圖 3.6 爲最大池化層的示意圖，Max Pooling 的概念很簡單只要挑出滑動視窗當中的最大值就好，Max Pooling 主要的好處是當圖片整個平移幾個 Pixel 的話對判斷上完全不會造成影響，以及有很好的抗雜訊功能。

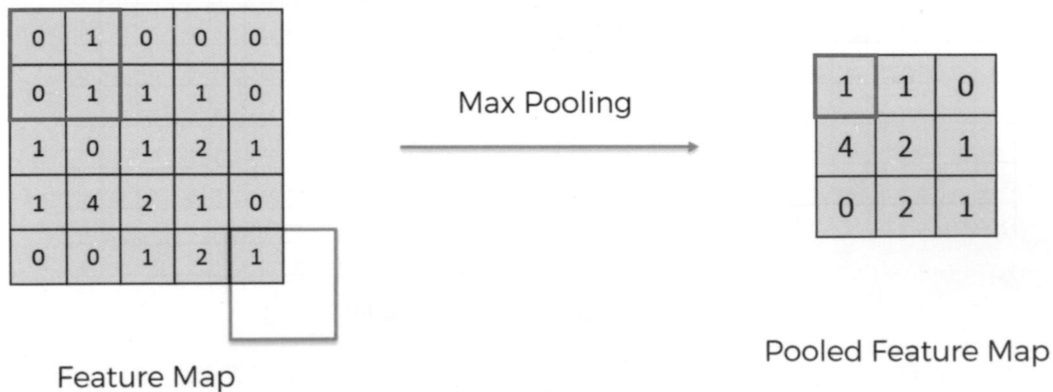


圖 3.6 最大池化層示意圖，池化視窗為 2×2；步長為 2[6]。

### 3-1-3 激活函數(Activation function)

激活函數是用來加入非線性因素，來讓每個循環過程的神經元不斷變化。例如 tanh 這個特徵函數在特徵相差很明顯的時候效果會較好，而特徵相差不是特別大的時候 sigmoid 會顯得效果更好，但是利用 sigmoid 和 tanh 的時候一定要對輸入進行正規化，不然輸出都會趨近相同。但是目前大部分神經網路採用 ReLU 則並不需要做這一點，ReLU 取的點是 0 到最大值，即 ReLU 在不斷嘗試一個大部分值爲 0 的矩陣來表示數據特徵，使用目前這種方法變得較好，所以目前大部分神經網路皆採用這激活函數。圖 3.7 爲目前常用的活化函數。

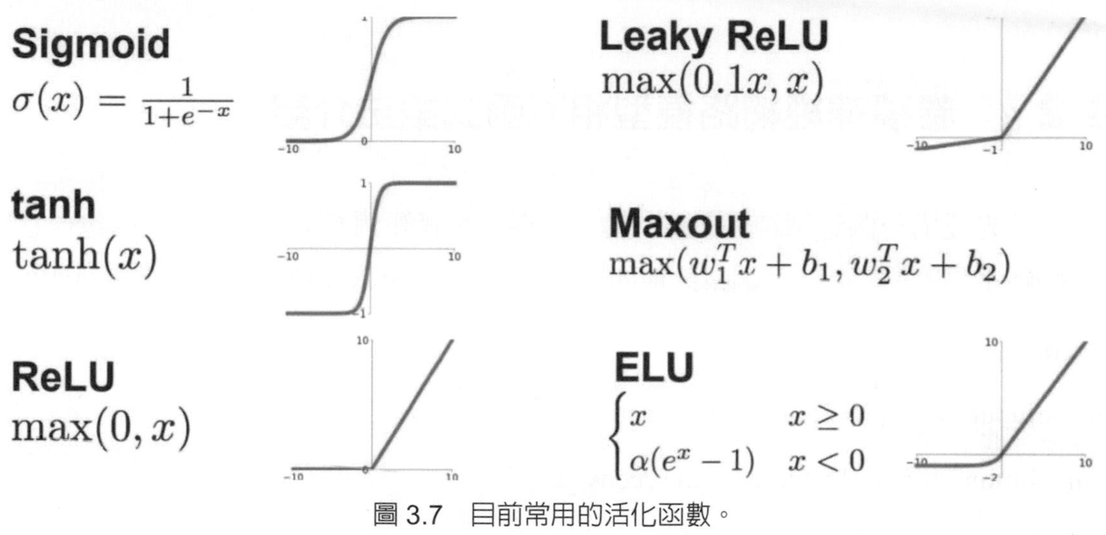


圖 3.7 目前常用的活化函數。

### 3-1-4 全連接層(Fully Connected Layer)

全連接層的目的是集合先前卷積層計算的特徵，並將這些特徵資訊透過權重來分配特徵的強弱，因爲有些特徵能更好地區別類別之間差異，有些則否。卷積層輸出的特徵圖在進入全連接層之前會先將特徵圖攤平成一維陣列，因爲完成卷積運算和池化後得到的特徵圖還是一個二維的圖像，到全連接層前要先轉成一維的陣列，如圖 3.8 所示。所以每當 CNN 在分類一張新的圖片時，這張圖片會經過低至高階層的卷積運算，再抵達全連接層，最後透過 softmax 層將全連接層的輸出正規化至 0~1 區間且總和爲 1(以機率表示分類結果)，而擁有最高數值的選項將成爲這張圖片的類別。

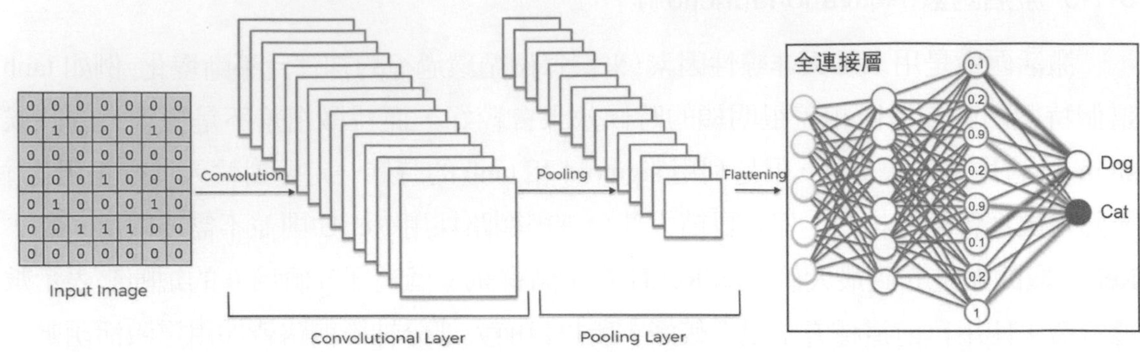


圖 3.8　全連接層示意圖[6]。

## 3-2 卷積神經網路模型相關函式語法介紹

在此先建構一個卷積神經網路架構，請參考光碟範例 CH3_1.mlx，裡面包含卷積神經網路常見的網路層，其網路架構如圖 3.9 所示，接下來將會以此為基準進行說明。

```
layers = [
imageInputLayer([28 28 3],'Name','input')
convolution2dLayer([5 5],10,'Name','conv_1')
batchNormalizationLayer('Name','batch')
maxPooling2dLayer(2,'Name','pool')
reluLayer('Name','relu_1')
dropoutLayer(0.2,'Name','dropout')
fullyConnectedLayer(10,'Name','fc_1')
softmaxLayer('Name','softmax')
classificationLayer('Name','output')]
```

```
Command Window

layers =

  6x1 Layer array with layers:

     1   ''   Image Input             28x28x3 images with 'zerocenter' normalization
     2   ''   Convolution             10 5x5 convolutions with stride [1  1] and padding [0  0  0  0]
     3   ''   ReLU                    ReLU
     4   ''   Fully Connected         10 fully connected layer
     5   ''   Softmax                 softmax
     6   ''   Classification Output   crossentropyex
fx >>
```

圖 3.9 卷積神經網路架構。

或是可以單獨創建每個層再將它們連接起來

```
input = imageInputLayer([28 28 3]);

conv = convolution2dLayer([5 5],10);

batch = batchNormalizationLayer;

maxpool = maxPooling2dLayer(2);

relu = reluLayer;

dropout = dropoutLayer(0.2);

fc = fullyConnectedLayer(10);

sm = softmaxLayer;

co = classificationLayer;

layers = [input;conv;batch;maxpool;relu;dropout;fc;sm;co];
```

## 3-2-1 指令介紹

imageInputLayer：圖像輸入層用來輸入圖像以及進行資料正規化

```
語法：

layer = imageInputLayer(inputSize)

layer = imageInputLayer(inputSize,Name,Value)
```

描述：

- inputSize：輸入圖像的大小，其爲一列向量[h w c]，分別爲高、寬及通道數。如果圖像爲灰階則通道數爲 1；RGB 則爲 3。
- Name,Value：設定選項，說明常見設定
  - Normalization：資料正規化，在訓練模型前會執行，正規化方法包含
    - ✓ 'zerocenter'：個別資料減去所有資料的平均
    - ✓ 'zscore'：個別資料減去所有資料的平均，再除以所有資料的標準差
    - ✓ 'rescale-symmetric'：個別資料的數值將根據最大及最小值被重新調整至-1~1 區間
    - ✓ 'rescale-zero-one'：個別資料的數值將根據最大及最小值被重新調整至 0~1 區間
    - ✓ 'none'：不進行資料正規化
  - Name：設定網路層名稱。

例子：

layer = imageInputLayer([28 28 3]) %建立一輸入層，其輸入大小爲 28×28×3

layer = imageInputLayer([28 28 3],'Normalization','zerocenter')%建立一輸入層，其輸入大小爲 28×28×3，且在訓練前進行零平均正規化

convolution2dLayer：二維卷積層

語法：

layer = convolution2dLayer(filterSize,numFilters)

layer = convolution2dLayer(filterSize,numFilters,Name,Value)

描述：

- filterSize：卷積核大小，其爲一列向量[h w]，分別爲高及寬，如果輸入爲一純量則表示[h w]皆爲該數值。

- numFilters：卷積核數量，其為一純量。
- Stride：步長，其維一列向量[a b]，分別為垂直步長與水平步長，如果輸入為一純量則表示[a b]皆為該數值。
- Padding：填充方式，其包含
  - 'same'：使卷積大小不變
  - 列向量[a b]：a 表示對圖像頂部及底部進行填充；b 則表示對圖像兩側進行填充
  - 列向量[t b l r]：根據指定的數值進行填充，t 為頂部、b 為底部、l 為左側及 r 為右側

例子：

layer = convolution2dLayer（[5 5],10）%建立一卷積層，其卷積核大小為 5×5，卷積核數量為 10

layer = convolution2dLayer(11,96,'Stride',4)%建立一卷積層，其卷積核大小為 11×11，卷積核數量為 96，且步長為 4

convolution2dLayer(5,96,'Stride',4,'Padding',1) %為創建一卷積層，其中包含 96 個大小為 5×5 的濾波器，並且步長為 4 而填充則填充為 1

batchNormalizationLayer：批次正規化層，在同一批次中，將某一層網路層的輸出正規化至同一區間，用來節省訓練時間並降低網路權重初始化的靈敏性，是一種常用於優化網路效能的網路層。

語法：

layer = batchNormalizationLayer

layer = batchNormalizationLayer('Name',Value)

描述：

- 'Name',Value：參數設定，說明常見設定

- Name：設定網路層名稱。

maxPooling2dLayer：最大池化層

語法：

```
layer = maxPooling2dLayer(poolSize)
layer = maxPooling2dLayer(poolSize,Name,Value)
```

描述：

- poolSize：池化層的移動式窗的大小
- Name,Value：參數設定，說明常見設定
    - Stride：步長，其維一列向量[a b]，分別爲垂直步長與水平步長，如果輸入爲一純量則表示[a b]皆爲該數値。
    - PaddingSize：根據指定的數値對圖像邊緣進行填充，t 爲頂部、b 爲底部、l 爲左側及 r 爲右側。
    - Name：設定網路層名稱。

例子：

```
layer = maxPooling2dLayer(2)
%建立一 2×2 的 maxpolling 層，其名稱爲 maxpool
layer = maxPooling2dLayer(2,'Name','maxpool')
```

除了最大池化層以外，MATLAB 還提供平均池化層及全域平均池化層的池化層函式。前者計算 poolSize 內的元素之平均，可以使用的函式輸入與 maxPooling2dLayer 相同；後者爲計算整張特徵圖的平均，可以使用的函式輸入只有設定網路層名稱。

語法：

```
layer = averagePooling2dLayer(poolSize)
layer = globalAveragePooling2dLayer('Name',name)
```

例子：

```
layer = averagePooling2dLayer(2,'Name','avePooling')
layer = globalAveragePooling2dLayer('Name','gap1')
```

reluLayer：ReLU 層

語法：

```
layer = reluLayer
layer = reluLayer('Name',Name)
```

描述：

- Name：爲該網路層進行命名，其爲一字串矩陣。

例子：

```
layer = reluLayer
layer = reluLayer('Name','relu1')%建立一 ReLU 層，其名稱爲 relu1
```

其他活化函數層：

限幅整流線性單元層(clippedRelu)：

```
layer = clippedReluLayer(ceiling,'Name','clipped1')%ceiling 爲一正數
```

洩漏修正線性單元層(leakyRelu)：

```
layer = leakyReluLayer(scale,'Name','leaky1')%scale 爲一正數
```

dropout：丟棄層，根據給定的機率將輸入的元素(神經元)隨機設置爲零。丟棄層用途是避免網路訓練時過度擬合，造成實際測試時準確率下降。

語法：

```
layer = dropoutLayer
```

layer = dropoutLayer(probability)

layer = dropoutLayer(___,'Name',Name)

描述：

- probability：丟棄的機率，爲一正數，其範圍在 0~1 之間。
- Name：設定網路層名稱

例子：

layer = maxPooling2dLayer(2)

%建立一 2×2 的 maxpolling 層，其名稱爲 maxpool

layer = maxPooling2dLayer (2,'Name','maxpool')

fullyConnectedLayer：全連接層，根據分類類別數量決定神經元數量。

語法：

layer = fullyConnectedLayer(outputSize)

描述：

- outputSize：全連接層的輸出大小

例子：

layer = fullyConnectedLayer(10,'Name','fc1')

softmaxLayer：Softmax 函數實際上是有限項離散機率分布的梯度對數正規化，通常用於神經網路輸出。

語法：

layer = softmaxLayer

```
layer = softmaxLayer('Name',Name)

例子：

layer = softmaxLayer('Name','sm1')
```

classificationLayer：分類層，其根據前一層的輸出大小推斷出為哪一類。

```
語法：

layer = classificationLayer

layer = classificationLayer(Name,Value)

例子：

layer = classificationLayer('Name','output')
```

### 3-2-2 檢視網路資訊

顯示第一層神經網路之資訊，其顯示的資訊如圖 3.10 所示。

```
layers(1)
```

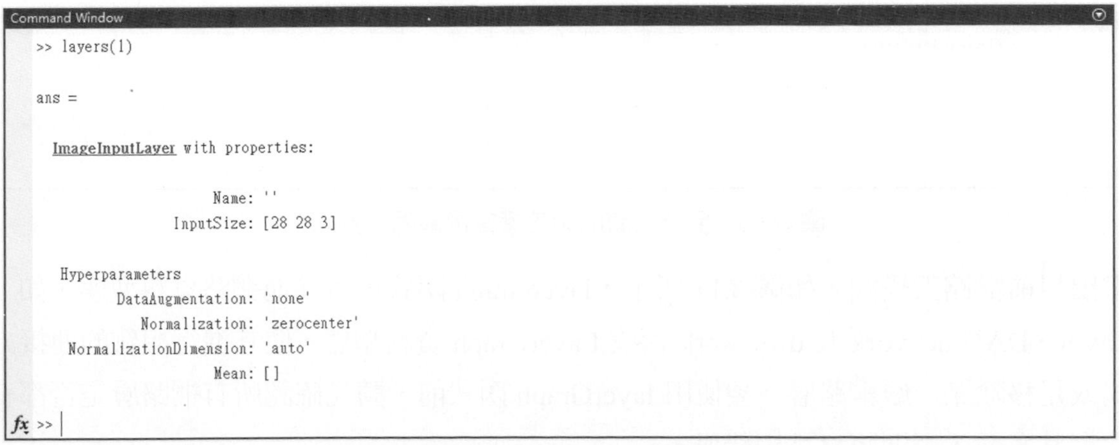

```
Command Window
>> layers(1)

ans =

  ImageInputLayer with properties:

                Name: ''
           InputSize: [28 28 3]

   Hyperparameters
         DataAugmentation: 'none'
            Normalization: 'zerocenter'
   NormalizationDimension: 'auto'
                     Mean: []

fx >>
```

圖 3.10 顯示網路第一層資訊。

查看第一層的輸入大小，其顯示的資訊如圖 3.11 所示。

```
layers(1).InputSize
```

```
Command Window
>> layers(1).InputSize

ans =

    28    28     3

fx >>
```

圖 3.11 顯示網路輸入圖像大小。

顯示第二層(卷積層)的 Stride，顯示的資訊如圖 3.12 所示。

```
layers(2).Stride
```

```
Command Window
>> layers(2).Stride

ans =

     1     1

fx >>
```

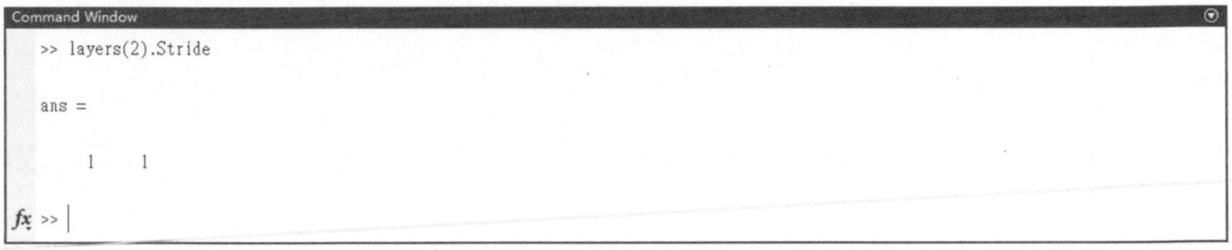

圖 3.12 顯示網路第二層的卷積層的步長大小。

查看全連接層的偏差學習速率因子，其顯示的資訊如圖 3.13 所示。

```
layers(7).BiasLearnRateFactor
```

```
Command Window
>> layers(7).BiasLearnRateFactor

ans =

     1

fx >>
```

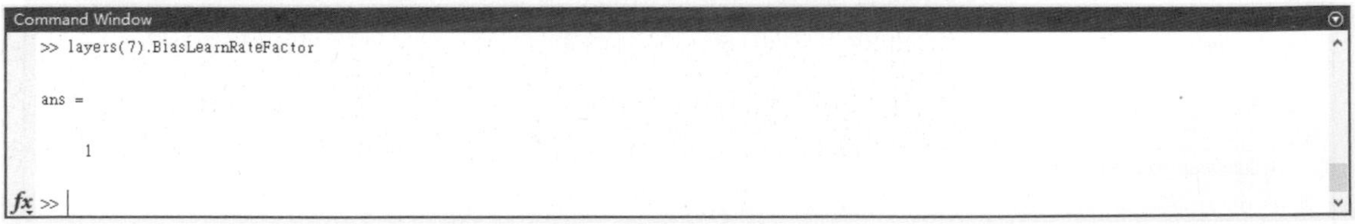

圖 3.13 全連接層的偏差學習速率因子資訊。

畫出目前網路架構圖，如圖 3.14 所示，layerGraph 函式可將其他網路資料型態，如 Layer、DAG network 及 dlnetwork 轉成 LayerGraph 資料型態，使其進行複雜的連接方式或是移除某一層網路層。要使用 layerGraph 函式前，請先確認所有網路層是否都有給定其名稱，否則將會跳出錯誤。

```
lgraph = layerGraph(layers);%將 layers 轉換成圖形化網路

figure

plot(lgraph)
```



圖 3.14 網路架構圖。

## 3-2-3 進階 CNN 模型建立方式

接下來試著進階產生一個有向無環圖(DAG)網路，其具有三層卷積層且在卷積層後之連接 batch normalization 及活化函數 ReLU，最後透過平均池化層降低特徵，並通過全連接層、softmax 及分類層執行分類任務，請參考光碟範例 CH3_2.mlx。第六章將會介紹相關 App 來建立複雜的網路模型。

```
layers = [

    imageInputLayer([28 28 1],'Name','input')


    convolution2dLayer(5,16,'Padding','same','Name','conv_1')

    batchNormalizationLayer('Name','BN_1')

    reluLayer('Name','relu_1')


    convolution2dLayer(3,32,'Padding','same','Stride',2,'Name','conv_2')

    batchNormalizationLayer('Name','BN_2')

    reluLayer('Name','relu_2')

    convolution2dLayer(3,32,'Padding','same','Name','conv_3')

    batchNormalizationLayer('Name','BN_3')
```

```
    reluLayer('Name','relu_3')

    additionLayer(2,'Name','add')

    averagePooling2dLayer(2,'Stride',2,'Name','avpool')
    fullyConnectedLayer(10,'Name','fc')
    softmaxLayer('Name','softmax')
    classificationLayer('Name','classOutput')]
lgraph = layerGraph(layers);
```

接下來，建立一卷積核大小為 1×1 卷積層並指定卷積核的數量和步長，使卷積輸出的大小與 layers 中的 relu_3 輸出大小相匹配，其名稱為 skipConv，接著透過 addLayers 函式將其增加到 layers。圖 3.15 為 skipConv 加入至 layers 內但未連接的狀態。

```
skipConv = convolution2dLayer(1,32,'Stride',2,'Name','skipConv');
lgraph = addLayers(lgraph,skipConv);%將 skipConv 加入至 lgraph 內，但尚未連接
figure
plot(lgraph)
```

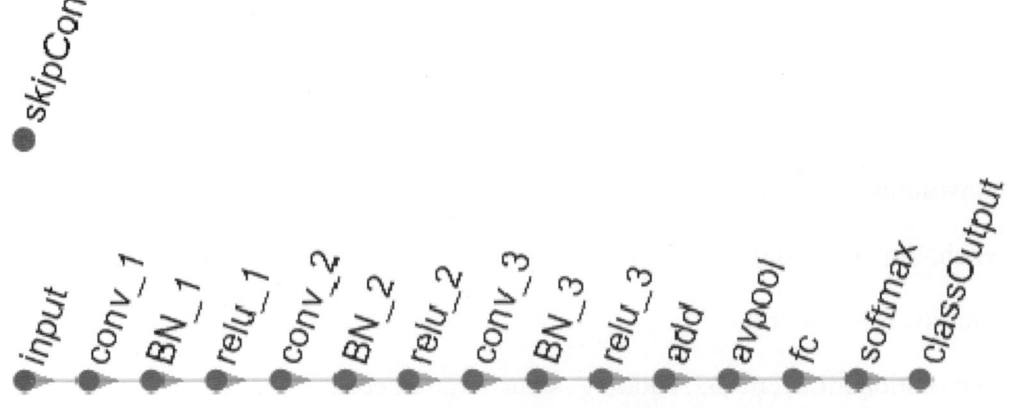


圖 3.15 layers 與 skipConv 未連接的狀態。

連接 relu_1 與 skipConv，在建立模型時 additionLayer 函式的輸入數量被設置為 2，因此 additionLayer 有兩個名為 in1 及 in2 的輸入，而 in1 在建立時已經與 relu3 連接，接著將 skipConv 與 additionLayer 的 in2 輸入進行連接，圖 3.16 為 layers 與 skipConv 已連接的狀態。此外，additionLayer 的作用是將 relu3 的輸出與 skipConv 的輸出進行元素對元素的相加。

```
lgraph = connectLayers(lgraph,'relu_1','skipConv'); %連接 relu_1 與 skipConv
lgraph = connectLayers(lgraph,'skipConv','add/in2'); %連接 skipConv 與 add
figure
plot(lgraph);
```

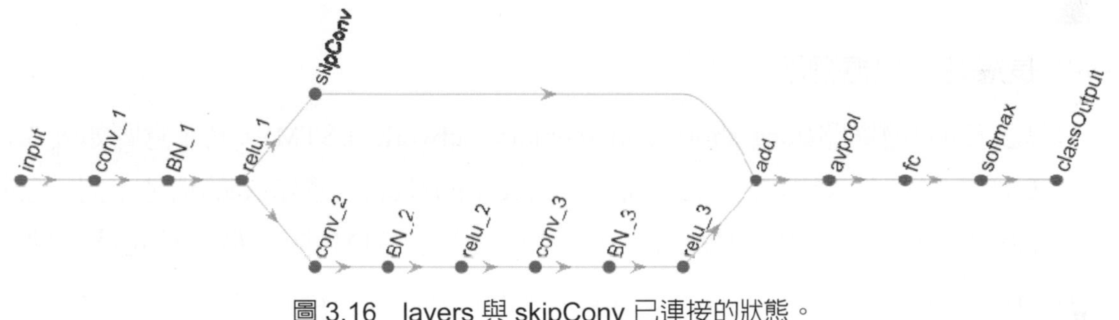


圖 3.16　layers 與 skipConv 已連接的狀態。

## 3-3　遞歸神經網路(recurrent neural network, RNN)

### 3-3-1 經典遞歸神經網路

機器學習在近幾年爆炸性成長，特別是在幾個領域，其中圖片辨識一定會採用 CNN 作為出發點，而其中自然語言便會採用遞歸神經網路，許多目前領域具有順序性的領域，皆會使用 RNN 作為出發點，RNN 主要解決序列資料的處理，比如文本、語音、視頻等等。這類資料的樣本間存在順序關係，每個樣本和它之前的樣本存在關聯。比如說，在文本中，一個詞和它前面的詞是有關聯的；在氣象資料中，一天的氣溫和前幾天的氣溫是有關聯的。一組觀察資料定義為一個序列，從分佈中可以觀察出多個序列。圖 3.17 為經典循環神經網路示意圖，遞歸神經網路 A，通過讀取某個時間(狀態)的輸入 $X_t$，然後輸出一個值 $h_t$ (hidden state)，循環可以使得信息從當前時間步傳遞到下一時間步。這些循環使得 RNN 可以被看作同一網路在不同時間步的多次循環，每個神經元會把更新的結果傳遞給下一個時間步。

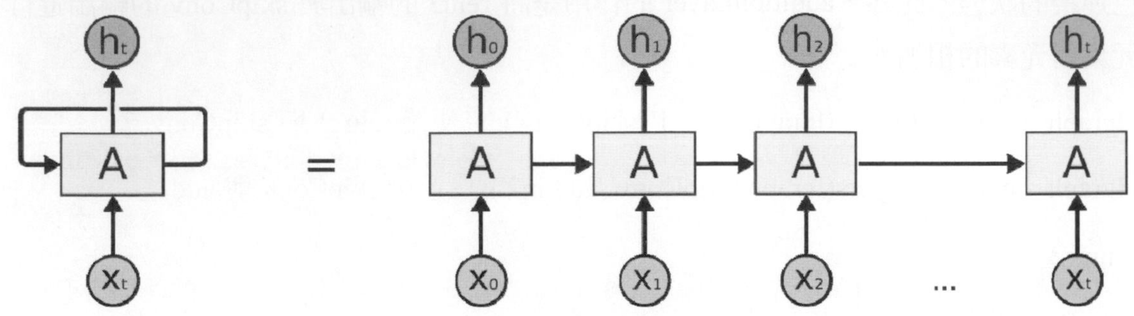


圖 3.17 經典循環神經網路示意圖[7]。

## 3-3-2 長短時期記憶網路

長短時期記憶網路(long short-term memory network, LSTM)，其示意圖如圖 3.18 所示。LSTM 與經典 RNN 唯一的不同就在與其中的神經元(感知機)的構造不同。經典 RNN 每個神經元和一般神經網路的感知機相同，但在 LSTM 中，每個神經元是一個"記憶細胞"(cell state)，將以前的資訊連接到當前的任務中來，每個 LSTM 細胞裡面都包含：

(1) 輸入門(input gate)：一個 sigmoid 層，對於細胞中的每一個元素，輸出一個 0~1 之間的數。1 表示"完全保留該資訊"，0 表示"完全丟棄該資訊"。

(2) 遺忘門(forget gate)：一個 sigmoid 層決定要更新哪些資訊，並由一個 tanh 層創造了一個新的候選值，結果在(-1, 1)範圍之間。

(3) 輸出門(output gate)：一個 sigmoid 層控制哪些資訊需要輸出。

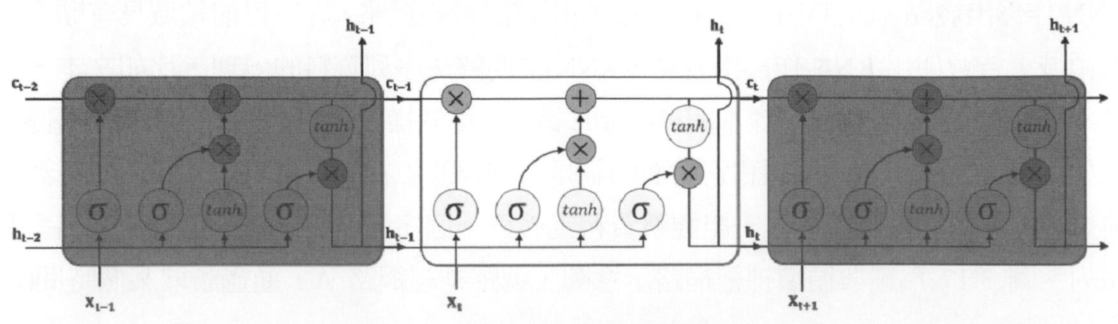


圖 3.18 長短時期記憶網路示意圖。

LSTM 典型的工作為：在遺忘門內，丟棄那些不需要被記憶的不重要資訊，以更新 cell state；接著，在輸入門中，根據當前的時間輸入選擇那些需要被記憶下來的重要資訊；然後在輸出門裡產生將會被當成當前狀態的輸出。LSTM 模型的關鍵之一就在於這個遺忘門，它能夠控制訓練時候梯度在這裡的收斂性，從而避免了 RNN 中的梯度消失或是發散問題，同時也能夠保持長期的記憶性。如果將把 LSTM 的遺忘門全部設為 0(總是忘記之前的資訊)；輸入門全部設為 1；輸出門全部設為 1(把 cell state 中的資訊全部輸出)，這樣 LSTM 就變成一個標準的 RNN。

## 3-4 遞歸神經網路模型相關函式語法介紹

首先建構一簡單的 LSTM 網路架構，請參考光碟範例 CH3_3.mlx，裡面包含輸入層、一個 LSTM 層、一個全連接層、softmax 層及分類層，其網路架構如圖 3.19 所示，接下來的例子將會以此為基準進行修改並進行說明。

```
inputSize = 12;
numHiddenUnits = 100;
numClasses = 9;

layers = [ ...
    sequenceInputLayer(inputSize)
    lstmLayer(numHiddenUnits,'OutputMode','last')
    fullyConnectedLayer(numClasses)
    softmaxLayer
    classificationLayer]
```

```
Command Window
  layers =

    5x1 Layer array with layers:

       1   ''   Sequence Input            Sequence input with 12 dimensions
       2   ''   LSTM                      LSTM with 100 hidden units
       3   ''   Fully Connected           9 fully connected layer
       4   ''   Softmax                   softmax
       5   ''   Classification Output     crossentropyex
fx >>
```

圖 3.19　簡單的 LSTM 網路架構。

sequenceInputLayer：序列輸入層

語法：

layer = sequenceInputLayer(inputSize)

layer = sequenceInputLayer(inputSize,Name,Value)

描述：

- inputSize：設定輸入大小，不同資料型態，有不同設定方式
  - 輸入爲一維向量，其設爲一純量，根據此一維向量長度而定。
  - 輸入爲二維圖像，其設爲一列向量[h w c]，分別爲高、寬及通道數。如果圖像爲灰階則通道數爲 1；RGB 則爲 3。
  - 輸入爲三維圖像，其設爲一列向量[h w d c]，分別爲高、寬、圖像深度及通道數。
- Normalization：資料正規化，在訓練模型前會執行，正規化方法包含
  - 'zerocenter'：個別資料減去所有資料的平均
  - 'zscore'：個別資料減去所有資料的平均，再除以所有資料的標準差
  - 'rescale-symmetric'：個別資料的數值將根據最大及最小值被重新調整至 -1~1 區間
  - 'rescale-zero-one'：個別資料的數值將根據最大及最小值被重新調整至 0~1 區間
  - 'none'：不進行資料正規化

例子：

layer = sequenceInputLayer(12,'Name','seq1');%建立一序列輸入層，其名稱爲 seq1 且輸入大小爲 12

lstmLayer：LSTM 層

語法：

layer = lstmLayer(numHiddenUnits)

layer = lstmLayer(numHiddenUnits,Name,Value)

描述：

- numHiddenUnits：設定隱藏神經元數量，舉例：100，即隱藏神經單元爲 100 的 LSTM
- OutputMode：決定輸出方式
  - sequence：輸出每個時間點的隱藏狀態
  - last：輸出最後一個時間點的隱藏狀態

例子：

layer = lstmLayer(100,'Name','lstm1','OutputMode','last');%建立一 LSTM 層，其名稱爲 lstm1，隱藏神經單元爲 100 且只輸出最後一個隱藏狀態

遞歸神經網路的輸出方式可分爲輸出每個時間點的隱藏狀態(sequence)或是輸出最後一個時間點的隱藏狀態(last)，如圖 3.20 所示。根據輸出方式不同，分別可以處理 sequence-sequence 及 sequence-label 的分類問題，差別在於前者是針對序列的每個時間點進行分類，而後者是對整個序列進行分類，第九章將藉由兩個例子加以說明如何應用。除了透過 lstmLayer 建立 LSTM 網路模型外，MATLAB 還提供 bilstmLayer 及 gruLayer 函式分別建立雙向 LSTM 及門控遞迴神經網路(gated recurrent unit, GRU)等遞歸網路模型。雙向 LSTM 可以同時學習過去及未來的時間資訊對於目前狀態的影響；門控遞迴神經網路則是 LSTM 的簡化版，參數量較 LSTM 少，但性能不比 LSTM 差。bilstmLayer 函式的使用方法與 lstmLayer 函式相同；gruLayer 函式說明如下。

語法：

layer = gruLayer(numHiddenUnits)

layer = gruLayer(numHiddenUnits,Name,Value)

描述：

- numHiddenUnits：：設定隱藏神經元數量。
- Name,Value：參數設定，說明常見設定
  - OutputMode：決定輸出方式，與 lstmLayer 函式說明相同。
  - ResetGateMode：候選狀態的計算方法，預設爲'after-multiplication'，可分爲'after-multiplication'及'before-multiplication'。

例子：

```
layer = gruLayer(100,'Name','gru1')
```

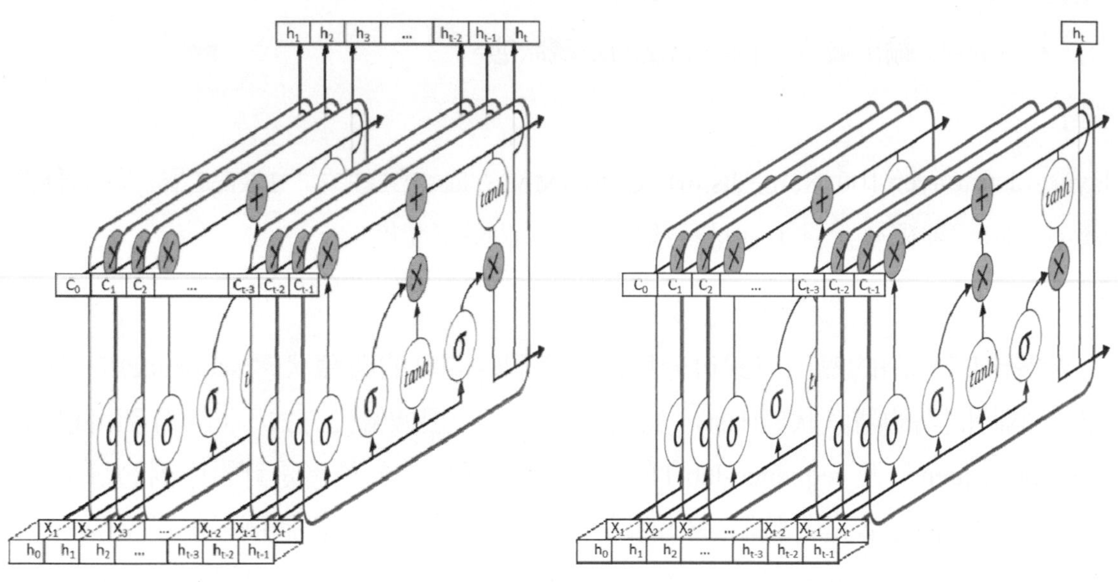

(a)輸出每個時間點的隱藏狀態。　(b)輸出最後時間點的隱藏狀態。

圖 3.20　遞歸神經網路不同輸出方式。

## 3-5 自動編碼器介紹(auto encoder)

自動編碼器是一種人工神經網路，以無監督方式學習數據編碼的方式，其示意圖如圖 3.21 所示。自動編碼器的目的是學習一組數據的表示(編碼)，通常用於降低維度。

同時與輸入側(縮小側)一起，學習輸出側(重建側)，其中自動編碼器嘗試從縮減編碼生成盡可能接近其原始輸入的表示。而自動編碼器最近被大量用於學習數據的生成模型。

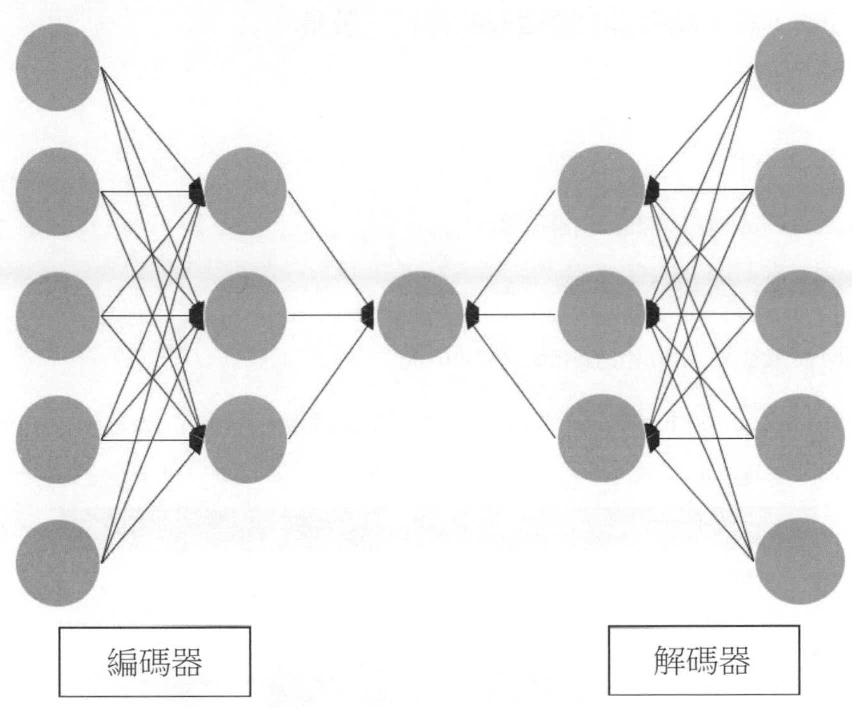


圖 3.21 自動編碼器示意圖。

## 3-6 自動編碼器相關函式語法與範例介紹

### 3-6-1 指令介紹

trainAutoencoder：訓練自動編碼器，自動編碼器是非監督式學習的神經網路，因此只需輸入訓練資料即可。

語法：

```
autoenc = trainAutoencoder(X)

autoenc = trainAutoencoder(X,hiddenSize)
```

autoenc = trainAutoencoder(___,Name,Value)

描述：

- X：訓練資料
- hiddenSize：設定編碼器的隱藏層的神經元數量

例子：

X = abalone_dataset;

%數據集包含 4177 隻鮑魚的 8 個特徵

%數據集詳細資料：

%https://archive.ics.uci.edu/ml/datasets/abalone

autoenc = trainAutoencoder(X,10); %訓練一自動編碼器，其隱藏層的神經元數量為 10 個

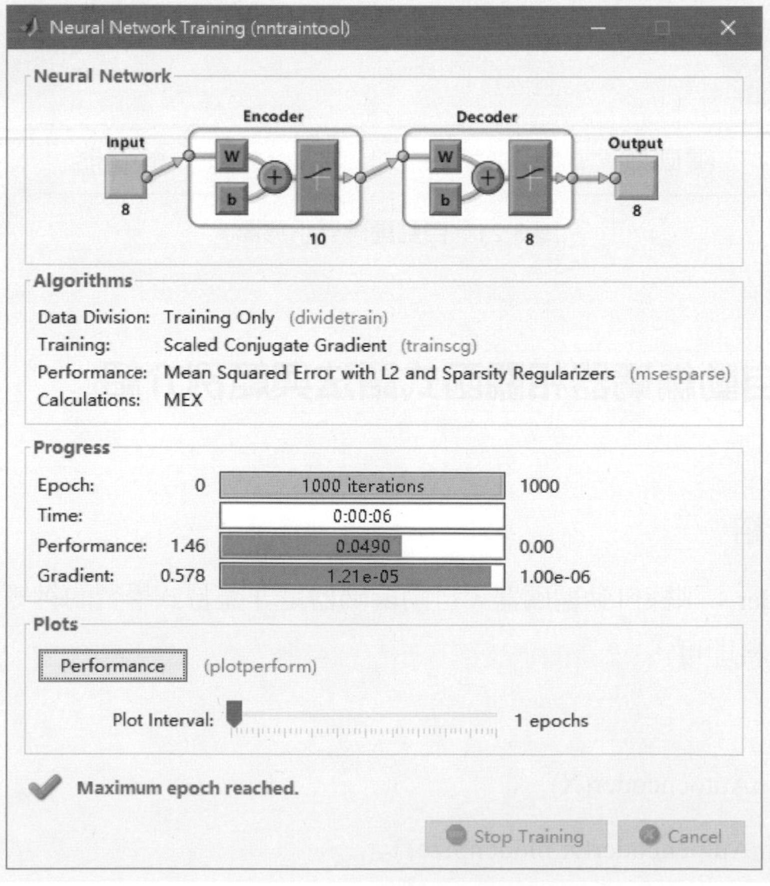

view(autoenc)%繪製自編碼器架構

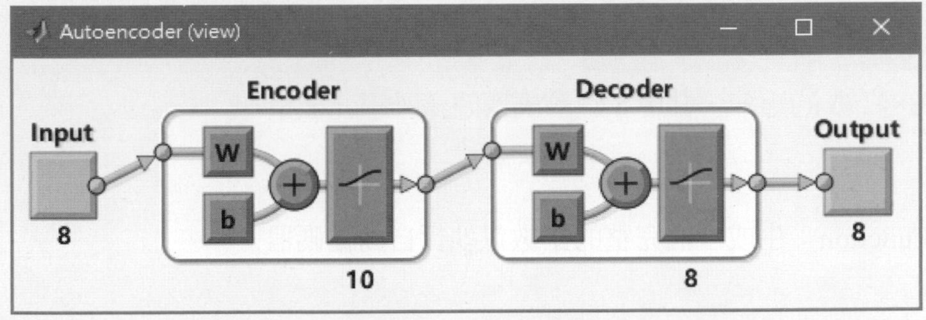


encode：使用編碼器對輸入資料編碼

語法：

Z = encode(autoenc,Xnew)

描述：

- autoenc：自動編碼器
- Xnew：輸入資料

例子：

Xnew = abalone_dataset;

Z = encode(autoenc,Xnew); %autoenc 來自 trainAutoencoder 的語法介紹的例子

%Z 為 10×4177 的矩陣，其中 10 為編碼器隱藏神經元數量

decode：使用自動編碼器對編碼資料進行解碼

語法：

Y = decode(autoenc,Z)

描述：

- autoenc：自動編碼器
- Xnew：編碼資料

例子：

Y = decode(autoenc,Z); %autoenc 來自 trainAutoencoder 的語法介紹的例子

%Y 為 8×4177 的矩陣，其中 8 為解碼器隱藏神經元數量

generateFunction：生成一個完整的函數以執行自動編碼器

語法：

generateFunction(autoenc)

generateFunction(autoenc,pathname)

generateFunction(autoenc,pathname,Name,Value)

描述：

- autoenc：自動編碼器
- pathname：指定儲存自動編碼器函數檔案的位置

例子：

generateFunction(autoenc)

```
Command Window
>> generateFunction(autoenc)

MATLAB function generated: neural_function.m
To view generated function code: edit neural_function
For examples of using function: help neural_function

fx >> |
```

network：將自編碼器組建成網路物件讓其他物件使用

語法：

net = network(autoenc)

描述：

- autoenc：自動編碼器

例子：

net = network(autoenc)

```
Command Window
>> net = network(autoenc)

net =

    Neural Network

            name: 'Autoencoder'
        userdata: (your custom info)

    dimensions:
```

```
Workspace
Name      Value
autoenc   1x1 Autoenco...
net       1x1 network
```

plotWeights：繪製自編碼器的編碼器權重

語法：

plotWeights(autoenc)

描述：

- autoenc：自動編碼器

例子：

plotWeights(autoenc)

Predict：使用自動編碼器返回輸入預測

語法：

Y = predict(autoenc,X)

描述：

- autoenc：自動編碼器
- X：編碼資料

例子：

```
Y = predict(autoenc,X);
mseError = mse(X-Y)
```

### 3-6-2 堆疊自動編碼器進行圖像分類

本節將介紹如何訓練堆疊自動編碼器並進行圖像分類，請參考光碟範例 CH3_5.mlx，首先載入 MNIST 手寫數字數據集，其包含圖像大小爲 28×28 的灰階手寫數字圖片，如圖 3.22 所示。

```
%載入 MNIST 數據集到 Workspace
[xTrainImages,tTrain] = digitTrainCellArrayData;

%顯示數據集的內容
clf
for i = 1:20
    subplot(4,5,i);
    imshow(xTrainImages{i});
end
```

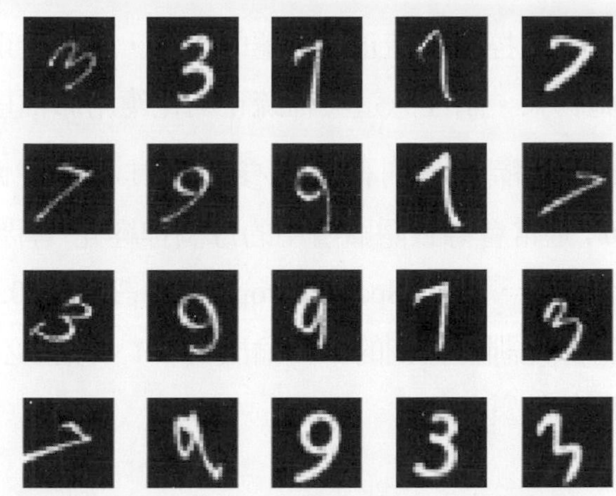

圖 3.22 圖像大小為 28×28 的灰階手寫數字圖片。

接下來進行第一次的訓練自動編碼器，因爲自動編碼器的初始權重是電腦隨機設定，所以爲了避免每一次訓練結果不同，因此將設定隨機種子以控制亂數生成。訓練結果如圖 3.23 所示。

```
rng('default')%設定隨機種子

hiddenSize1 = 100;

autoenc1 = trainAutoencoder(xTrainImages,hiddenSize1, ...

'MaxEpochs',400, ...

'L2WcightRegularization',0.004, ...

'SparsityRcgularization',4, ...

'SparsityProportion',0.15, ...

'ScaleData', false);

view(autoenc1) %繪製自動編碼器架構
```

trainAutoencoder 還有其他的設定：

- L2WeightRegularization：控制 L2 正則化器對網絡權重(而不是偏差)的影響。這通常應該很小。

- SparsityRegularization：控制稀疏正則化器的影響，該稀疏正則化器試圖對隱藏層的輸出稀疏性實施約束。請注意這與稀疏正則化應用於權重不同。
- SparsityProportion：是稀疏正則化器的參數，其控制隱藏層輸出的稀疏性。SparsityProportion：通常會導致隱藏層中的每個神經元"專門化"，只需爲少量訓練示例提供高輸出。例如，如果 SparsityProportion 設置爲 0.1，這相當於說隱藏層中的每個神經元應該比訓練樣例的平均輸出爲 0.1。該值必須介於 0 和 1 之間。理想值取決於問題的性質。

完成第一次訓練後，可以透過 plotWeights 函式加以可視化自動編碼器的權重，其權重可視化圖如圖 3.23 所示。從圖 3.23 可以看出，自動編碼器學習到了圖像中的數字的風格，例如筆觸及捲曲部分。

```
figure()
plotWeights(autoenc1);
```

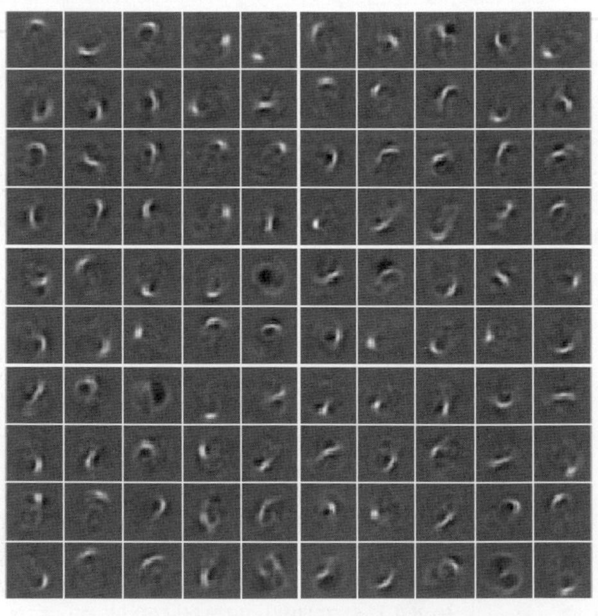

圖 3.23　自動編碼器權重可視化圖。

編碼後的數據是輸入圖像的壓縮版本，其包含了輸入圖像的許多特徵。因此可以透過 encode 函式取出編碼後的數據進行第二次的自動編碼器訓練，使自動編碼器的分類性能更佳。

```
feat1 = encode(autoenc1,xTrainImages);
```

第二次訓練自動編碼器的方法類似第一次，主要差異在於自動編碼器隱藏層的神經元數量。在第二次的訓練自動編碼器隱藏層的神經元數量設爲 50，爲了能夠萃取出輸入圖像中更細微的特徵。

```
hiddenSize2 = 50;
autoenc2 = trainAutoencoder(feat1,hiddenSize2, ...
'MaxEpochs',100, ...
'L2WeightRegularization',0.002, ...
'SparsityRegularization',4, ...
'SparsityProportion',0.1, ...
'ScaleData', false);

view(autoenc2) %繪製自動編碼器架構
```

爲了能夠使編碼器分類出輸入圖像代表哪一個數字，因此需以監督式學習的方式訓練一 softmax 層，而 softmax 層的輸入使用第二次訓練的自動編碼器編碼後的輸出，可透過 encode 獲得。

```
feat2 = encode（autoenc2，feat1）;
softnet = trainSoftmaxLayer(feat2,tTrain,'MaxEpochs',400);%訓練 softmax 層
view(softnet) %繪製 softmax 層
```

目前已經訓練了兩個自動編碼器及一個 softmax 層，可以透過 view 函式來檢視這三個模型架構，如圖 3.24 所示。

```
view(autoenc1)
view(autoenc2)
```

```
view(softnet)
```

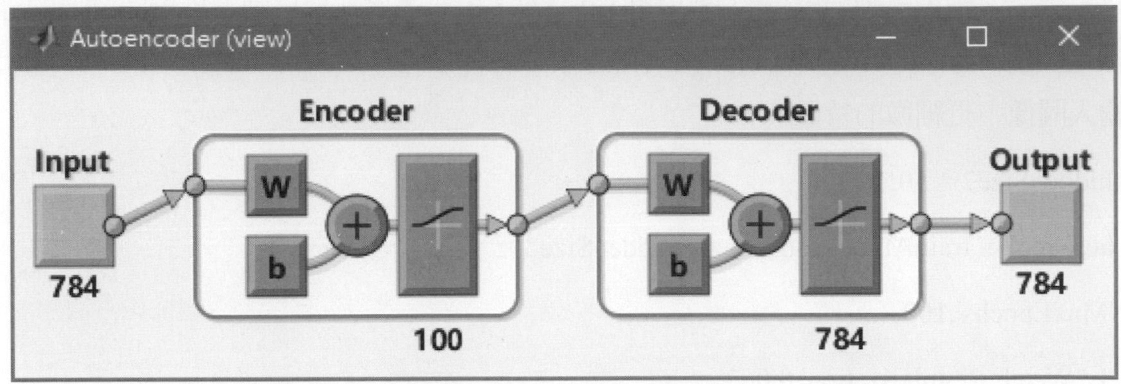


(a)第一次訓練的自動編碼器。

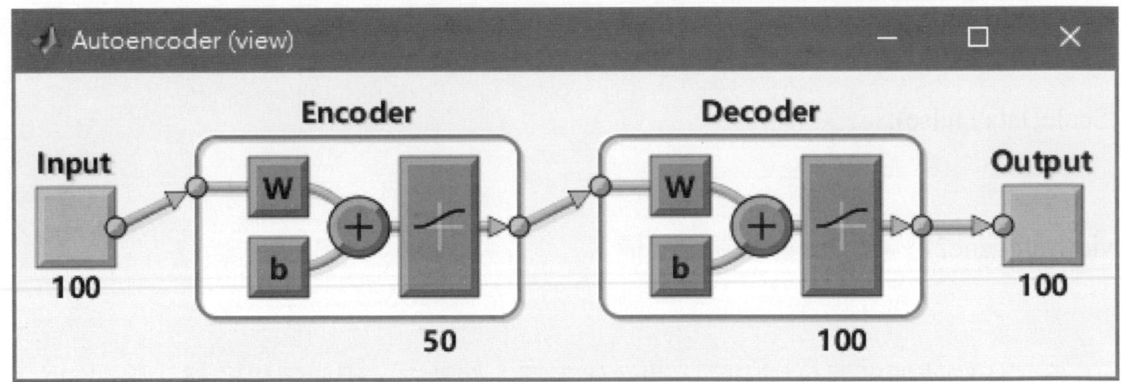


(b)第二次訓練的自動編碼器。

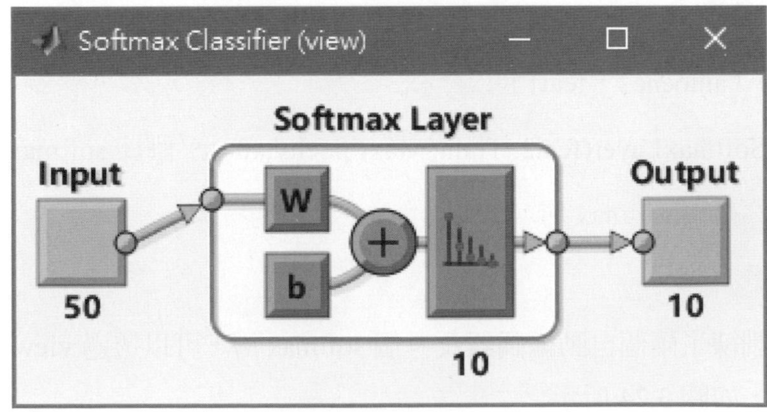


(c) softmax 層。

圖 3.24　模型架構。

輸入的圖像透過兩次自動編碼器去萃取其特徵，而第二次萃取出的特徵，經由 softmax 層進行分類。因此可以透過 stack 函式將這三個模型進行堆疊，堆疊後的模型如圖 3.25 所示，此外，在 Command Window 中會顯示如何使用堆疊模型，如圖 3.26 所示。到目前為止，已經訓練好一堆疊自動編碼器。

```
stackednet = stack(autoenc1,autoenc2,softnet)
view(stackednet)
stackednet.inputs{1}.size%查看模型的輸入大小
```

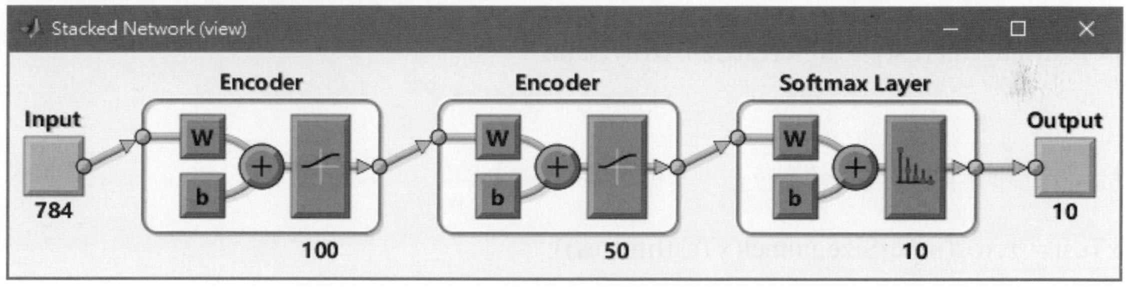


圖 3.25　堆疊後的模型架構。

```
Command Window
    methods:

          adapt: Learn while in continuous use
      configure: Configure inputs & outputs
         gensim: Generate Simulink model
           init: Initialize weights & biases
        perform: Calculate performance
            sim: Evaluate network outputs given inputs
          train: Train network with examples
           view: View diagram
    unconfigure: Unconfigure inputs & outputs

    evaluate:       outputs = stackednet(inputs)

fx >>
```

圖 3.26　堆疊模型使用說明。

接下來，透過測試資料來評估完成訓練的堆疊自動編碼器，然而堆疊自動編碼器的輸入爲 784×1，因此在測試之前，需要將 28×28 的圖像轉換成 784×1 的一維的陣列。

```
%定義堆疊網路的輸入大小
imageWidth = 28;
imageHeight = 28;
inputSize = imageWidth*imageHeight;

% 載入測試資料到 Workspace
[xTestImages,tTest] = digitTestCellArrayData;

% 將二維矩陣轉爲一維陣列
xTest = zeros(inputSize,numel(xTestImages));
for i = 1:numel(xTestImages)
    xTest(:,i) = xTestImages{i}(:);
end
```

28×28 的圖像轉換成 784×1 的一維的陣列後，可以透過圖 3.27 的說明進行測試資料的分類，本節將透過混淆矩陣加以表示其分類性能，混淆矩陣如圖 3.27 所示。混淆矩陣可用來表示測試資料被堆疊模型正確分類的數量以及被錯誤分類的情形。圖 3.27 中在對角線的格子表示被正確分類的數量，而不在對角線上的格子則表示被錯誤分類的情形，從混淆矩陣得知準確率只有 54.6%。

```
y = stackednet(xTest);
plotconfusion(tTest,y);
```

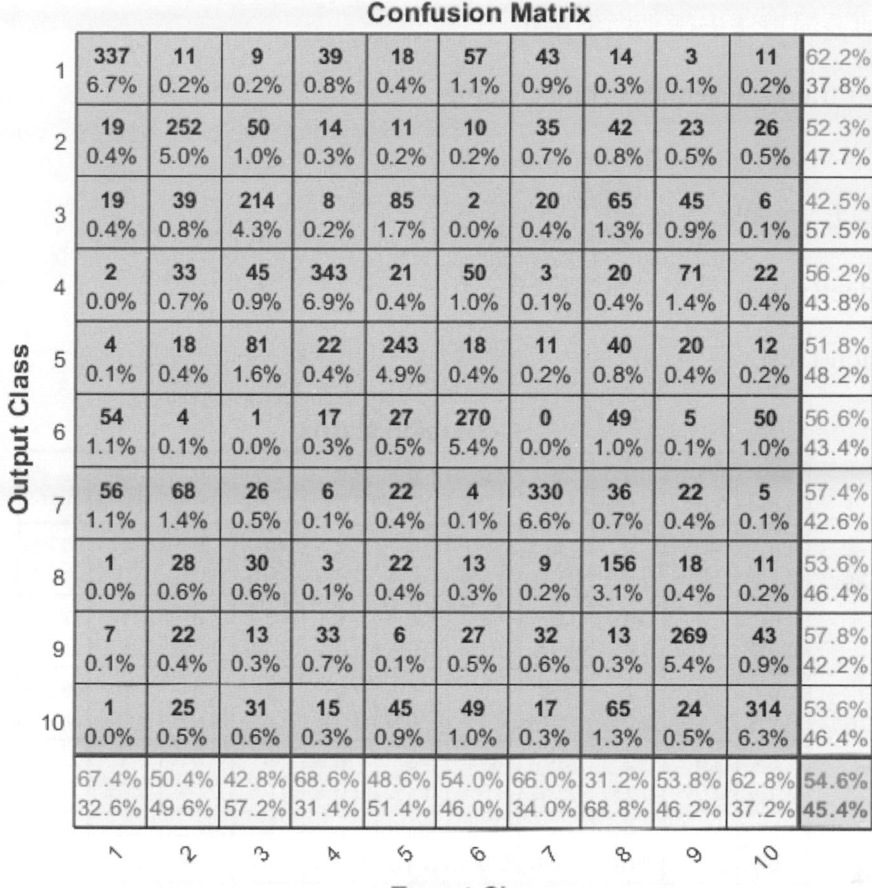

Confusion Matrix

| Output Class \ Target Class | 1 | 2 | 3 | 4 | 5 | 6 | 7 | 8 | 9 | 10 | |
|---|---|---|---|---|---|---|---|---|---|---|---|
| 1 | 337<br>6.7% | 11<br>0.2% | 9<br>0.2% | 39<br>0.8% | 18<br>0.4% | 57<br>1.1% | 43<br>0.9% | 14<br>0.3% | 3<br>0.1% | 11<br>0.2% | 62.2%<br>37.8% |
| 2 | 19<br>0.4% | 252<br>5.0% | 50<br>1.0% | 14<br>0.3% | 11<br>0.2% | 10<br>0.2% | 35<br>0.7% | 42<br>0.8% | 23<br>0.5% | 26<br>0.5% | 52.3%<br>47.7% |
| 3 | 19<br>0.4% | 39<br>0.8% | 214<br>4.3% | 8<br>0.2% | 85<br>1.7% | 2<br>0.0% | 20<br>0.4% | 65<br>1.3% | 45<br>0.9% | 6<br>0.1% | 42.5%<br>57.5% |
| 4 | 2<br>0.0% | 33<br>0.7% | 45<br>0.9% | 343<br>6.9% | 21<br>0.4% | 50<br>1.0% | 3<br>0.1% | 20<br>0.4% | 71<br>1.4% | 22<br>0.4% | 56.2%<br>43.8% |
| 5 | 4<br>0.1% | 18<br>0.4% | 81<br>1.6% | 22<br>0.4% | 243<br>4.9% | 18<br>0.4% | 11<br>0.2% | 40<br>0.8% | 20<br>0.4% | 12<br>0.2% | 51.8%<br>48.2% |
| 6 | 54<br>1.1% | 4<br>0.1% | 1<br>0.0% | 17<br>0.3% | 27<br>0.5% | 270<br>5.4% | 0<br>0.0% | 49<br>1.0% | 5<br>0.1% | 50<br>1.0% | 56.6%<br>43.4% |
| 7 | 56<br>1.1% | 68<br>1.4% | 26<br>0.5% | 6<br>0.1% | 22<br>0.4% | 4<br>0.1% | 330<br>6.6% | 36<br>0.7% | 22<br>0.4% | 5<br>0.1% | 57.4%<br>42.6% |
| 8 | 1<br>0.0% | 28<br>0.6% | 30<br>0.6% | 3<br>0.1% | 22<br>0.4% | 13<br>0.3% | 9<br>0.2% | 156<br>3.1% | 18<br>0.4% | 11<br>0.2% | 53.6%<br>46.4% |
| 9 | 7<br>0.1% | 22<br>0.4% | 13<br>0.3% | 33<br>0.7% | 6<br>0.1% | 27<br>0.5% | 32<br>0.6% | 13<br>0.3% | 269<br>5.4% | 43<br>0.9% | 57.8%<br>42.2% |
| 10 | 1<br>0.0% | 25<br>0.5% | 31<br>0.6% | 15<br>0.3% | 45<br>0.9% | 49<br>1.0% | 17<br>0.3% | 65<br>1.3% | 24<br>0.5% | 314<br>6.3% | 53.6%<br>46.4% |
| | 67.4%<br>32.6% | 50.4%<br>49.6% | 42.8%<br>57.2% | 68.6%<br>31.4% | 48.6%<br>51.4% | 54.0%<br>46.0% | 66.0%<br>34.0% | 31.2%<br>68.8% | 53.8%<br>46.2% | 62.8%<br>37.2% | **54.6%**<br>**45.4%** |

圖 3.27　堆疊模型的分類結果以混淆矩陣表示。

目前的堆疊模型測試結果的準確率只有 54.6%，但是經過倒傳遞演算法去微調模型權重後可以使其分類結果改善。因此使用原先的訓練資料再次進行訓練加以進行微調。圖 3.28 爲混淆矩陣以表示微調後堆疊模型模型的測試結果，其準確率達 98.9%。

```
%將二維矩陣轉爲一維陣列
xTrain = zeros(inputSize,numel(xTrainImages));
for i = 1:numel(xTrainImages)
    xTrain(:,i) = xTrainImages{i}(:);
end
```

```
%經過倒傳遞演算法去微調模型權重
stackednet = train(stackednet,xTrain,tTrain);

%再次計算混淆矩陣
y = stackednet(xTest);
plotconfusion(tTest,y);
```

**Confusion Matrix**

| Output Class \ Target Class | 1 | 2 | 3 | 4 | 5 | 6 | 7 | 8 | 9 | 10 | |
|---|---|---|---|---|---|---|---|---|---|---|---|
| 1 | 489<br>9.8% | 1<br>0.0% | 0<br>0.0% | 0<br>0.0% | 0<br>0.0% | 0<br>0.0% | 0<br>0.0% | 0<br>0.0% | 0<br>0.0% | 0<br>0.0% | 99.8%<br>0.2% |
| 2 | 4<br>0.1% | 493<br>9.9% | 0<br>0.0% | 0<br>0.0% | 0<br>0.0% | 0<br>0.0% | 2<br>0.0% | 0<br>0.0% | 0<br>0.0% | 1<br>0.0% | 98.6%<br>1.4% |
| 3 | 0<br>0.0% | 4<br>0.1% | 493<br>9.9% | 0<br>0.0% | 5<br>0.1% | 0<br>0.0% | 1<br>0.0% | 3<br>0.1% | 0<br>0.0% | 1<br>0.0% | 97.2%<br>2.8% |
| 4 | 0<br>0.0% | 0<br>0.0% | 2<br>0.0% | 498<br>10.0% | 0<br>0.0% | 0<br>0.0% | 0<br>0.0% | 2<br>0.0% | 0<br>0.0% | 0<br>0.0% | 99.2%<br>0.8% |
| 5 | 5<br>0.1% | 0<br>0.0% | 3<br>0.1% | 0<br>0.0% | 494<br>9.9% | 3<br>0.1% | 0<br>0.0% | 0<br>0.0% | 0<br>0.0% | 1<br>0.0% | 97.6%<br>2.4% |
| 6 | 0<br>0.0% | 0<br>0.0% | 0<br>0.0% | 1<br>0.0% | 1<br>0.0% | 497<br>9.9% | 0<br>0.0% | 0<br>0.0% | 0<br>0.0% | 3<br>0.1% | 99.0%<br>1.0% |
| 7 | 1<br>0.0% | 1<br>0.0% | 0<br>0.0% | 0<br>0.0% | 0<br>0.0% | 0<br>0.0% | 496<br>9.9% | 1<br>0.0% | 1<br>0.0% | 0<br>0.0% | 99.2%<br>0.8% |
| 8 | 1<br>0.0% | 0<br>0.0% | 2<br>0.0% | 0<br>0.0% | 0<br>0.0% | 0<br>0.0% | 0<br>0.0% | 494<br>9.9% | 1<br>0.0% | 0<br>0.0% | 99.2%<br>0.8% |
| 9 | 0<br>0.0% | 1<br>0.0% | 0<br>0.0% | 1<br>0.0% | 0<br>0.0% | 0<br>0.0% | 1<br>0.0% | 0<br>0.0% | 498<br>10.0% | 0<br>0.0% | 99.4%<br>0.6% |
| 10 | 0<br>0.0% | 0<br>0.0% | 0<br>0.0% | 0<br>0.0% | 0<br>0.0% | 0<br>0.0% | 0<br>0.0% | 0<br>0.0% | 0<br>0.0% | 494<br>9.9% | 100%<br>0.0% |
| | 97.8%<br>2.2% | 98.6%<br>1.4% | 98.6%<br>1.4% | 99.6%<br>0.4% | 98.8%<br>1.2% | 99.4%<br>0.6% | 99.2%<br>0.8% | 98.8%<br>1.2% | 99.6%<br>0.4% | 98.8%<br>1.2% | **98.9%**<br>**1.1%** |

圖 3.28　微調後的堆疊模型的分類結果以混淆矩陣表示。

這個例子讓讀者瞭解如何使用自動編碼器訓練一個堆疊的神經網絡來對圖像中的數字進行分類。以上的步驟可以應用於其他類似的問題，例如對字母圖像進行分類。

Reference

[1] https://medium.com/@cdabakoglu/what-is-convolutional-neural-network-cnn-with-keras-cab447ad204c.

[2] https://datascience904.wordpress.com/deep-learning/convolutional-neural-networks/.

[3] https://ithelp.ithome.com.tw/articles/10219692?sc=rss.iron.

[4] https://medium.com/@chih.sheng.huang821/%E5%8D%B7%E7%A9%8D%E7%A5%9E%E7%B6%93%E7%B6%B2%E8%B7%AF-convolutional-neural-network-cnn-%E5%8D%B7%E7%A9%8D%E8%A8%88%E7%AE%97%E4%B8%AD%E7%9A%84%E6%AD%A5%E4%BC%90-stride-%E5%92%8C%E5%A1%AB%E5%85%85-padding-94449e638e82.

[5] https://analazia.wordpress.com/author/pradyasing/.

[6] https://iq.opengenus.org/convolutional-neural-networks/.

[7] https://colah.github.io/posts/2015-08-Understanding-LSTMs/.

# 習題

1. 請說明卷積運算方式。
2. imageInputLayer 函式有幾種資料正規化的方式可以設定？
3. convolution2dLayer 函式可以設定哪些參數？
4. lstmLayer 函式的'OutputMode'模式有哪些？分別代表的意思爲何？
5. 自動編碼器是屬於哪一類型學習方式？

CHAPTER 4

# 網路訓練參數與資料擴增之相關函式語法介紹

本章摘要

# 4-1 訓練網路的相關參數設置

先前章節已介紹如何透過 imageDatastore 函式將想要使用的資料載入至 MATLAB，此外，也介紹如何透過簡單幾行指令建立卷積神經網路或是遞歸神經網路。那麼距離訓練模型還差一個步驟，就是透過 trainingOptions 函式設定訓練選項(超參數)。在網際網路上，可以發現許多文章內會提專有名詞：參數(parameters)及超參數(hyperparameters)，兩者區別在於，參數是模型根據資料在訓練過程中自主學習的變量(不固定)；而超參數是使用者根據經驗所設定的變量，而本節提到的訓練選項，是屬於超參數的一種。

語法：

options = trainingOptions(solverName)

options = trainingOptions(solverName,Name,Value)

描述：

上述最佳化演算法分別為 stochastic gradient descent with momentum(sgdm)、root mean square prop (rmsprop)及 adaptive moment estimation (adam)，並於底下說明。

- solverName：選擇最佳化演算法，其輸入格式為字串：
- 'sgdm'、'rmsprop'或'adam'
- Name, Value：設置訓練參數，將於底下說明。

例子：

options = trainingOptions('sgdm')%指定最佳化演算法為 sgdm

options = trainingOptions('rmsprop') %指定最佳化演算法為 rmsprop

options = trainingOptions('adam') %指定最佳化演算法為 adam

## 4-1-1 最佳化演算法

在網際網路上，有些人會將最佳化演算法稱呼為優化器(optimizer)或求解器(solver)。這些稱呼按字面翻譯就是要找出一個最佳解，而最佳化演算法目的就是要在模型訓練過程中，從模型的表徵空間中找到一組解(權重及偏差)使評估指標(損失函數)能達到最好的結果。模型訓練過程如圖 4.1 所示，首先模型會根據輸入資料來計算預測的結果，然後模型的預測結果會與標籤(實際答案)進行比較，加以產生出損失函數，其用來評估模型的預測結果與標籤之間的差異，最後最佳化演算法會根據損失函數來更新模型中的每一層權重及偏差，使下一次的運算可讓評估指標(損失函數)獲得更好的結果。

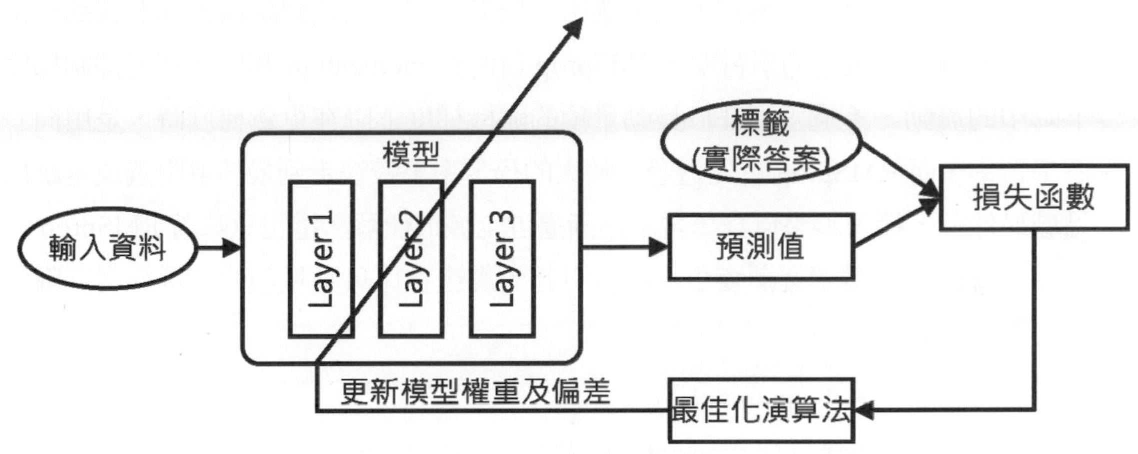


圖 4.1 模型訓練過程。

1. 具動量項的隨機梯度下降 stochastic gradient descent with momentum

   梯度下降(gradient descent, GD)指每次更新時使用所有樣本來進行梯度更新，該方法可以得到全域最佳解，但是每更新一次梯度，都要用到所有的樣本，因此當樣本數目很大時，梯度更新速度就會變慢，導致訓練過程相當耗時，因此就有另外一種方法產生，隨機梯度下降(stochastic gradient descent, SGD)。SGD 指每次更新時隨機抽取一個樣本或是一小批次的樣本進行梯度更新，對於樣本數量很大的資料集來說，可能會存在相似的樣本，那麼 SGD 可能只用其中幾千或幾萬個樣本，就已經得到最佳解了，對比梯度下降，更新的速度已變快許多。SGD 雖然訓練速度快，但包含一定的隨機性，不過從期望上來看，它是往正確的路前進，而缺點就是因為更新比較頻繁，會造成損失函數有較嚴重的震盪。momentum 又稱為動量，其為了抑制 SGD 的震盪，具動量項的隨機梯度下降即為在梯度下降過程加入動量。下坡的時候，如果發現是陡坡，那就利用動量跑的快一些。這意味著參數更新方向不僅由當前的梯度決定，也與此前累積的下降方向有關。這使得參數中那些梯度方向變化不大的維度可以加速更新，並減少梯度方向變化較大的維度上的更新幅度。由此產生了加速收斂和減小震盪的效果。

2. 均方根反向傳播 root mean square propagation

均方根反向傳播(root mean square propagation,RMSprop)是 Geoff Hinton 提出的一種自調整學習率方法。通常在訓練深度學習網路時，一開始會用較大的學習率，然後隨著訓練過程的推移，學習率逐漸變小，以找到最佳解。換句話說，較大的學習率可以較快走到最佳解附近或是跳出區域最佳解，而越到訓練後期要找到一全域最佳解就需要較小的學習率。RMSprop 目的與 momentum 相同，都是抑制梯度下降中的震動，不過差別在於具動量項的隨機梯度下降在更新梯度時，是用同一個學習率，而 RMSprop 首先透過一較大的學習率來較快走到最佳解附近或是跳出區域最佳解，接著調整自身學習率逐漸逼近全域最佳解。這也意味著 RMSprop 的梯度下降因爲學習率逐漸變小，所以引起的震盪會比具動量項的隨機梯度下降引起的震盪還要小。

3. adaptive moment estimation (adam)

adam 相當於 RMSprop 與 momentum 的組合，除了像 RMSprop 逐漸降低學習率，也像 momentum 一樣保持了過去梯度的大小，也是當前最常使用的優化器。

### 4-1-2 訓練選項相關設置

Plots：顯示訓練過程的視窗

使用字串進行設定，預設爲不顯示('none')，若要顯示訓練過程則需設爲'training-progress'。顯示訓練過程的視窗如圖 4.2 所示，其中使用者可以透過視窗內的停止按鈕(圓圈處)中斷訓練過程。

```
%指定最佳化演算法爲 sgdm，且顯示訓練過程
options = trainingOptions('sgdm','Plots', 'training-progress')
```

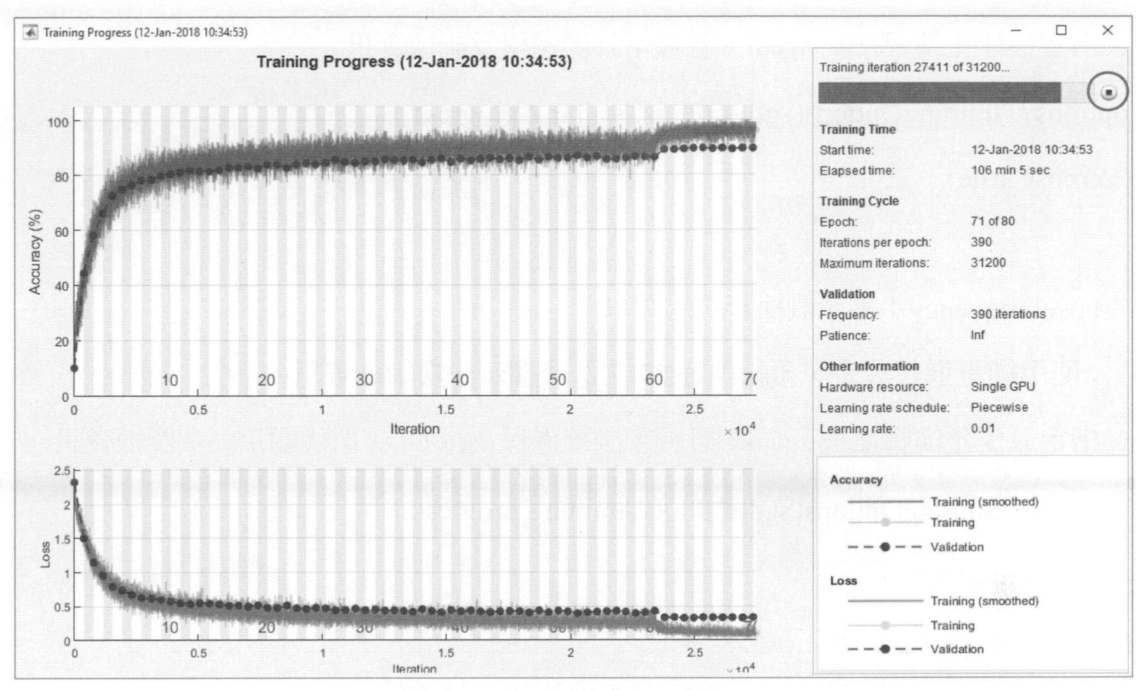


圖 4.2　顯示訓練過程的視窗。

Verbose：在 Command Window 中顯示訓練資訊

使用布林值設定，預設爲顯示訓練資訊(true)，若要不顯示訓練資訊則需設爲 false。顯示資訊包含：

- Epoch：第幾回合的訓練，模型看完所有訓練資料才算一個回合。
- Iteration：迭代次數，根據參數批次大小(MiniBatchSize)的設定不同，迭代次數也就有所差異，一個訓練回合(epoch)的迭代次數等於總訓練資料量除以 MiniBatchSize，當無法整除時則迭代次數再加 1。
- Time Elapsed：持續訓練的時間。
- Mini-batch Accuracy：這一批次輸入資料模型預測結果的準確程度。
- Validation Accuracy：驗證資料的準確率。
- Mini-batch Loss：這一批次輸入資料模型預測結果的損失函數。
- Validation Loss：驗證資料的損失函數。
- Base Learning Rate：目前的學習率。

```
%指定最佳化演算法為 sgdm，且顯示訓練過程及訓練資訊
options = trainingOptions('sgdm','Plots','training-progress',...
'Verbose',true)
```

VerboseFrequency：顯示訓練資訊的頻率

使用純量進行設定，預設為每 50 次迭代顯示一次訓練資訊。

```
%指定最佳化演算法為 sgdm，且顯示訓練過程及每 60 次迭代顯示一次訓練資訊
options = trainingOptions('sgdm','Plots','training-progress',...
'Verbose',true,...
'VerboseFrequency',60)
```

MaxEpochs：設定最大訓練回合數

使用純量進行設定，其預設為訓練 30 回合，當模型看完所有訓練資料才能算一個回合。

```
%指定最佳化演算法為 sgdm，且顯示訓練過程以及每 60 次迭代顯示一次訓練資訊；
設定最大訓練回合數為 50 回合。
options = trainingOptions('sgdm','Plots','training-progress',...
'Verbose',true,...
'VerboseFrequency',60,...
'MaxEpochs',50)
```

MiniBatchSize：設定批次大小

使用純量設定，其預設為 128，也就是每一次的迭代訓練過程最多輸入 128 筆資料。MiniBatchSize 會影響最佳化演算法要往哪個地方去尋找最佳的解，對於較少的訓練資料量，理想的情況是將 MiniBatchSize 設定成與訓練資料量有相同的大小(全批次

訓練)，因爲可以使模型了解訓練資料特徵的整體分布，使得最佳化演算法可以根據整體的損失函數去尋找最佳的解。但是對於龐大的訓練資料量，會因爲硬體及記憶體而無法使用全批次訓練，只能退而求其次使用批次訓練。此外，龐大的訓練資訊量就表示最佳化演算法會有許多的方向可以選擇，因此使用批次訓練容易找到區域最佳解，不容易找到全域最佳解(以整體來看屬於最佳的解)，如圖 4.3 所示。

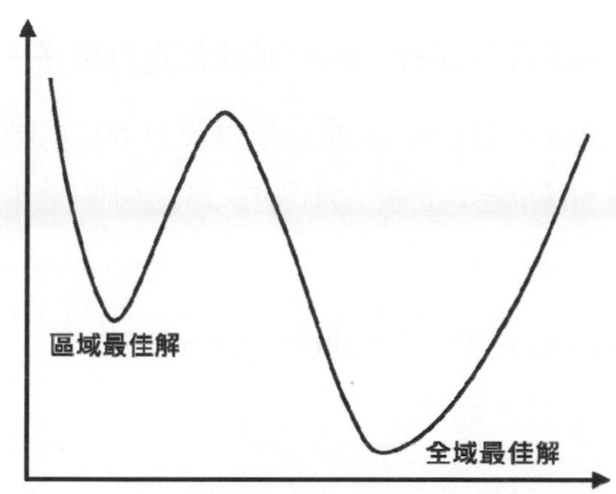


圖 4.3　全域最佳解示意圖。

如果將 MiniBatchSize 設為 1，就是一次只輸入一筆訓練資料讓模型學習其特徵，那麼每一次最佳化演算法只會根據那一筆訓練資料的特徵去尋找最佳解，導致每一次找的方向不一致，難以在時間內尋找到最佳解，因此折衷選擇批次的輸入給模型進行訓練。一般來說，在合理的範圍內，越大的 MiniBatchSize 使下降方向越準確且震盪越小；MiniBatchSize 如果過大，則可能會出現局部最優的情況；MiniBatchSize 如果太小，則引入的隨機性大，難以達到收斂。

```
%指定最佳化演算法爲 sgdm，且顯示訓練過程以及每 60 次迭代顯示一次訓練資訊；設定最大訓練回合數爲 50 回合；批次大小設爲 256。

options = trainingOptions('sgdm','Plots','training-progress',...

'Verbose',true,...

'VerboseFrequency',60,...

'MaxEpochs',50,...

'MiniBatchSize',256)
```

Shuffle：隨機排序訓練資料

使用字串設定，其預設爲'once'，也就是在訓練模型之前，會進行一次隨機排序訓練資料。設定如下：

- 'once'：訓練資料只進行一次隨機排序。
- 'never'：訓練資料不進行隨機排序。
- 'every-epoch'：訓練資料在每一回的訓練都進行排序。

```
%指定最佳化演算法爲 sgdm，且顯示訓練過程以及每 60 次迭代顯示一次訓練資訊；設定最大訓練回合數爲 50 回合；批次大小設爲 256；訓練資料在每一回的訓練都進行排序。

options = trainingOptions('sgdm','Plots','training-progress',...
'Verbose',true,...
'VerboseFrequency',60,...
'MaxEpochs',50,...
'MiniBatchSize',256,...
'Shuffle','every-epoch')
```

ValidationData：在訓練期間用於驗證的資料

輸入資料必須包含：(1)與訓練資料相同格式圖像或序列及(2)相對應的標籤，其格式如表 4.1 及表 4.2 所示。

表 4.1　驗證資料為圖像的輸入格式

| 輸入的資料型態 | | 描述 |
|---|---|---|
| imageDatastore | | 具有 Categorical 陣列的標籤的 imageDatastore 物件 |
| Datastore | | Datastore 物件。 |
| table | | table 陣列，第一行爲圖像路徑或圖像的實際數值，第二爲圖像相對應的標籤(不常使用)。 |
| Cell 陣列 {X, Y} | X | 圖像的實際數值。 |
| | Y | Categorical 或 double 陣列的標籤。 |

表 4.2　驗證資料為序列的輸入格式

| 輸入的資料型態 | | 描述 |
|---|---|---|
| Table | | table 陣列，第一行爲儲存序列的 mat 檔的絕對路徑，第二行爲相對應的標籤(不常使用)。 |
| Cell 陣列{X, Y} | X | 圖像的實際數值。 |
| | Y | Categorical 或 double 陣列的標籤。 |

```
%註：imd 爲帶有 categorical 標籤的 ImageDatastore 物件
options = trainingOptions('ValidationData',imd)
%註：X 爲圖像實際數值，Y 爲相對應標籤
options = trainingOptions('ValidationData',{XValidation,YValidation})
```

ValidationFrequency：設定訓練過程中的驗證頻率

使用純量設定，其預設爲每經過 50 次迭代(Interaction)後則進行驗證。

```
%每經過 128 次迭代(Interaction)後則進行驗證
options = trainingOptions('ValidationData',imd,...
'ValidationFrequency',128)
```

ValidationPatience：驗證停止的耐心

當驗證資料的損失值大於或等於先前最小損失值一固定次數後則停止訓練，預設爲訓練到 MaxEpochs 所設定的訓練次數後停止，若要啓動 ValidationPatience，則輸入爲正整數。

```
%每經過 128 次迭代(Interaction)後則進行驗證，當損失值大於或等於先前最小損失值 5 次後則停止訓練
options = trainingOptions('ValidationData',imd,...
'ValidationFrequency',128,...
'ValidationPatience',5)
```

InitialLearnRate：設定初始學習率

使用純量設定，其預設爲 0.01(當最佳化演算法爲 sgdm)及 0.001(當最佳化演算法爲'rmsprop'或'adam')。如果學習率太低，則需要很長時間進行訓練；如果學習率太高，則訓練可能只達到次優結果或者無法收斂。

```
%指定最佳化演算法爲 sgdm，初始學習率爲 0.0001。
options = trainingOptions('sgdm','Plots','training-progress',...
'InitialLearnRate',0.0001)
```

LearnRateSchedule：設定是否在訓練過程中降低學習率

使用字串設定，預設爲'none'不降低學習率，若要降低學習率則設定爲 piecewise。

- none：設定訓練過程中不降低學習率。
- piecewise：設定訓練過程中根據學習率下降週期(LearnRateDropPeriod)及學習率下降因子(LearnRateDropFactor)加以降低學習率。

```
%指定最佳化演算法爲 sgdm，初始學習率爲 0.0001；在訓練過程中降低學習率。
options = trainingOptions('sgdm','Plots','training-progress',...
```

```
'InitialLearnRate',0.0001,...
'LearnRateSchedule', 'piecewise')
```

LearnRateDropPeriod：設定下降學習率的週期

使用純量設定，其預設為 10，也就是模型訓練了 10 回合之後才會根據學習率下降因子降低學習率。

```
%指定最佳化演算法為 sgdm，初始學習率為 0.0001；在訓練過程中降低學習率；每經過 2 回合訓練之後降低學習率。
options = trainingOptions('sgdm','Plots','training-progress',...
'InitialLearnRate',0.0001,...
'LearnRateSchedule', 'piecewise',...
'LearnRateDropPeriod',2)
```

LearnRateDropFactor：設定學習率下降因子

使用純量設定，其預設為 0.1，也就是學習率會下降至原來的 0.1 倍，例如原先學習率為 0.001，經過指定的訓練回合次數後學習率下降至 $10^{-4}$(0.001×0.1)。

```
%指定最佳化演算法為 sgdm，初始學習率為 0.0001；在訓練過程中降低學習率；每經過 2 回合訓練之後降低學習率；下降至原來的 0.1 倍。
options = trainingOptions('sgdm','Plots','training-progress',...
'InitialLearnRate',0.0001,...
'LearnRateSchedule', 'piecewise',...
'LearnRateDropPeriod',2,...
'LearnRateDropFactor',0.1)
```

- net：訓練過的網路模型。
- info：訓練過程的資訊，例如訓練準確率、損失值及學習率變化等。

imds：imageDatastore 型態的變數

如同第二章的“2-1 基本資料標記”就是使用 imageDatastore 指令去建立的 imageDatastore 型態的變數，從圖 2.8 中可以看出 imds 裡面的 Files 就是放置圖像存放的路徑；Labels 就是與圖像相對應的 categorical 陣列的標籤。我們可以使用 2-1 的指令建立一 imageDatastore，其變數名稱命名爲 imds，接著在 Command Window 中輸入以下指令：

```
Files = imds.Files;
whos Files
Labels = imds.Labels;
whos Labels
```

執行後可以看到 Command Window 顯示 Files 及 Labels 變數的 Size、Bytes 及他們的資料型態，如圖 4.4 所示。Files 爲 cell 陣列；Labels 爲 categorical 陣列。除了利用 Command Window 相對應的指令外，也可以直接點擊 Workspace 的 imds 變數查看，如圖 4.5 所示。

```
Command Window
>> Files = imds.Files;
whos Files
Labels = imds.Labels;
whos Labels
  Name        Size            Bytes  Class    Attributes

  Files      75x1             19072  cell

  Name        Size            Bytes  Class          Attributes

  Labels      75x1              809  categorical

fx >>
```

圖 4.4　Files 及 Labels 變數的資訊。

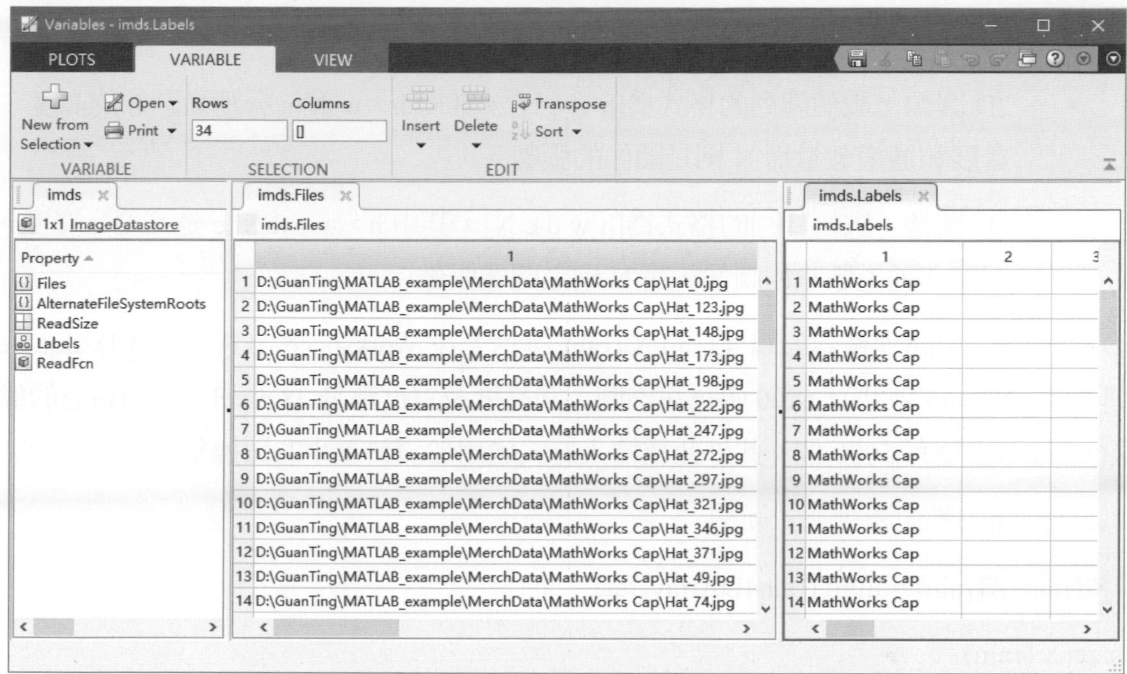


圖 4.5　透過 Variables 視窗中查看 imds 變數的資訊。

ds：Datastores

MATLAB 的 Datastores 是用來表示一資料龐大的數據集，其大到記憶體無法一次載入。Datastores 包含了許多型態，除了上述的 imageDatastore，還有包含底下資料型態：

- augmentedImageDatastore：每一批次訓練中會進行資料擴增的 Datastore
- randomPatchExtractionDatastore：隨機提取色塊的 Datastore
- denoisingImageDatastore：移除圖像雜訊 Datastore
- boxLabelDatastore：應用於物件偵測的 Datastore
- pixelLabelImageDatastore：應用於語義分割的 Datastore

而本書會運用到的 Datastores 有 augmentedImageDatastore、boxLabelDatastore 及 pixelLabelImageDatastore，並且會在相對應的章節中說明。

X：圖像數據，其爲數值陣列，格式可分爲 2D 圖像及 3D 圖像。

- 2D 圖像：數值陣列的格式爲[h w c N]，其中 h、w 和 c 分別是圖像的高度、寬度和通道數量而 N 則是圖像的張數。
- 3D 圖像：數值陣列的格式爲[h w d c N]，其中 h、w、d 和 c 是高度、寬度、深度和通道數量的圖像，而 N 則是圖像張數。

2D 圖像的數值陣列格式如圖 4.6 的 XTrain 所示，在 Workspace 中表示爲 4-D double 的陣列，XTrain 總共有 5000 張爲灰階圖，其高度及寬度都是 28 pixel，而相對應的標籤(YTrain)也是有 5000 個。此外此種輸入方式適用於資料量小的數據集。

```
%2D 圖像的數值陣列格式範例
[XTrain,YTrain] = digitTrain4DArrayData;
size(XTrain)
```

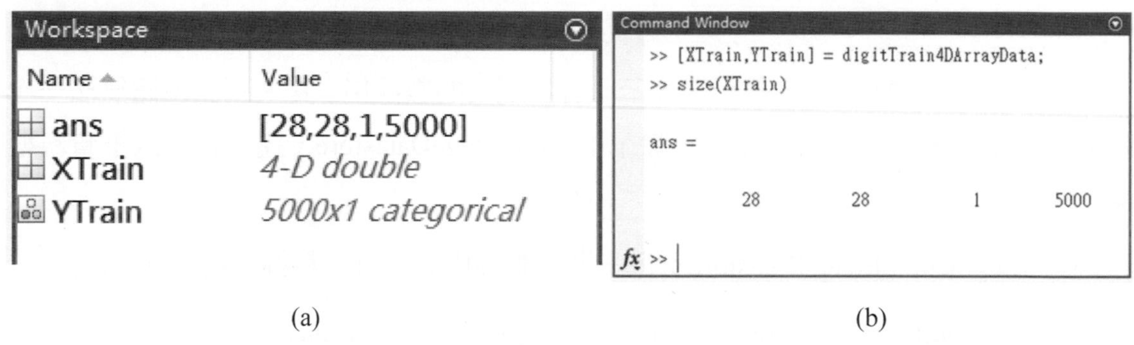


(a)　(b)

圖 4.6　2D 圖像的數值陣列格式。

sequences：序列數據，其爲 cell 陣列，格式分爲向量、2D 圖像及 3D 圖像所組成的序列。

- 向量：數值陣列格式爲[c s]，其中 c 是序列特徵的數量；s 是序列長度，並且利用 cell 陣列儲存，如圖 4.7 所示。
- 2D 圖像：數值陣列格式爲[h w c s]，其中 h、w 和 c 分別是圖像的高度、寬度和通道數量而 s 則是序列長度，並且利用 cell 陣列儲存。

- 3D 圖像：數値陣列格式爲[h w d c s]，其中 h、w、d 和 c 是高度、寬度、深度和通道數量的圖像而 s 則是序列長度，並且利用 cell 陣列儲存。

向量所組成的序列如圖 4.7 的 XTrain 所示，在 Workspace 中表示爲 cell 陣列，接著點擊 XTrain，其每個 cell 內都存放著 12×s (序列特徵的數量×序列長度)的 double 陣列，共有 270 個，而相對應的標籤(YTrain)也是有 270 個。

```
%向量所組成序列的數值陣列格式範例
[XTrain,YTrain] = japaneseVowelsTrainData;
```

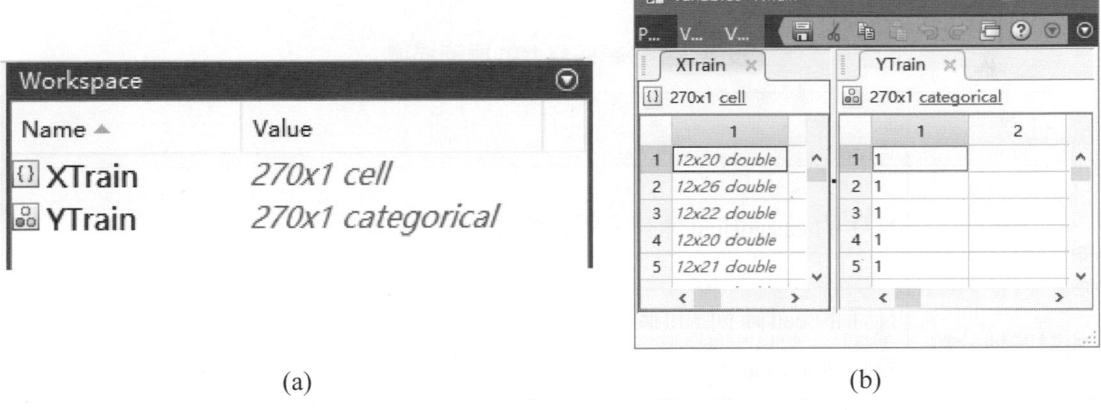


(a)　　　　(b)

圖 4.7　向量所組成的序列。

Y：圖像或序列的相對標籤

因應不同類型的任務，圖像或序列分類的標籤有不同的格式，如表 4.3 及表 4.4 所示。表 4.3 爲分類任務上的標籤描述，圖像分類及序列對標籤分類的標籤格式如圖 4.6(a)及圖 4.7(a)的 YTrain 所示，而序列對序列分類的格式如圖 4.8 所示，XTrain 基本上相同，差別在於 YTrain 變成 N×1 的 cell 陣列，每個 cell 內都包含 1×s (s 爲序列長度)的 categorical 陣列。

```
%序列對序列分類的格式範例
load HumanActivityTrain
```

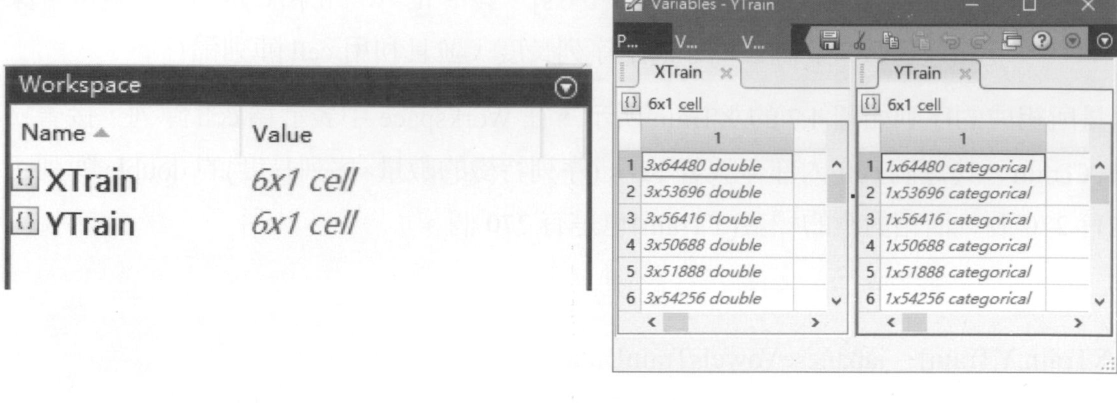


(a)　　　　　　　　　　　　　　(b)

圖 4.8　序列對序列分類的標籤格式。

表 4.3　分類任務上的標籤描述

| 任務 | 描述 |
|---|---|
| 圖像分類 | N×1 的 categorical 陣列，N 爲圖像或序列的數量。 |
| 序列對標籤分類 | |
| 序列對序列分類 | N×1 的 cell 陣列，每個 cell 內都包含 1×s(s 爲序列長度)的 categorical 陣列，N 爲序列的數量。 |

表 4.4　迴歸任務上的標籤描述

| 任務 | 描述 |
|---|---|
| 2D 圖像迴歸 | • N×R 的數値陣列，N 爲圖像的數量，R 爲相對應的結果。<br>• 數値陣列的格式爲[h w c N]，其中 h、w 和 c 分別是圖像的高度、寬度和通道數量而 N 則是圖像的張數。 |
| 3D 圖像迴歸 | • N×R 的數値陣列，N 爲圖像的數量，R 爲相對應的結果。<br>• 數値陣列格式爲[h w d c s]，其中 h、w、d 和 c 是高度、寬度、深度和通道數量的圖像而 s 則是序列長度。 |
| 序列迴歸 | • N×R 的數値陣列，N 爲序列的數量，R 爲相對應的結果。 |
| 序列對序列迴歸 | • N×1 的 cell 陣列，N 爲序列的數量，每個 cell 內都包含 R×s 的陣列，其中 R 爲相對應的結果；s 爲序列長度。 |

tbl：table 資料型態

table 必須包含訓練資料及其相對應的標籤，第一行爲訓練資料(圖像或序列)，第一行之後爲相對應的標籤，table 的列表示成訓練資料的數量，如圖 4.9 所示。其實使用前面的資料型態來當作輸入訓練資料格式已經綽綽有餘，因此 table 的資料型態比較不被用來當作輸入資料的格式，故不詳細介紹。

```
%table 資料型態範例

digitDatasetPath = fullfile(matlabroot,'toolbox','nnet','nndemos', ...

'nndatasets','DigitDataset');

imds = imageDatastore(digitDatasetPath, ...

'IncludeSubfolders',true,'LabelSource','foldernames');

input_image = readall(imds);

label = imds.Labels;

T = table(input_image,label);
```

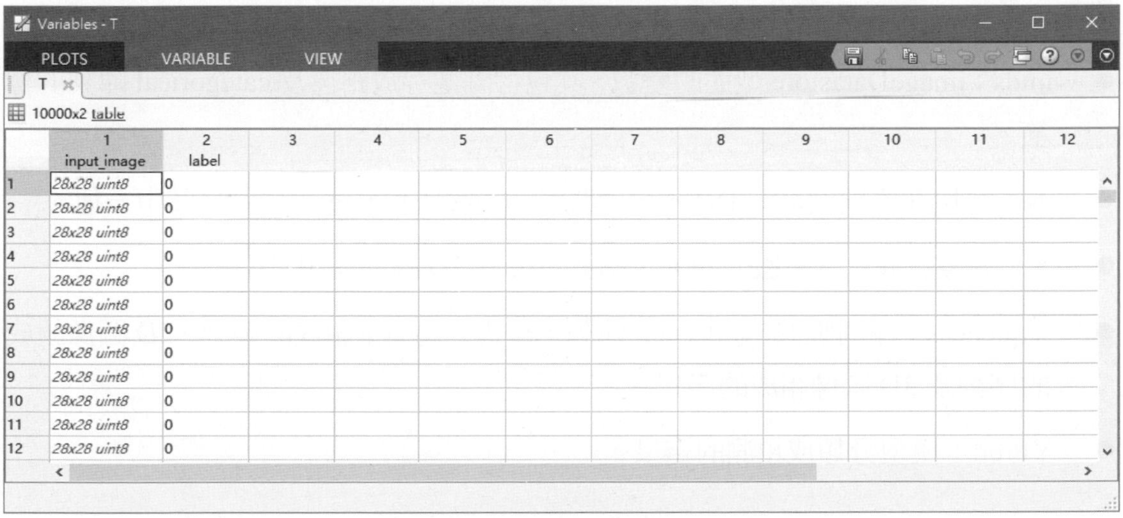

Variables - T

PLOTS　VARIABLE　VIEW

T

10000x2 table

| | 1<br>input_image | 2<br>label | 3 | 4 | 5 | 6 | 7 | 8 | 9 | 10 | 11 | 12 |
|---|---|---|---|---|---|---|---|---|---|---|---|---|
| 1 | 28x28 uint8 | 0 | | | | | | | | | | |
| 2 | 28x28 uint8 | 0 | | | | | | | | | | |
| 3 | 28x28 uint8 | 0 | | | | | | | | | | |
| 4 | 28x28 uint8 | 0 | | | | | | | | | | |
| 5 | 28x28 uint8 | 0 | | | | | | | | | | |
| 6 | 28x28 uint8 | 0 | | | | | | | | | | |
| 7 | 28x28 uint8 | 0 | | | | | | | | | | |
| 8 | 28x28 uint8 | 0 | | | | | | | | | | |
| 9 | 28x28 uint8 | 0 | | | | | | | | | | |
| 10 | 28x28 uint8 | 0 | | | | | | | | | | |
| 11 | 28x28 uint8 | 0 | | | | | | | | | | |
| 12 | 28x28 uint8 | 0 | | | | | | | | | | |

圖 4.9　table 的格式。

responseName：這只有在輸入格式爲 table 時才有可能會使用的參數，故不介紹。

# 4-2 模型預測與效能評估

## 4-2-1 模型預測

模型完成訓練後，接下就是要透過模型分類或是預測相似的資料並且進行效能評估進行評估，而模型分類或是預測相似的資料可以使用指令：classify 或 predict。

語法：

```
YPred = predict(net,imds)
YPred = predict(net,ds)
YPred = predict(net,X)
YPred = predict(net, sequences)
YPred = classify(net,imds)
YPred = classify(net,ds)
YPred = classify(net,X)
YPred = classify(net, sequences)
```

描述：

- imds：imageDatastore 型態的變數，其包含圖像存放路徑及 categorical 陣列的標籤。
- ds：應用在不同領域的 Datastore 型態，imageDatastore 物件就是其中一種。
- X：圖像數據，其爲數値陣列，格式可分爲 2D 圖像及 3D 圖像。
- sequences：序列數據，其爲 cell 陣列，格式分爲向量組成的序列、2D 圖像組成的序列及 3D 圖像組成的序列。
- YPred：模型分類或預測的結果。

## 4-2-2 效能評估

評估方式常使用混淆矩陣進行評估，其示意圖如圖 4.10 所示。

| | | **True condition** | | | | |
|---|---|---|---|---|---|---|
| | Total population | Condition positive | Condition negative | Prevalence = $\frac{\Sigma \text{ Condition positive}}{\Sigma \text{ Total population}}$ | Accuracy (ACC) = $\frac{\Sigma \text{ True positive} + \Sigma \text{ True negative}}{\Sigma \text{ Total population}}$ | |
| **Predicted condition** | Predicted condition positive | **True positive**, Power | **False positive**, Type I error | Positive predictive value (PPV), Precision = $\frac{\Sigma \text{ True positive}}{\Sigma \text{ Predicted condition positive}}$ | False discovery rate (FDR) = $\frac{\Sigma \text{ False positive}}{\Sigma \text{ Predicted condition positive}}$ | |
| | Predicted condition negative | **False negative**, Type II error | **True negative** | False omission rate (FOR) = $\frac{\Sigma \text{ False negative}}{\Sigma \text{ Predicted condition negative}}$ | Negative predictive value (NPV) = $\frac{\Sigma \text{ True negative}}{\Sigma \text{ Predicted condition negative}}$ | |
| | | True positive rate (TPR), Recall, Sensitivity, probability of detection = $\frac{\Sigma \text{ True positive}}{\Sigma \text{ Condition positive}}$ | False positive rate (FPR), Fall-out, probability of false alarm = $\frac{\Sigma \text{ False positive}}{\Sigma \text{ Condition negative}}$ | Positive likelihood ratio (LR+) = $\frac{\text{TPR}}{\text{FPR}}$ | Diagnostic odds ratio (DOR) = $\frac{\text{LR+}}{\text{LR−}}$ | $F_1$ score = $\frac{2}{\frac{1}{\text{Recall}} + \frac{1}{\text{Precision}}}$ |
| | | False negative rate (FNR), Miss rate = $\frac{\Sigma \text{ False negative}}{\Sigma \text{ Condition positive}}$ | True negative rate (TNR), Specificity (SPC) = $\frac{\Sigma \text{ True negative}}{\Sigma \text{ Condition negative}}$ | Negative likelihood ratio (LR−) = $\frac{\text{FNR}}{\text{TNR}}$ | | |

圖 4.10 混淆矩陣指標[1]。

True positive (TP)和 True negative (TN)為模型預測與正確答案一致的個數，False positive (FP)和 False negative (FN)為模型預測與正確答案不一致的個數。透過此表格可衍生出其他指標，常見的有 Sensitivity(又稱 Recall 或 TPR)、Specificity(又稱 TNR)、Precision(又稱 PPV)、F1 score 以及 Accuracy，可依照不同需求計算適合的指標來評估模型效能。MATLAB 可以藉由相關的指令計算出混淆矩陣，並簡單地呈現出幾個常見的指標，如準確率、靈敏度、正預測值等。

plotconfusion：畫出混淆矩陣。

語法：

plotconfusion(targets,outputs)

plotconfusion(targets,outputs,name)

plotconfusion(targets1,outputs1,name1,targets2,outputs2,name2,...,targetsn,outputsn,namen)

描述：

- targets：標準答案，其屬於 categorical 陣列。
- outputs：模型預測結果，其屬於 categorical 陣列。
- name：該混淆矩陣的標題，其屬於字串。

底下將透過一簡單範例來將前幾個章節的內容做整合，並了解訓練模型的流程，請參考光碟範例 CH4_1.mlx，其流程示意圖如圖 4.11 所示。第一步是先載入相關的數據集到 MATLAB 中，使 MATLAB 能夠順利讀取到資料；第二步則根據使用者需求進行資料前處理，例如資料擴增、移除雜訊或減少訓練資料之間的差異度等方法，使模型效能能夠提高；第三步將一完整數據集區分成三個資料集，分別是訓練、驗證及測試資料，訓練資料是用於訓練過程中，讓模型去學習輸入圖像或序列的相關特徵，驗證資料用來檢驗模型在每一回的訓練後，分類或預測的效能是否有持續提高或者持平；最後在模型訓練完成後，利用測試資料來進行最後的評估，且透過混淆矩陣和相關指標加以呈現模型效能。

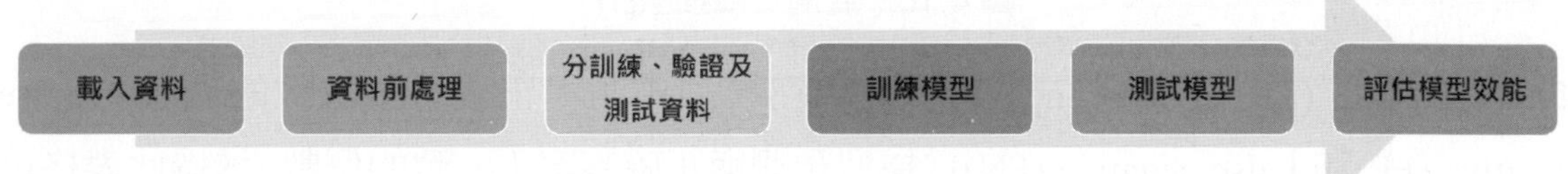


圖 4.11　訓練模型的流程示意圖。

首先載入資料，這次載入的資料爲 MNIST 手寫數字圖像數據集，圖像大小爲 28×28 的灰階圖，共 5000 筆資料。

```
[XTrain,YTrain] = digitTrain4DArrayData;
```

接著建立一卷積神經網路模型，設定輸入大小爲 28×28，並透過 3 層卷積層來提取圖像的特徵，此外每一層卷積層後面皆會接上 batchNormalizationLayer 及 reluLayer，而在提取完圖像特徵後，透過全連接層將所有的特徵圖攤平，並透過 softmaxlayer 分配全連接層輸出結果的重要性，最後藉由 classificationLayer 來表示分類結果。

```
layers = [
    imageInputLayer([28 28 1])

    convolution2dLayer(3,8,'Padding','same')
    batchNormalizationLayer
    reluLayer
    convolution2dLayer(3,16,'Padding','same','Stride',2)
    batchNormalizationLayer
    reluLayer
    convolution2dLayer(3,32,'Padding','same','Stride',2)
    batchNormalizationLayer
    reluLayer

    fullyConnectedLayer(10)
    softmaxLayer
    classificationLayer];
```

再來設定訓練參數並進行模型的訓練，最佳化演算法選擇 sgdm，最大訓練回合數為 5，且不顯示訓練資訊在 Command Window 中，而是將訓練過程畫出來，如圖 4.12 所示。這邊並沒有指定 MiniBatachSize 因此其大小為預設值 128。

```
options = trainingOptions('sgdm',...
'MaxEpochs',5,...
'Verbose',false,...
'Plots','training-progress');
net = trainNetwork(XTrain,YTrain,layers,options);
```

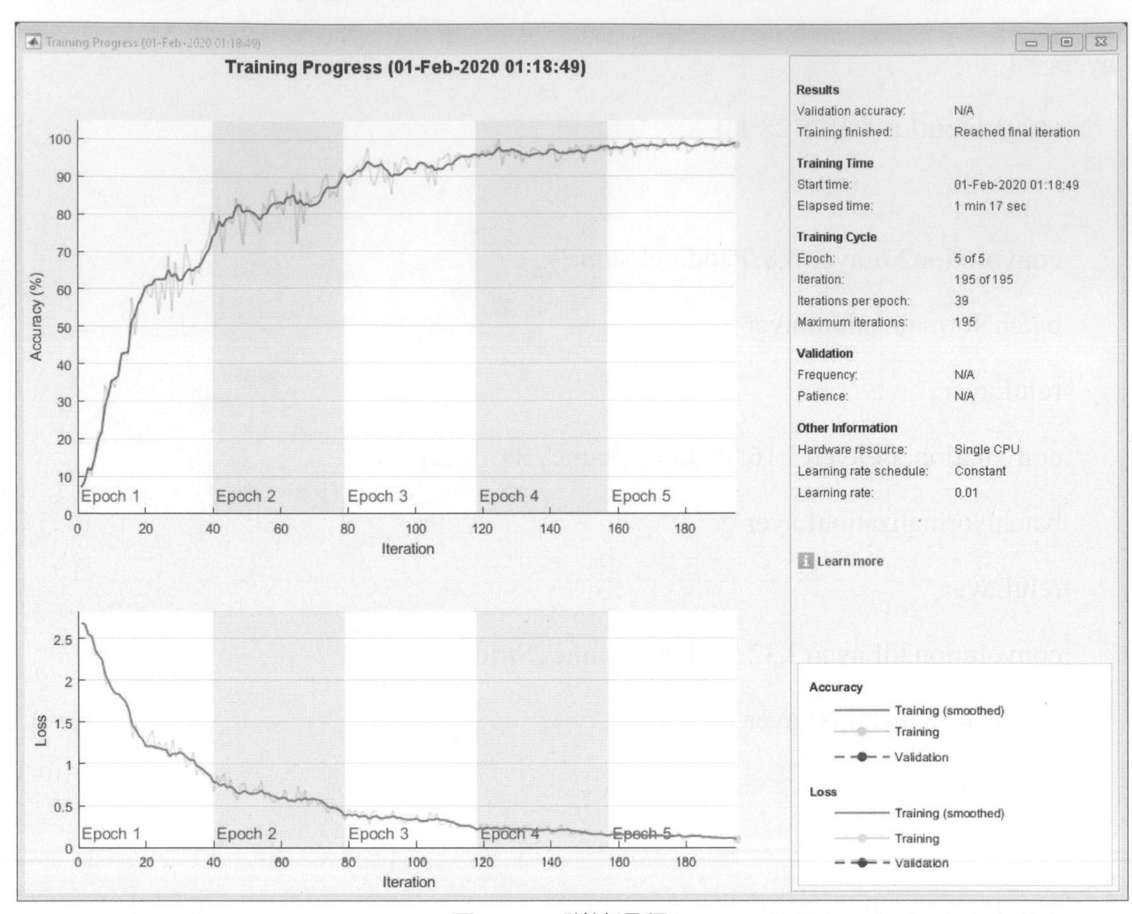


圖 4.12 訓練過程。

訓練完成後，接著就是要來驗收模型的效能了，載入測試資料並透過相對應指令(classify)進行分類。

```
[XTest,YTest] = digitTest4DArrayData;
YPredicted = classify(net,XTest);
```

最後透過混淆矩陣來評估模型效能，其混淆矩陣如圖 4.13 所示，每一列(row)對應到是模型分類結果；每一行(colum)對應到的是實際結果。在紅色框中，對角線的元素表示爲分類正確的數量，其餘的爲分類錯誤的數量，而最右邊一行的百分比數值爲正預測值(precision)及錯誤發現率(false discovery rate)；最底下一列的百分比數值爲靈敏度(sensitivity or recall)及誤判率(false positive rate)；最右下方的百分比數值爲整體準確率(overall accuracy)。

```
plotconfusion(YTest,YPredicted)
```

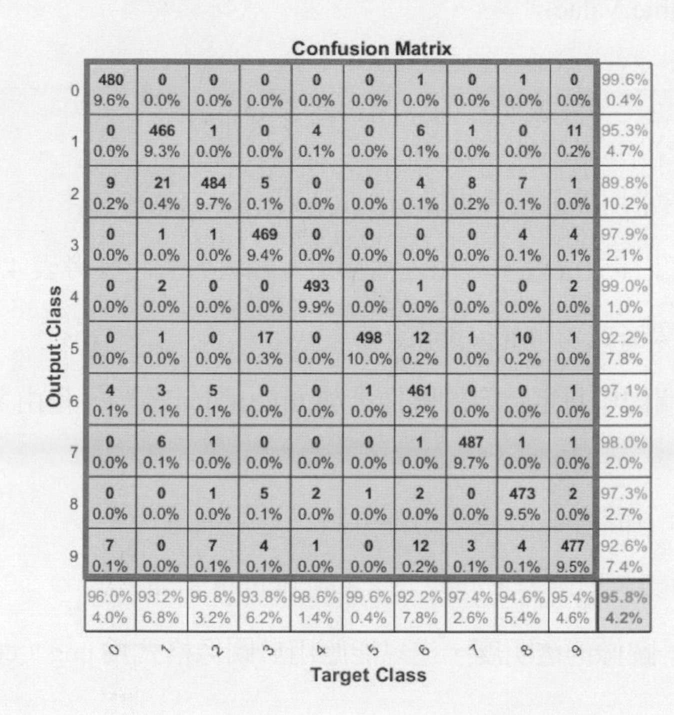


圖 4.13　混淆矩陣。

# 4-3 圖像資料擴增

MATLAB 提供許多的語法使原使圖像變形，加以達到資料擴增的效果，以下將介紹基本讀寫圖像指令與常用來被進行資料擴增的語法。

## 4-3-1 基本讀取圖像指令

imread：讀取圖像

語法：

A = imread(filename)

A = imread(filename,fmt)

A = imread(___,idx)

A = imread(___,Name,Value)

[A,map] = imread(___)

[A,map,transparency] = imread(___)

描述：以下只介紹常用的選項，更多資訊可參考 MATLAB 文件

- filename：圖像存放位置，其輸入為字串。輸入方式可參考表 4.5。
- fmt：指定圖像格式，如 jpg, png, …。
- idx：從多張圖像中指定特定的圖像，如 gif, tif, ico 等等，是由多張圖片組合而成。
- Name, Value：相關參數設定，這部分將不進行描述。
- map：圖像的顏色對應表，回傳 m×3 的 double 矩陣。
- transparency：圖像的透明度，這只能應用於圖像格式為 png、cur 及 ico。

例子：

A = imread('ngc6543a.jpg');

imshow(A) %顯示圖片

表 4.5 filename 輸入方式

| 圖像位置 | filename 對應形式 |
|---|---|
| MATLAB 系統路徑<br>(Command Window 輸入 path 檢視) | 圖像的檔案名稱<br>Ex. A = imread('peppers.png'); |
| 當前的路徑<br>(Command Window 輸入 pwd 檢視) | |
| 其他資料夾內 | 絕對路徑<br>Ex. 假設圖像名稱為 myimage.jpg，存放在 C:\。A = imread('C:\myimage.jpg'); |
| 網路 | Ex. A = 123456789-=`/*-<br>`(…<br>'http://hostname/path_to_file/my_image.jpg'); |

imwrite：儲存圖像

語法：

```
imwrite(A,filename)
imwrite(A,map,filename)
imwrite(___,fmt)
imwrite(___,Name,Value)
```

描述：

- A：圖像資料
  - 灰階圖：格式為 m×n 矩陣
  - 彩色圖像：格式為 m×n×3 矩陣(imwrite 不支援將彩色圖像轉為 gif 檔)
- filename：圖像存放位置，其輸入為字串。
- map：圖像的顏色對應表，其為 m×3 的 double 矩陣。
- fmt：指定圖像格式，如 jpg, png, …。
- Name, Value：相關參數設定，這部分將不進行描述。

例子：

```
load clown.mat%載入圖像
%儲存圖像
imwrite(X,'myclown.png')
newmap = copper(81);%設定圖像的顏色對應表
imwrite(X,newmap,'copperclown.png');
```

### 4-3-2 資料擴增的語法

本節會先建立一變數名稱爲 imds 的 imageDatastore 物件以便於示範，詳細資訊如圖 4.14 所示，其圖像檔案位於 MerchData\MathWorks Cube，請確認當前路徑有 MerchData(可用 pwd 獲得當前路徑)。前 8 張的原始圖像如圖 4.15 所示，接下來將透過一連串設置使原始圖像變形加以達到資料擴增目的。請參考光碟範例 CH4_2.mlx。

```
imds = imageDatastore('MerchData\MathWorks Cube','LabelSource','foldernames')
%瀏覽前 8 張
for i = 1:8
    I{i} = readimage(imds,i);
end
imshow(imtile(I));
```

```
Command Window
>> imds = imageDatastore('MerchData\MathWorks Cube','LabelSource','foldernames')

imds =

  ImageDatastore with properties:

                       Files: {
                              ' ...\GuanTing\MATLAB_example\MerchData\MathWorks Cube\MathWorks cube_0.jpg';
                              ' ...\MATLAB_example\MerchData\MathWorks Cube\MathWorks cube_1099.jpg';
                              ' ...\MATLAB_example\MerchData\MathWorks Cube\MathWorks cube_120.jpg'
                               ... and 12 more
                              }
                      Labels: [MathWorks Cube; MathWorks Cube; MathWorks Cube ... and 12 more categorical]
    AlternateFileSystemRoots: {}
                    ReadSize: 1
                     ReadFcn: @readDatastoreImage

fx >>
```

圖 4.14　變數名稱為 imds 的 imageDatastore 物件資訊。

圖 4.15　前 8 張的原始圖像。

imageDataAugmenter：設置資料擴增方式

imageDataAugmenter 指令包含了許多資料擴增方式的設置。例如，對圖像進行調整大小、旋轉、平移、鏡射及填充等等。因此只需透過 imageDataAugmenter 即可達到資料擴增的目的。

語法：

aug = imageDataAugmenter

aug = imageDataAugmenter(Name,Value)

描述：

Name,Value：設置資料擴增方式及參數，將於底下說明。

例子：

aug = imageDataAugmenter('RandRotation',[0 360], ...

'RandScale',[0.5 1]) %設定資料擴增方式為隨機旋轉(範圍 0~360 度)及隨機調整大小(比例 0.5~1)

- FillValue：填充，設定一顏色對變形圖像的周圍進行填充，如圖 4.16 所示。如果變形圖像爲灰階，則 FillValue 爲一純量；如果變形圖像爲彩色，則 FillValue 爲一列向量，其表示三原色[R G B]。

```
%設定資料擴增方式爲隨機旋轉(範圍 0~360 度)及隨機調整大小(比例 0.5~1)，變形圖像的周圍填充爲藍色。

aug = imageDataAugmenter('FillValue',[0 0 255],'RandRotation',[0 360], ...
'RandScale',[0.5 1])
auimds = augmentedImageDatastore([227 227],...
imds,'DataAugmentation',aug); %此指令會在後面進行說明
minibatch = preview(auimds);
imshow(imtile(minibatch.input));
```

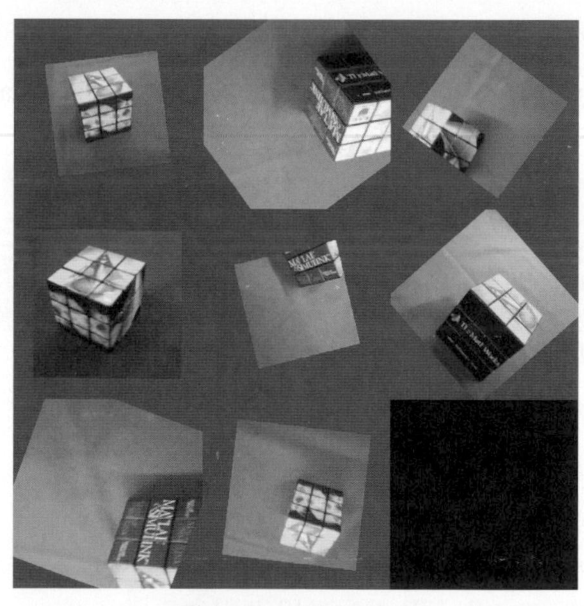

圖 4.16 FillValue。

- Randomreflection：隨機鏡射

輸入爲布林值(true 或 false)，有 50%的機率會對原始圖像進行鏡射，也就是產生一對稱的圖形，如圖 4.17 所示。可分爲水平鏡射及垂直鏡射：

  - RandXReflection：水平隨機鏡射。

- RandYReflection：垂直隨機鏡射。

```
%設定資料擴增方式為水平隨機鏡射。
aug = imageDataAugmenter('RandXReflection',true)
auimds = augmentedImageDatastore([227 227],...
imds,'DataAugmentation',aug);
minibatch = preview(auimds);
imshow(imtile(minibatch.input));
%設定資料擴增方式為垂直隨機鏡射。
aug = imageDataAugmenter('RandYReflection',true)
auimds = augmentedImageDatastore([227 227],...
imds,'DataAugmentation',aug);
minibatch = preview(auimds);
imshow(imtile(minibatch.input));
```

(a)RandXReflection。

(b)RandYReflection。

圖 4.17　隨機鏡射。

- RandRotation：隨機旋轉圖像

輸入爲列向量[a b]，第二個元素必須大於或等於第一個元素，並根據輸入範圍[a b]對圖像進行隨機旋轉，如圖 4.18 所示。

```
%設定資料擴增方式爲隨機旋轉(範圍 0~360 度)。
aug = imageDataAugmenter('RandRotation',[0 360])
auimds = augmentedImageDatastore([227 227],...
imds,'DataAugmentation',aug);
minibatch = preview(auimds);
imshow(imtile(minibatch.input));
```

圖 4.18　隨機旋轉。

- Randscale：隨機縮放

輸入列向量[a b]，第二個元素必須大於或等於第一個元素，根據輸入範圍對圖像進行隨機縮放，如圖 4.19 所示。其中可分爲均勻縮放、水平縮放及垂直縮放：

  - RandScale：隨機均勻縮放。
  - RandXScale：隨機水平縮放。

- RandYScale：隨機垂直縮放。

```
%設定資料擴增方式爲隨機均勻縮放(範圍 0.5~2 倍)。
aug = imageDataAugmenter('RandScale',[0.52])
auimds = augmentedImageDatastore([227 227],...
imds,'DataAugmentation',aug);
minibatch = preview(auimds);
imshow(imtile(minibatch.input));
%設定資料擴增方式爲隨機水平縮放(範圍 0.1~0.5 倍)。
aug = imageDataAugmenter('RandXScale',[0.10.5])
auimds = augmentedImageDatastore([227 227],...
imds,'DataAugmentation',aug);
minibatch = preview(auimds);
imshow(imtile(minibatch.input));
%設定資料擴增方式爲隨機垂直縮放(範圍 0.2~0.3 倍)。
aug = imageDataAugmenter('RandYScale',[0.2 0.3])
auimds = augmentedImageDatastore([227 227],...
imds,'DataAugmentation',aug);
minibatch = preview(auimds);
imshow(imtile(minibatch.input));
```

(a)均勻縮放。

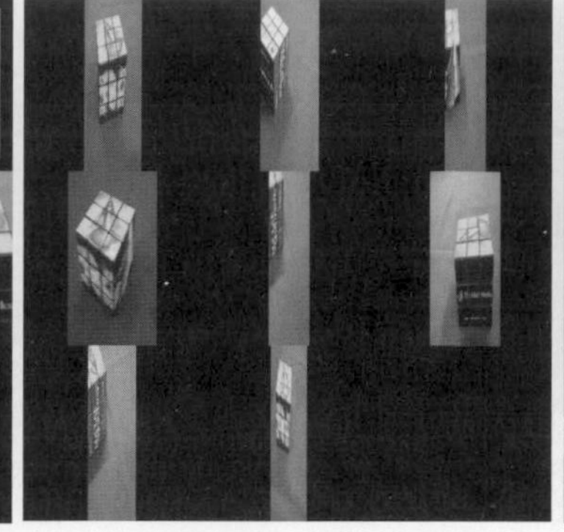

(b)水平縮放。

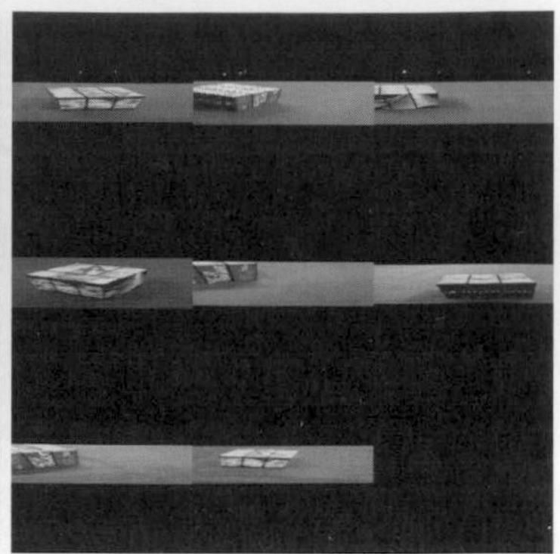

(c)垂直縮放。

圖 4.19　隨機縮放。

- Shear：隨機裁切

輸入為列向量[a b]，範圍限制在[-90 90]，第二個元素必須大於或等於第一個元素，並根據輸入的角度範圍對圖像進行隨機裁切，如圖 4.20 所示。其中可分為隨機裁切左右兩側及隨機裁切上下兩側。

- RandXShear：隨機裁切左右兩側。
- RandYShear：隨機裁切上下兩側。

```
%設定資料擴增方式為隨機裁切左右兩側(裁切角度範圍為-90~90 度)。
aug = imageDataAugmenter('RandXShear',[-90 90])
auimds = augmentedImageDatastore([227 227],...
imds,'DataAugmentation',aug);
minibatch = preview(auimds);
imshow(imtile(minibatch.input));
%設定資料擴增方式為隨機裁切上下兩側(裁切角度範圍為 30~60 度)。
aug = imageDataAugmenter('RandYShear',[30 60])
auimds = augmentedImageDatastore([227 227],...
imds,'DataAugmentation',aug);
minibatch = preview(auimds);
imshow(imtile(minibatch.input));
```

(a)RandXShear。

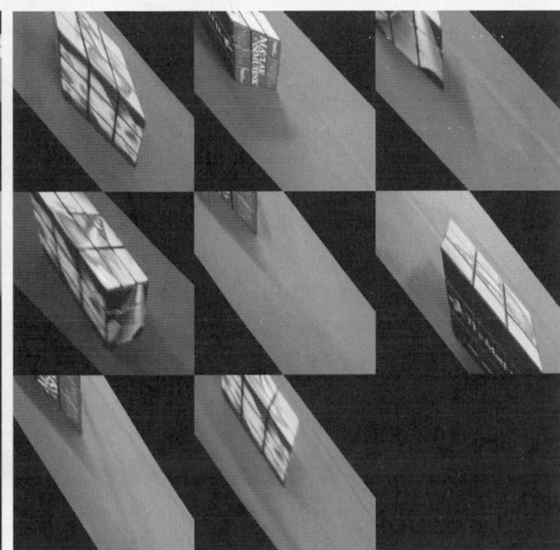

(b)RandYShear。

圖 4.20　隨機裁切。

- Translation：隨機平移

輸入列向量[a b]，範圍限制於圖像的大小，第二個元素必須大於或等於第一個元素，並根據輸入的像素範圍對圖像進行隨機平移，如圖 4.21 所示。其中可分爲隨機水平平移及隨機垂直平移。

- RandXTranslation：隨機水平平移。
- RandYTranslation：隨機垂直平移。

```
%設定資料擴增方式爲隨機水平平移(平移範圍爲 85~90 個像素點)。
aug = imageDataAugmenter('RandXTranslation',[85 90])
auimds = augmentedImageDatastore([227 227],...
imds,'DataAugmentation',aug);
minibatch = preview(auimds);
imshow(imtile(minibatch.input));
%設定資料擴增方式爲隨機垂直平移(平移範圍爲-60~-30 個像素點，負號表示方向相反)。
```

```
aug = imageDataAugmenter('RandYTranslation',[-60 -30])
auimds = augmentedImageDatastore([227 227],...
imds,'DataAugmentation',aug);
minibatch = preview(auimds);
imshow(imtile(minibatch.input));
```

(a)RandXTranslation。

(b)RandYTranslation。

圖 4.21　隨機平移。

- augmentedImageDatastore：

augmentedImageDatastore 用於批次轉換變形圖像以達到資料擴增，在一般的圖像分類任務的模型訓練過程中，可透過該指令在每一個迭代中進行資料擴增，以達到增加資料量的效果避免過度擬合，也就是使用該指令不用額外將變形的圖片儲存至磁碟當中，MATLAB 在訓練過程中就會隨機的進行資料擴增，這樣子較能節省磁碟的空間。

語法：

```
auimds = augmentedImageDatastore(outputSize,imds)
auimds = augmentedImageDatastore(outputSize,X,Y)
```

```
auimds = augmentedImageDatastore(outputSize,X)

auimds = augmentedImageDatastore(outputSize,tbl)

auimds = augmentedImageDatastore(___,Name,Value)
```

描述：

- outputSize：設定圖像輸出尺寸。
- imds：imageDatastore 物件。
- X：圖像資料，其指定格式爲 4-D 陣列[h w c i]，分別爲圖像高、圖像寬、通道數量(灰階爲 1；彩色爲 3)及圖像張數。
- Y：圖像資料所相應的標籤。在圖像分類上，指定格式爲 categorical 一維陣列。
- tbl：table 格式，其變數內需包含 X 及 Y。
- Name,Value：輸入設定選項，僅說明常使用選項
  - DataAugmentation：設置資料擴增選項，其輸入爲 imageDataAugmenter 物件。
  - ColorPreprocessing：預設爲不採用，輸入字串'gray2rgb'或'rgb2gray'可將所有圖像統一轉成三通道的 RGB 彩色圖或者單通道灰階圖，建議可以在使用此函式設定該選項，可以避免圖像通道數不匹配的問題。

例子：

```
imds = imageDatastore('MerchData\MathWorks Cube','LabelSource','foldernames')

aug = imageDataAugmenter( ...

'RandRotation',[-20,20], ...

'RandXTranslation',[-3 3], ...

'RandYTranslation',[-3 3])

auimds = augmentedImageDatastore([227 227],...

imds,'DataAugmentation',aug);
```

Reference

[1] https://en.wikipedia.org/wiki/Confusion_matrix

# 習題

1. 如何設定 trainingOptions 函式，使得在訓練時同時顯示訓練資料在 Command Window 及圖形化顯示訓練進度？
2. 如何設定 trainingOptions 函式，使得在訓練時可以降低學習率？
3. 目前 trainingOptions 函式可以使用幾種優化器？
4. 說明 trainNetwork 函式的主要輸入。
5. 說明 trainNetwork 函式的訓練資料的資料型式。
6. 說明 predict 函式及 classify 函式的輸出內容。
7. 如何計算混淆矩陣的準確率？
8. plotconfusion 函式所顯示的混淆矩陣包含哪些指標？
9. 如何設定 imageDataAugmenter 函式以進行多個方式的資料擴增？
10. 說明訓練模型的流程。

CHAPTER 5

# 預訓練模型與遷移式學習

本章摘要

# 5-1 預訓練模型

所謂預訓練模型就是已經透過一相關的數據集訓練過的模型，可以使他人在應用該模型時無須再從頭訓練，而 MATLAB 提供了許多的預訓練模型，如表 5.1 所示，這些預訓練模型都透過 ImageNet 數據集進行了上萬次的訓練。ImageNet 數據集裡面包含許多的圖像，總計共 1000 個類別。例如，鍵盤、咖啡杯及許多動物，此外將預訓練模型與遷移學習一起使用比從頭開始訓練模型還要來的更簡單容易。表 5.1 的 Depth 定義爲從輸入層到輸出層的路徑上最多數量的卷積區塊或全連接層，NASNet-Mobile 及 NASNet-Large 的連接方式較爲特殊，因此 Depth 無從計算。

表 5.1 MATLAB 提供的預訓練模型

| Network | Depth | Size (MB) | Parameters (Millions) | Image Input Size |
|---|---|---|---|---|
| AlexNet | 8 | 227 | 61.0 | 227×227×3 |
| VGG-16 | 16 | 515 | 138 | 224×224×3 |
| VGG-19 | 19 | 535 | 144 | 224×224×3 |
| SqueezeNet | 18 | 4.6 | 1.24 | 227×227×3 |
| GoogLeNet | 22 | 27 | 7.0 | 224×224×3 |
| Inception-v3 | 48 | 89 | 23.9 | 299×299×3 |
| DenseNet-201 | 201 | 77 | 20.0 | 224×224×3 |
| MobileNet-v2 | 53 | 13 | 3.5 | 224×224×3 |
| ResNet-18 | 18 | 44 | 11.7 | 224×224×3 |
| ResNet-50 | 50 | 96 | 25.6 | 224×224×3 |
| ResNet-101 | 101 | 167 | 44.6 | 224×224×3 |
| Xception | 71 | 85 | 22.9 | 299×299×3 |
| Inception-ResNet-v2 | 164 | 209 | 55.9 | 299×299×3 |
| ShuffleNet | 50 | 6.3 | 1.4 | 224×224×3 |
| NASNet-Mobile | * | 20 | 5.3 | 224×224×3 |
| NASNet-Large | * | 360 | 88.9 | 331×331×3 |

資料來源：https://www.mathworks.com/help/deeplearning/ug/pretrained-convolutional-neural-networks.html

MATLAB 亦提供一圖表來表示預訓練模型的分類性能與分類所需時間之間的關係以及模型的大小，如圖 5.1 所示，圖 5.1 內的圓型面積爲模型的大小。接下來將介紹一些預訓練模型的特色。例如，模型建立的原因及連接方式，以及如何載入想要使用的預訓練模型。(建議：依據個人電腦硬體規格去選擇適當大小的模型)

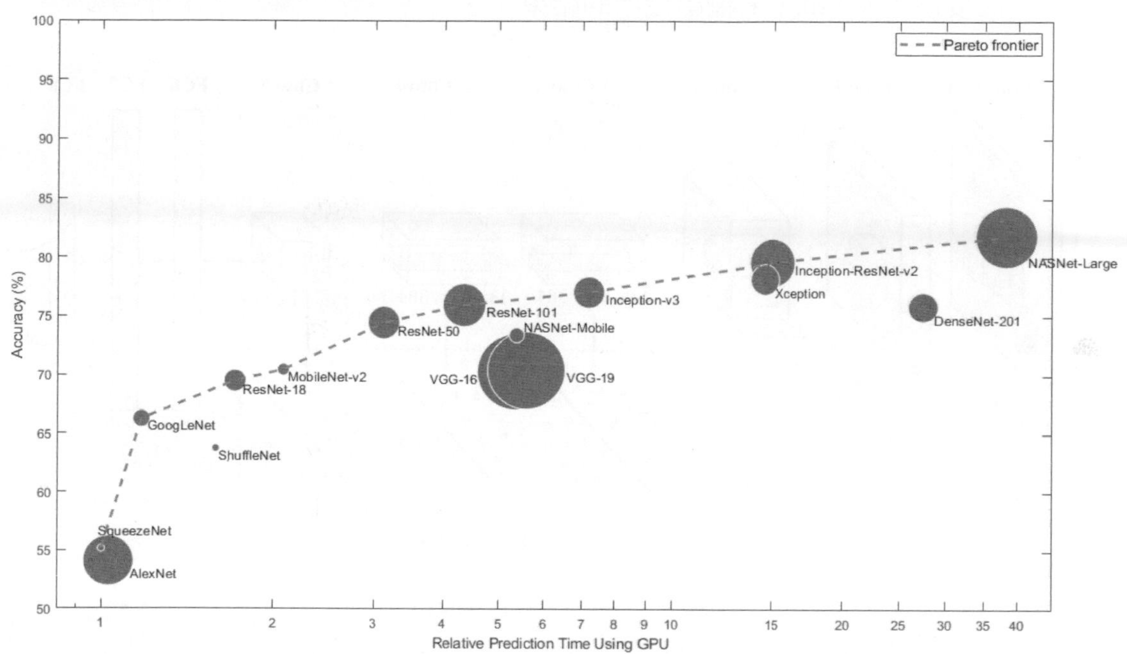


圖 5.1　預訓練模型的分類性能與分類所需時間之間的關係以及模型的大小[1]。

## 5-1-1 AlexNet

AlexNet 由 Alex Krizhevsky 於西元 2012 年所完成的。那爲什麼在學習深度學習的過程中，一定要學到 AlexNet 的模型呢？因爲 AlexNet 模型在 2012 年計算機視覺辨識大賽 ImageNet Large Scale Visual Recognition Challenge (ImageNet LSVRC)獲得冠軍，且比第二名的準確率高出許多，在那時造成極大的轟動，也是那個時候，卷積神經網路(CNN)開始被大家廣爲使用，變成現在的 CNN 大時代。在幾年後的比賽，也都是由卷積神經網路獲得冠軍。其實，在 2012 年時，AlexNet 只有僅僅 5 層的卷積層，並不像現在已經有高達 1000 多層的卷積層這麼誇張。AlexNet 最大的特點除了使用卷積網路之外，最重要的還有幾個特色，第一，先前的神經網路大多使用 Tanh 或是 Sigmoid 等激活函數，然而 AlexNet 則將激活函數改成 ReLU，在這方面大大提升準確度。第二，此模型使用了資料擴增技術，並且在類神經網路部分加入 dropout 來藉此降低過度擬合的問題。最後，就是使用 GPU 來進行運算，這大大的提升訓練及測試的速度，也讓短時間訓練大量資料成爲可行的事情。圖 5.2 爲 AlexNet 模型的架構。可以看到，輸入進來訓練的圖片都爲 227×227×3 的圖片，且經過 5 層卷積層厚，就是全連接層進行投票，最後使用 softmax 來輸出投票的結果。

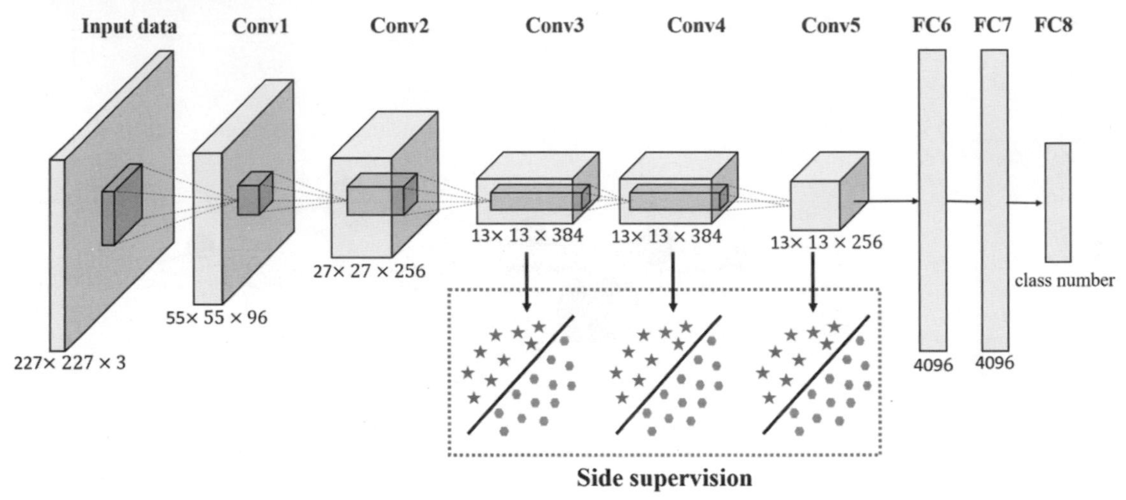


圖 5.2　AlexNet 架構[2]。

### 5-1-2 VGGNet

VGGNet 於 2014 年在 ImageNet LSVRC 的辨識比賽中拿到第二名，而第一名則爲 Inception。VGGNet 與 AlexNet 並沒有特別大的差異，VGGNet 只是將卷積層的層數增加，從 5 層的卷積層一口氣增加到 16 層與 19 層，藉由卷積層深度加深，提取出的特徵也能更加明確且多樣。而 16 層與 19 層的 VGGNet 又稱爲 VGG16 以及 VGG19。那時 VGGNet 相當有名，但 VGGNet 的網路參數量實在太大，且準確度也已被後續提出來的模型超越，所以使用 VGGNet 的人也逐漸減少，圖 5.3 爲 VGG16 的網路架構，從圖可以看出，它跟 AlexNet 沒有太大的差異，就是單純多了幾層的卷積層，不過準確率卻能高出 AlexNet 不少。

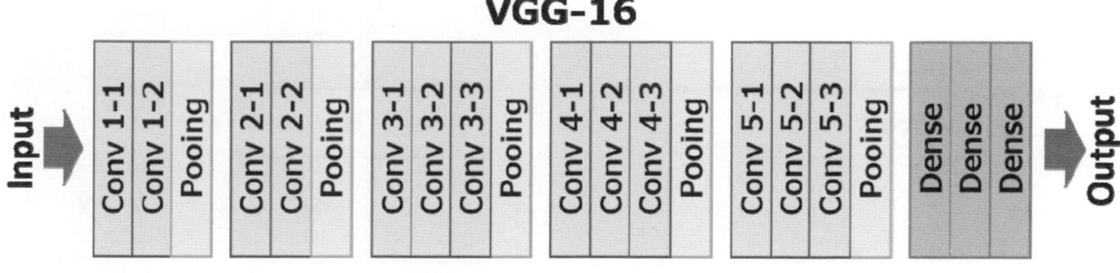


圖 5.3 VGG16 架構[3]。

### 5-1-3 ResNet

ResNet 於 2015 年在 ILSVRC&COCO 的辨識分類大賽中獲得了第一名。ResNet 最大的貢獻是解決了深度卷積層模型訓練困難的問題。在前一 VGGNet 的介紹中，我們說到，越深的網路卷出來的效果應該要更好，這句話是對是錯呢？其實沒有對也沒有錯。有學者做過實驗，他們將 VGG 的架構往下延伸，做出一個深達 56 層的網路，但訓練出來的結果發現效果沒有比 VGG19 還要好，甚至更差。在經過實驗得知，網路加深確實可以有效的增加準確度，但如果到達一定的層數後，準確度就會降低。那爲何深度越深，效果越差越難訓練呢？我們從神經網路的反向傳遞觀察，更新參數是利用 Loss Function 對參數的偏微分來得出調整後的梯度結果。通過不斷的訓練，來找到一個 Loss function 最小的結果，如果現在是只有 1 層網路，反向傳遞的梯度也就只需要傳遞 1 次，相對的，如果現在有 100 層網路，反向傳遞的梯度就需要傳遞 100 次才能到最前面的參數，所以當網路層數加深時，梯度在傳遞的過程中就會慢慢的消失，這也就是所謂的梯度消失。而 ResNet 解決了此問題。

深度殘差網路(Deep Residual Network)可透過圖 5.4 說明。左邊的網路是一般卷積神經網路的連接方試，右邊則是深度殘差網路的連接方試，其可稱爲 Residual Block。該連接方試解決了當逐漸加深網路時，梯度不能回流下一層的問題，主要是利用了跳接的方法(skip connection)，使前一層的梯度能夠直接傳遞到下一層，以此避免梯度消失。圖 5.5 則是 ResNet-50 的架構，ResNet 主要分成 18 層、50 層、101 層，其差別在於卷積層的數量。

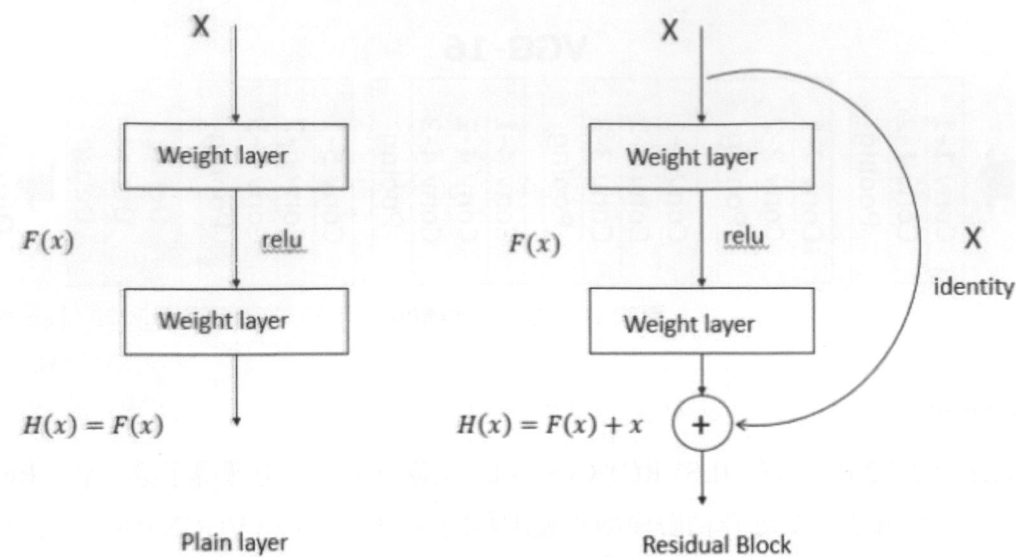


圖 5.4 深度殘差網路架構[4]。

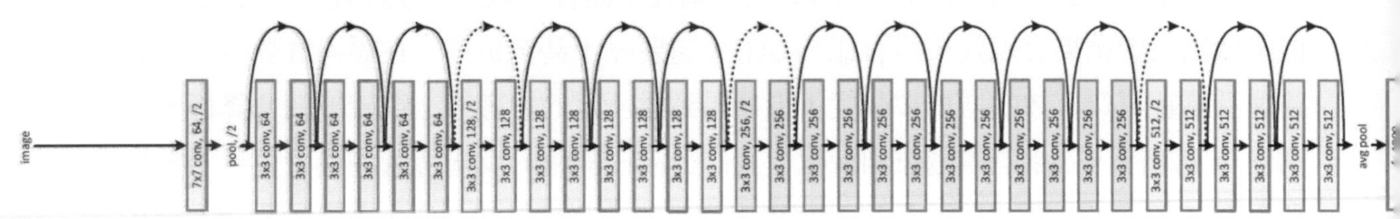


圖 5.5 ResNet-50 架構[4]。

## 5-1-4 Inception

最早的 Inception 模型爲 2014 年由 Google 團隊所發表，Inception 模型內會包含許多的 Inception 模組，如圖 5.6 所示。每個模組看起來就像一個小型的網路模型，其內部包含了一些分支(branch)，使得模組具有以下特點：(1)加寬網路，透過不同大小的卷積核來獲取不同空間的特徵及(2)降低計算量，透過 1×1 的卷積核來混合所有深層的特徵，以降低其計算量。Inception 模型並不像 VGGNet 或 AlexNet 的加深網路模型的概念，而是使用了不同大小的卷積核取代原本單純的卷積層，而到現在已經衍生到 Inception-v4。此外 Microsoft 團隊有將 Inception 模組與 ResNet 的連接的方法進行結合產生出 Inception-ResNet 網路模型，使其同時擁有兩種網路模型的特性。

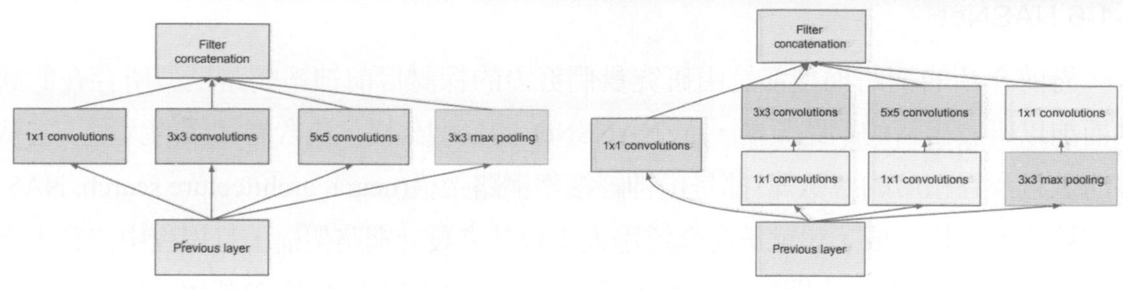


(a) Inception module, naïve version　　(b) Inception module with dimension reductions

圖 5.6　Inception 模組[5]。

### 5-1-5 DenseNet

DenseNet 於 2017 年被發表，此網路主要是以 ResNet 以及 Inception 下去做對比，基本架構有些許類似，但仍是一個全新的架構，如圖 5.7 所示。近年的卷積神經網路，若不是深的很離譜，就是像 Inception 一樣越來越寬。而 DenseNet 主要是從網路學習到的特徵(feature)下去做參考，通過對 feature 的極致利用來達到更好的效果。DenseNet 的連接方試是將先前輸出的特徵圖都當成當前的卷積層輸入，而該連接方試稱爲 dense block，其最大的貢獻是在降低梯度消失的問題以及有效加強 feature 的傳遞。

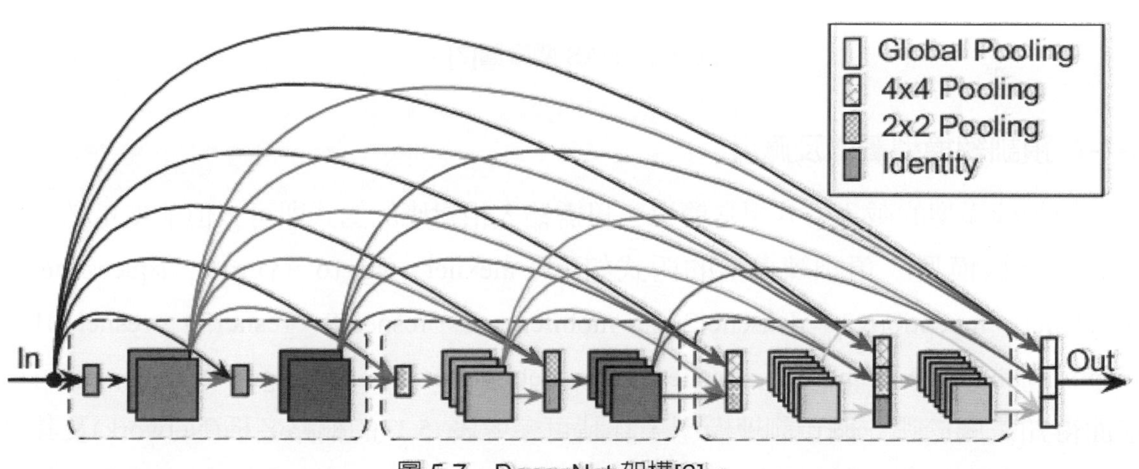


圖 5.7　DenseNet 架構[6]。

## 5-1-6 NASNet

先前介紹的網路模型都是由研究員們努力的探討目前神經網路模型所存在的缺點而加以研發出新的網路架構，而 NANSNet 的模型架構，包含卷積核的大小、卷積核的數量及卷積層的層數等，都是由神經搜索網路架構(neural architecture search, NAS)的演算法所建構而成，也就是完全透過人工智慧來設計網路架構，且過程中沒有人爲操作。NAS 由三個基本問題構成：(1)搜索空間、(2)搜索策略及(3)評估方法。搜索空間爲可以提供搜索的集合，例如：卷積核的大小、卷積核的數量及卷積層的層數等等；搜索策略爲透過哪一種方法從搜索空間挑出適當的網路架構；評估方法爲評估一藉由搜索策略從搜索空間建立的網路架構的好壞。搜索空間、搜索策略及評估方法之間的關聯圖如圖 5.8 所示。

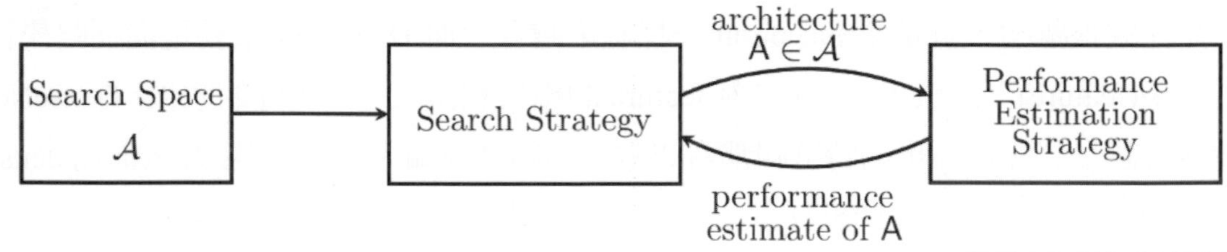


圖 5.8　NAS 關聯圖[7]。

## 5-1-7 預訓練模型載入及應用

預訓練模型的載入方式相當簡單，只需輸入相對應的函式即可，但前提是必須先下載預訓練模型。預訓練模型的函式如下：alexnet、vgg16、vgg19、squeezenet、googlenet、inceptionv3、densenet201、mobilenetv2、resnet18、resnet50、resnet101、xception、inceptionresnetv2、shufflenet、nasnetmobile 及 nasnetlarge。每個函式皆可從字面得知是屬於哪一個預訓練模型，詳請可參考表 5.1 的網路名稱(Network)及其網址，預訓練模型下載方法可參考第一章介紹如何從 Add on 下載 AlexNet 的步驟。如果在未下載預訓練模型之下，去使用該預訓練模型則會出現如圖 5.9 所示的錯誤說明，此時也可以點擊錯誤說明內的 Add-On，彈出一下載視窗加以下載，接下來，將藉由載入的預訓練模型進行去分類一些圖片。請參考光碟範例 CH5_1.mlx。

```
Command Window
>> xception
Error using xception (line 54)
xception requires the Deep Learning Toolbox Model for Xception Network support package. To install this support package, use the Add-On
Explorer.
fx >>
```

圖 5.9 在未下載預訓練模型下使用預訓練模型的錯誤說明。

**Step 1.開啓 MATLAB 並開啓新專案**

在 Editor 裡面按下＋或者是 Ctrl + N，以建立新的檔案。接著，透過 Ctrl + S 將檔案進行存檔，記得最後檔案格式要爲.m 格式，此檔案名稱命名爲 ClassifyImageUsingGoogLeNet.m，讀者們也可以根據自己喜好命名。底下程式內容皆輸入於此檔案內。

**Step 2.載入預訓練模型**

首先載入 GoogLeNet 預訓練模型,如果尚未下載 GoogLeNet 的話,可先至 Add-On 進行下載，如果不想手動搜索 GoogLeNet 的下載連結，可以直接在 Command Window 中執行 googlenet 函式，使其跳出錯誤說明，並從中點擊相關連結加以下載。MATLAB 的所有預訓練模型都是透過 ImageNet 數據集進行訓練，因此分類項目共有 1000 種。

```
net = googlenet;
inputSize = net.Layers(1).InputSize%顯示 googlenet 的輸入大小


classNames = net.Layers(end).ClassNames; %googlenet 的分類項目
numClasses = numel(classNames);
disp(classNames(randperm(numClasses,10))) %隨機顯示 googlenet 的分類項目
```

**Step 3.圖像載入及調整大小**

透過 imread 函式讀取 MATLAB 系統路徑內的圖像 peppers.png，然後爲了避免圖像的大小與 googlenet 的輸入大小不相符，造成運算上的錯誤。因此根據 googlenet 的輸入大小，利用 imresize 函式重新調整圖像的大小。圖 5.10 爲原始及重新調整大小後的圖像。

```
I = imread('peppers.png');
figure
imshow(I)
size(I)
I_resized = imresize(I,inputSize(1:2));
figure
imshow(I_resized)
```

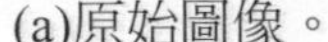

(a)原始圖像。

(b)重新調整後圖像。

圖 5.10 原始及重新調整大小後的圖像。

**Step 4.圖像分類**

接下來，就是要透過 GoogLeNet 進行圖像分類，使用 classify 函式對其進分類。這裡 classify 函式的輸入爲網路(net)及圖像(I_resized)，輸出爲結果(label)及信心分數(scores)。score 變數內包含了 GoogLeNet 對於輸入圖像分別屬於這 1000 種類別的機率，也就是信心分數。

```
[label,scores] = classify(net, I_resized);
label
```

**Step 5.查看測試結果**

最後將結果顯示出來，圖像顯示出來後，再使用 text 函式，將分類結果(label)及信心分數(score)顯示在圖像上，圖 5.11 所示，可以看到分類結果是“bell pepper”，甜椒。

```
figure
imshow(I)
title(string(label) + ", " + num2str(100*scores(classNames == label),3) + "%");
```

圖 5.11　測試的結果。

## 5-2 遷移式學習(transfer learning)

遷移式學習意旨爲將某個領域(源領域, source)的知識，遷移到另外一個領域(目標領域, target)，使得目標領域能夠取得更好的學習效果，其示意圖如圖 5.12 所示。舉例來說，當我們在駕訓班學駕駛小型車時，會在轉彎、換檔、停車及 S 型道路上花費大量的時間來學習這些知識及技術，但一旦學會了，如果要再學習駕駛大貨車時，就不必重新學起，而是可以將駕駛小型車的經驗用來學習駕駛大貨車，這就是所謂的遷移式學習。

從 ImageNet 的公開數據庫來看，每一年都有許多學者提出新的模型來提升準確度，而他們都需要內含幾十萬張圖片的資料集來做訓練。但是這麼大量的數據集需要花費大量的時間去取得，或是有些資料如敏感資料和醫療資料，根本無法取得這麼大的量，因此有學者提出遷移式學習來改善數據量不大也可以訓練的方式。遷移式學習最大的意義就是把原領域中的知識遷移到目標領域，提高目標領域的分類效果，不需要再花大量時間去收集或整理目標領域的數據。

遷移式學習可以使開發者們不用重新開始訓練一個新的模型以及不用花費大量的時間收集數據並且能夠加快模型的開發以利於應用，而遷移的知識可能有助於提升目標域的模型性能，然而有些知識是特定於單個領域，有些可能在不同領域之間是共有的。因此，遷移的知識表示形式可分爲：

(1) instance transfer：從源領域中可找到一些樣本資料藉由重新整其權重分配後加入至目標領域中重新使用，即遷移的知識爲重新加權後的源領域樣本資料。

(2) feature-representationtransfer：將源領域和目標域的特徵變換到相同空間，可以減少源領域與目標領域之間的差異以及減少分類或回歸模型的誤差。

(3) parametertransfer：透過源域和目標域的參數共享機制進行遷移，這也是在深度學習中最常用的遷移方法，例如透過預訓練模型學習目標領域的特徵，其中固定一些隱藏層的參數，修改部分隱藏層的參數加以得到一非常好的結果。

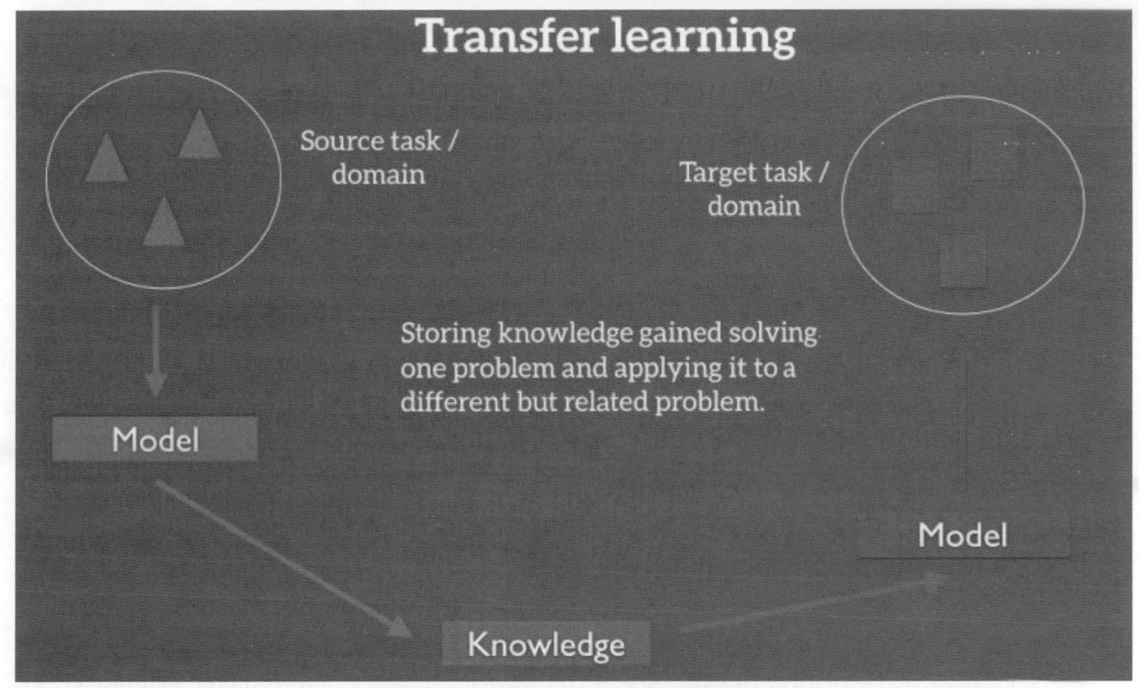


圖 5.12　遷移式學習示意圖[8]。

本節我們會使用在第二章介紹的 MerchData 的資料集來進行實戰訓練。由於每一個類別的圖片張數都只有兩百張，與前面的 MNIST 資料集比起來少了非常多，所以我們將用到資料擴增技術來產生新的圖像，雖然產生的圖像都只是對訓練圖像進行變形的處理，以肉眼來看是大同小異，但是對電腦來說，一個小小的翻轉或是移動都會是一張全新的圖片。所以我們藉由資料擴增來初步地增加訓練資料樣本，藉此讓模型能學習到更多圖像的特徵，也不會使訓練出來的模型太容易過度擬合。請參考光碟範例 CH5_2.mlx。

**Step 1.開啓 MATLAB 並開啓新專案**

在 Editor 裡面按下＋或者是 Ctrl + N，以建立新的檔案，接著，透過 Ctrl + S 將檔案進行存檔，記得最後檔案格式要爲.m 格式，此檔案名稱命名爲 TransferLearningUsingAlexNet.m，讀者們也可以根據自己喜好命名。底下程式內容皆輸入於此檔案內。

**Step 2.輸入資料集**

第一步，先使用 imageDatastore 函示建立 MerchData 的圖像資料庫，並透過 splitEachLabel 分訓練以及驗證資料。

```
unzip('MerchData.zip');

imds = imageDatastore('MerchData', ...

'IncludeSubfolders',true, ...

'LabelSource','foldernames');



[imdsTrain,imdsValidation] = splitEachLabel(imds,0.7,'randomized');
```

圖 5.13 顯示的是我們資料集的內容，可以看到我們輸入 MerchData 裡面的子資料夾中個是每個圖片分類好的資料集，所以在讀取檔案的 IncludeSubfolders 就是讀取包含這四個類別的檔案進來，另外 LabelSource 則是將資料夾的名稱當成標籤，所以各個資料夾裡面的圖片會依據資料夾的名稱去輸入標籤。

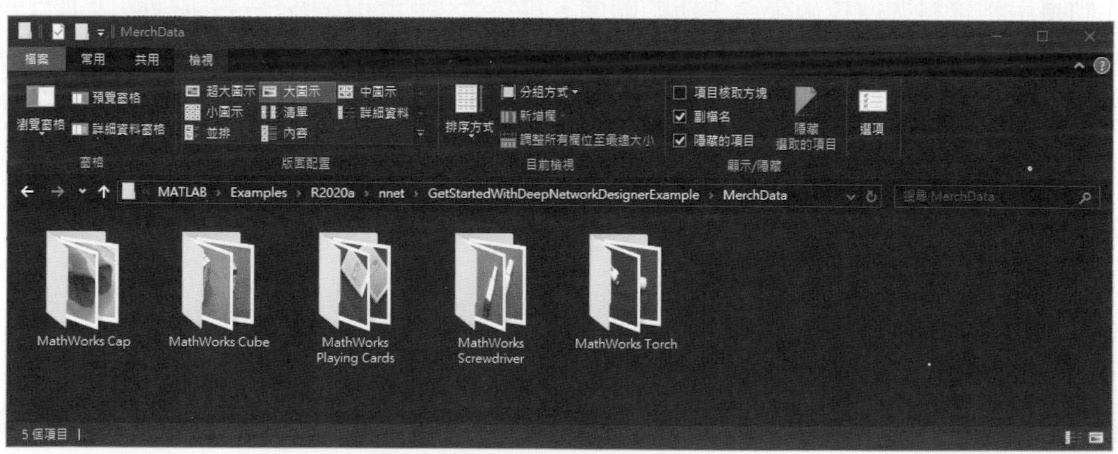


圖 5.13　MerchData 資料集內容。

**Step 3. 查看訓練集圖片**

接下來，我們隨機檢視訓練集的 16 張圖片。這裡的 for 迴圈讀取 16 張的內容，並且以 subplot 分成 4×4 的方式顯示，最後就是用 imshow 來顯示圖片，圖 5.14 則是我們隨機選取 16 張的資料集，每個使用者在輸出的結果都不一定會一樣，因爲我們有使用 randperm 函式隨機選取圖像索引值。

```
numTrainImages = numel(imdsTrain.Labels);

idx = randperm(numTrainImages,16);

figure

for i = 1:16

    subplot(4,4,i)

    I = readimage(imdsTrain,idx(i));

    imshow(I)

end
```

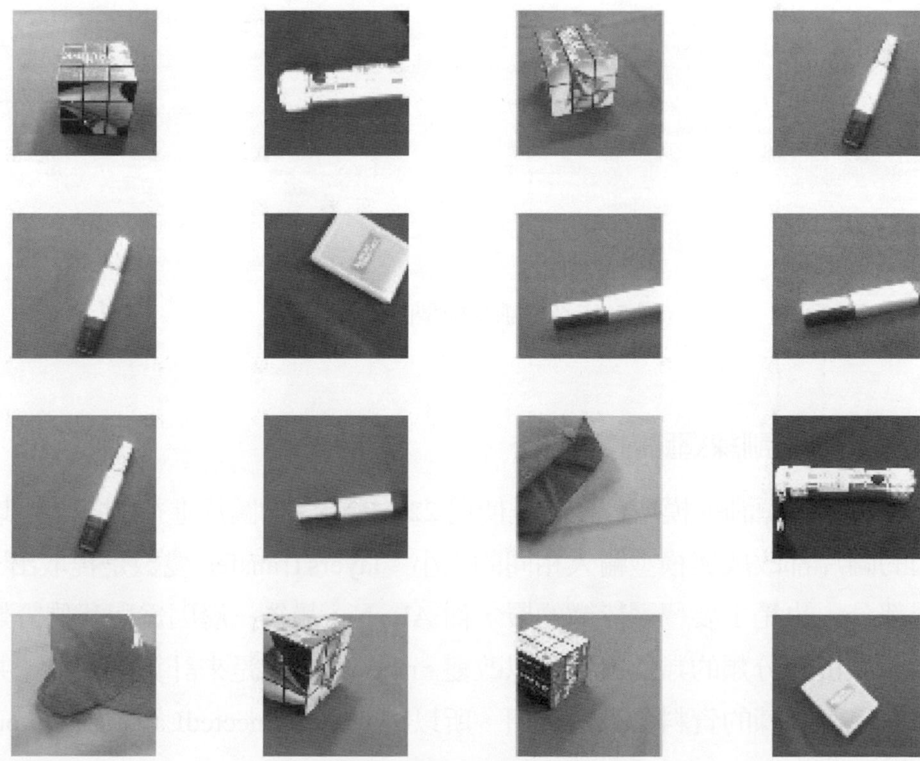

圖 5.14 訓練集隨機圖片樣式。

**Step 4. 輸入預訓練網路**

這個例子我們使用 MATLAB 官方已經訓練好的 AlexNet 進行訓練，由於 AlexNet 已經有使用大量的資料訓練過了，所以我們轉移 AlexNet 的網路參數，並透過我們的訓練資料進行微調，以減少訓練的時間。

```
net = alexnet;

analyzeNetwork(net)

inputSize = net.Layers(1).InputSize
```

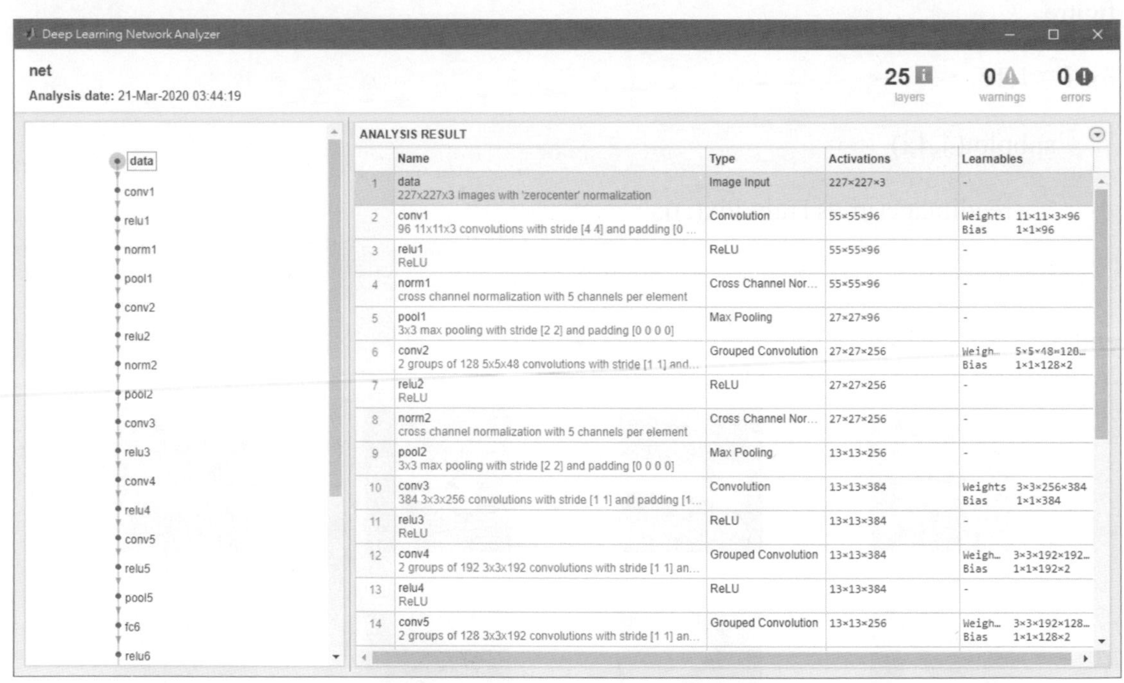


圖 5.15　預訓練模型的分析結果。

**Step 5. 更改預訓練網路內容**

由於 AlexNet 預訓練模型，先前是使用 227×227×3 的圖片進行訓練，所以這邊要先將我們的圖片都改成與模型輸入相同的大小。layersTransfer 變數是提取出 AlexNet 的卷積層部分，也是主要學習特徵的層，而 AlexNet 最後三層因為與我們分類的類別數量不同所以根據分類的類別數量加以改變。neumel 函式是來計算訓練集總共有幾個類別，因為我們訓練的資料集只有 5 類，所以將 fullyConnectedLayer 的 OutputSize 設為 5。

```
layersTransfer = net.Layers(1:end-3);
numClasses = numel(categories(imdsTrain.Labels))
layers = [
    layersTransfer

fullyConnectedLayer(numClasses,'WeightLearnRateFactor',20,'BiasLearnRateFactor',20)
    softmaxLayer
    classificationLayer];
```

**Step 6. 資料擴增(增加訓練圖片量)**

以下程式碼爲資料擴增方法，第一個 pixelRange 變數可以依照自己的需求增減，不需要與筆者相同，補充一下，MATLAB 的 imageDataAugmenter 還有許多的功能可以使用，請大家參考第四章的介紹，本例只使用適合此資料集的方式做資料擴增。最常資料擴增的方法通常是水平以及垂直旋轉，另外也常常會有人做圖片內容放大縮小的動作，如果有興趣的話也可以試試看，比較兩者之間的效果差異。

我們需要擴增訓練集的資料但不需要擴增驗證集的資料，因爲驗證集的目的是要知道實際的分類程度到哪，如果對驗證集擴增的話就有可能影響到眞實結果。

```
pixelRange = [-30 30];
imageAugmenter = imageDataAugmenter( ...
'RandXReflection',true, ...
'RandXTranslation',pixelRange, ...
'RandYTranslation',pixelRange);
augimdsTrain = augmentedImageDatastore(inputSize(1:2),imdsTrain, ...
'DataAugmentation',imageAugmenter);


augimdsValidation = augmentedImageDatastore(inputSize(1:2),imdsValidation);
```

**Step 7. 訓練網路參數調整**

以下為調整訓練選項的程式碼，我們會逐一介紹各個功能。

MiniBatchSize：每次訓練所訓練的圖片數量，調整方式以 2 的次方為主，設定越高，所消耗的記憶體越多。而越小則訓練的時間就會越長。

MaxEpochs：最大訓練回合數，假設今天有 160 張圖片當作訓練資料，則在訓練過程中網路模型需看完這 160 張圖片才會視為一個訓練回合，而需要迭代幾次才算一個訓練回合取決於 MiniBatchSize。

InitialLearningRate：學習率，我們這邊是設定 0.0001，通常設定越高，收斂越快，設定越低，相對收斂越慢。

ExecutionEnvironment：訓練環境，如果有 GPU 的人，建議設定 GPU(需為 NVIDIA 之 GPU)。

ValidationData：驗證的資料集名稱。

ValidationFrequency：驗證頻率，即每經幾次迭代後就使用驗證資料評估目前網路模型的性能。

ValidationPatience：耐心程度，當驗證集的損失值大於或等於先前最小損失值一定次數則停止訓練。

Plots：將訓練過程顯示出來。

MATLAB 的訓練選項還有很多，不過這次只用到常用的訓練選像，如果想要知道更多的訓練選項，可以重新翻閱第三章。最後的透過 trainNetwork 函式訓練深度網路模型。

```
options = trainingOptions('sgdm', ...
'MiniBatchSize',10, ...
'MaxEpochs',6, ...
'InitialLearnRate',1e-4, ...
'Shuffle','every-epoch', ...
```

```
'ValidationData',augimdsValidation, ...
'ValidationFrequency',3, ...
'Verbose',false, ...
'Plots','training-progress');

netTransfer = trainNetwork(augimdsTrain,layers,options);
```

圖 5.16 為我們訓練好此模型後的結果圖，可以在右上方看到驗證的準確度已經高達 98.13%，可以看出就算在訓練集的資料量不高的情況下，也可以依靠著資料擴增以及遷移式學習來保持一定的準確度。

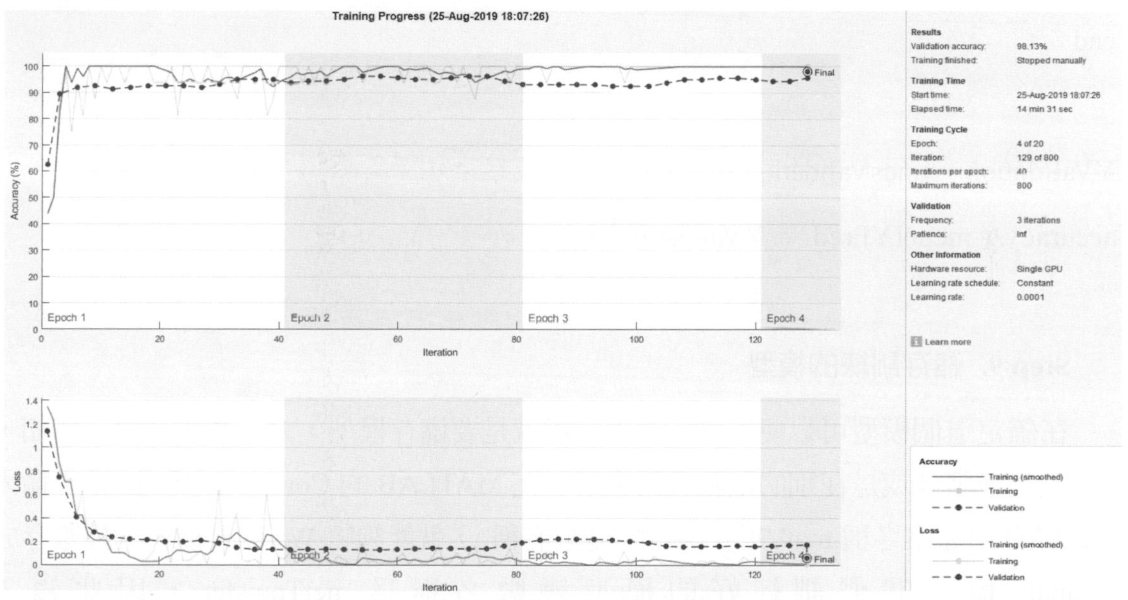


圖 5.16 訓練模型過程顯示。

### Step 8. 驗證訓練網路準確度

訓練好模型後，就要來驗證模型的好壞。我們使用 classify 函式藉由深度網路模型分類驗證集的圖片，並隨機顯示 4 張驗證集的圖片及模型分類結果。

```
[YPred,scores] = classify(netTransfer,augimdsValidation);


idx = randperm(numel(imdsValidation.Files),4);
figure
for i = 1:4
    subplot(2,2,i)
    I = readimage(imdsValidation,idx(i));
    imshow(I)
    label = YPred(idx(i));
    title(string(label));
end


YValidation = imdsValidation.Labels;
accuracy = mean(YPred == YValidation)
```

**Step 9. 儲存訓練的模型**

在確定這個模型可以使用後，最後一步就是要儲存模型，方便未來使用，例如，更進一步地訓練或是在別的電腦實際應用。在 MATLAB 的 Command Window 中輸入 save('儲存的檔案名稱.mat','想要儲存的變數名稱')，就能夠將 Workspace 中的變數存成一 mat 檔。我們訓練好的模型變數名稱爲 netTransfer，因此輸入 save('trainedNet.mat','netTransfer')就會在 MATLAB 當前的路徑下產生出一 mat 檔，其中的變數名稱就是 netTransfer'。

```
save('trainedNet.mat','netTransfer')
```

Reference

[1] https://www.mathworks.com/help/deeplearning/ug/pretrained-convolutional-neural-networks.html

[2] X. Han, Y. Zhong, C. Liqin, and L. Zhang, "Pre-Trained AlexNet Architecture with Pyramid Pooling and Supervision for High Spatial Resolution Remote Sensing Image Scene Classification," *Remote Sensing*, vol. 9, no. 8, pp. 848, 2017.

[3] https://neurohive.io/en/popular-networks/vgg16/

[4] K. He, X. Zhang, S. Ren, and J. Sun, "Deep Residual Learning for Image Recognition," *arXiv:1512.03385v1*, 2015.

[5] C. Szegedy, W. Liu, Y. Jia, P. Sermanet, S. Reed, D. Anguelov, D. Erhan, V. Vanhoucke, and A. Rabinovich, "Going deeper with convolutions," *arXiv:1409.4842v1*, 2014.

[6] G. Huang, S. Liu, L. V. D. Maaten, K. Weinberger, "CondenseNet: An Efficient DenseNet using Learned Group Convolutions," *arXiv:1711.09224*, 2017.

[7] https://zhuanlan.zhihu.com/p/74985066

[8] https://ruder.io/transfer-learning/

# 習題

1. 說明 ResNet、Inception 及 DenseNet 之間的差異。
2. 如何修改預訓練模型？
3. 如何針對訓練資料集進行資料擴增？

CHAPTER 6

# Deep Network Designer

本章摘要

6-1 建立網路模型

6-2 修正模型

6-3 使用 Deep Network Designer 進行遷移學習

# 6-1 建立網路模型

先前章節已向讀者們介紹如何藉由幾行指令建立出一簡單的卷積神經網路及遞迴神經網路或是載入預訓練模型加以分類或預測，而當建立一個比較大型的模型或是特殊的結構時需要使用到龐大的指令量，這可能會使在建立過程中出現層與層之間的連接問題。因此，MATLAB 提供一深度網路建構分析的圖形化介面，Deep Network Designer，將每一層的結構以視覺化的方式呈現，且分析模型裡的層與層之間的連接問題，同時指出連接問題方便使用者修改。本節將介紹如何透過 Deep Network Designer 建立不同的網路模型並將其輸出至 Workspace 及轉換成指令，以及藉由 Deep Network Designer 查看連接問題所在並且進行修正。

## 6-1-1 建立卷積神經網路

首先，從 Apps 中點擊相對應圖像，如圖 6.1 所示，或在 Command Window 中輸入 deepNetworkDesigner 以開啓 Deep Network Designer。

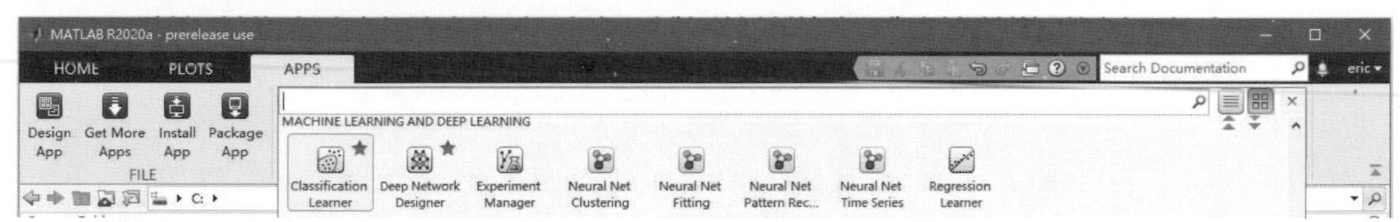


圖 6.1 Apps 清單。

在開始畫面中，其初始畫面如圖 6.2 所示，可選擇：(1) Blank Network 從零開始建立自己設計的網路架構、(2) From Workspace 載入已存在於 Workspace 的模型或是(3)直接選擇下方的預訓練模型進行遷移式學習。

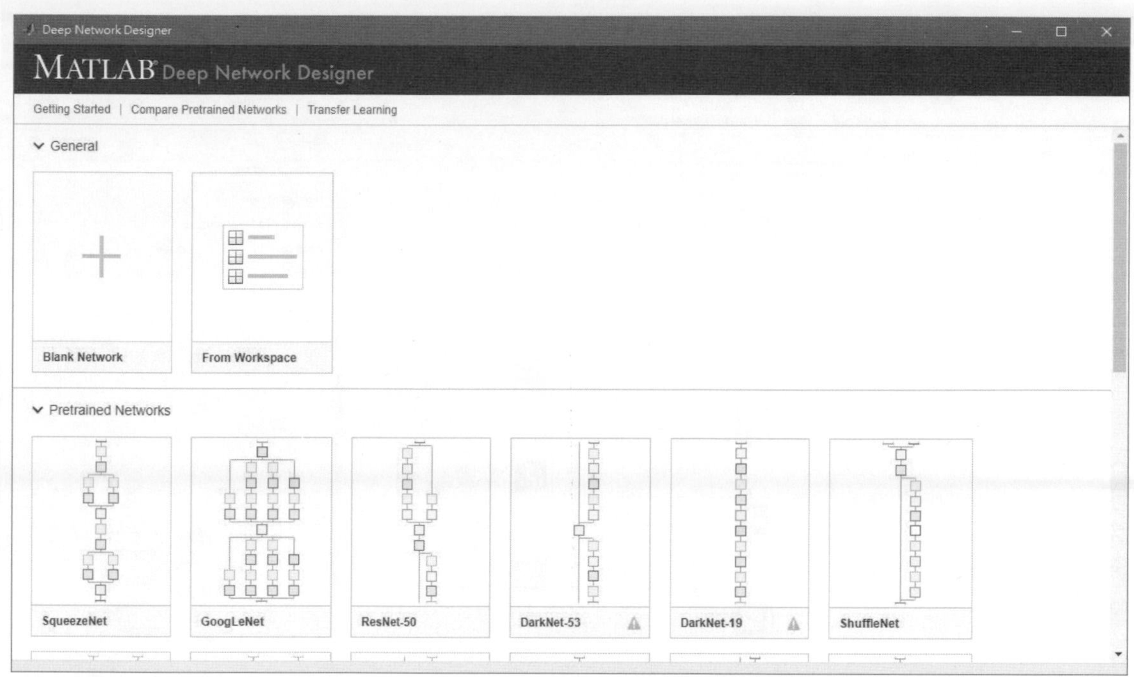


圖 6.2 Deep Network Designer 起始畫面。

在此先選擇 Blank Network 從零開始建立網路，Deep Network Designer 包含了輸入、卷積與全連接、序列、活化、正規化及池化等不同功能的層，讀者們可以用拖曳方式來建立模型的每一層架構。在第三章中，介紹了透過相關指令建立一卷積神經網路，其包含了常見的網路層，接下來將透過 Deep Network Designer 加以實現並將其輸出至 Workspace。讀者們可以從左側的 layer library 將 imageInputLayer、convolution2dLayer、batchNormalizationLayer、maxPooling2dLayer、reluLayer、dropoutLayer、fullyConnectedLayer、softmaxLayer 及 classificationLayer 透過滑鼠將其拖曳至空白區域中，接著依序將每一層進行連接，如圖 6.3 所示。

註 Deep Network Designer 內有 Auto Arrange 自動排序功能，可將拖曳出來的層進行排列。

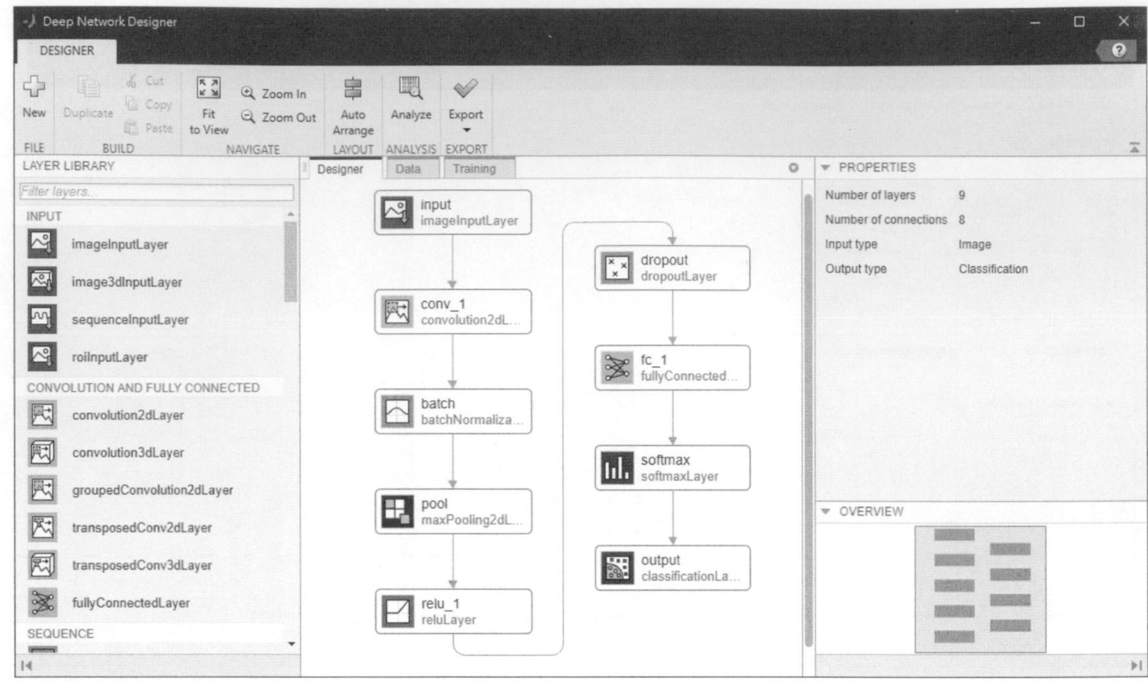


圖 6.3 建立卷積網路。

點擊拖曳出來的層，可在右側的 properties 設置每一層的相關資訊，如輸入圖像的大小、卷積核數量、步幅及填充等參數。點擊 imageInputLayer，可以從 Properties 看到對於該層的相關設置，其包含該層的名字、輸入大小、正規化方式及正規化的基準。點擊 convolution2dLayer，可以從 Properties 看到對於該層的相關設置，其包含該層的名字、卷積核大小、卷積核數量及填充方式等相關設定，如圖 6.4 所示。讀者們可依據自己喜好進行設置。

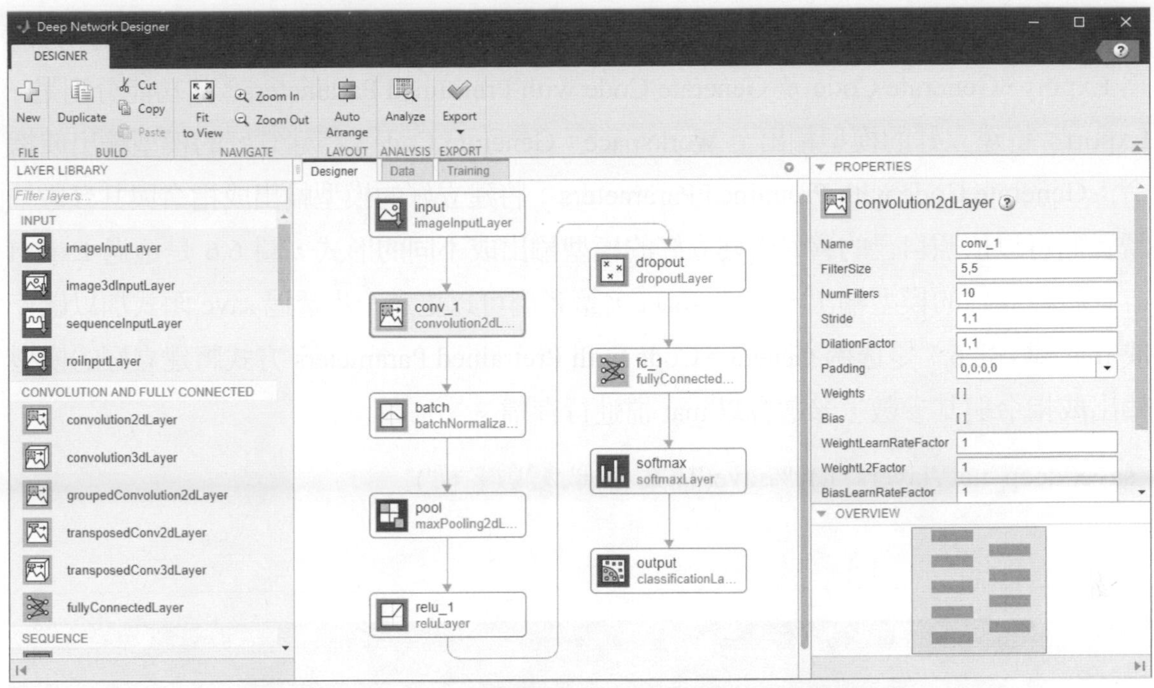


圖 6.4 properties 可設置每一層的超參數及其相關資訊。

完成設置後可以點擊上方的 Analyze 按鈕，以檢查網路連接方式是否發生問題，進而去進行修改，檢查完成後會出現如圖 6.5 相似的視窗，該視窗顯示了模型的連接順序、每一層輸出的大小及參數量等資訊，從視窗中可以得知網路連接上沒有問題，可以進行後續的應用。

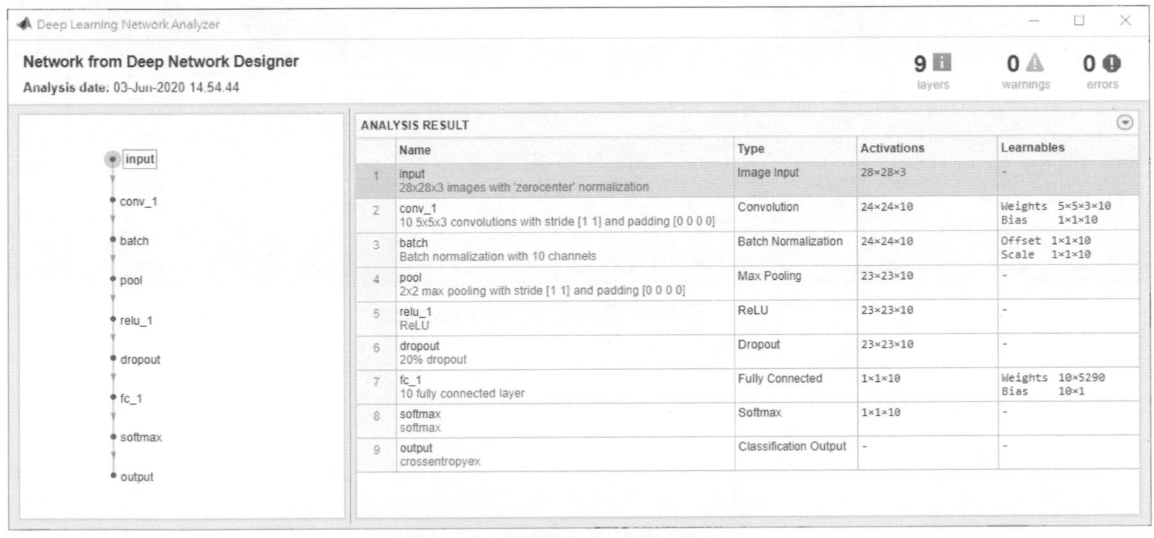


| | Name | Type | Activations | Learnables |
|---|---|---|---|---|
| 1 | input<br>28x28x3 images with 'zerocenter' normalization | Image Input | 28×28×3 | - |
| 2 | conv_1<br>10 5x5x3 convolutions with stride [1 1] and padding [0 0 0 0] | Convolution | 24×24×10 | Weights 5×5×3×10<br>Bias 1×1×10 |
| 3 | batch<br>Batch normalization with 10 channels | Batch Normalization | 24×24×10 | Offset 1×1×10<br>Scale 1×1×10 |
| 4 | pool<br>2x2 max pooling with stride [1 1] and padding [0 0 0 0] | Max Pooling | 23×23×10 | - |
| 5 | relu_1<br>ReLU | ReLU | 23×23×10 | - |
| 6 | dropout<br>20% dropout | Dropout | 23×23×10 | - |
| 7 | fc_1<br>10 fully connected layer | Fully Connected | 1×1×10 | Weights 10×5290<br>Bias 10×1 |
| 8 | softmax<br>softmax | Softmax | 1×1×10 | - |
| 9 | output<br>crossentropyex | Classification Output | - | - |

圖 6.5 卷積網路的分析結果。

最後點擊 Deep Network Designer 上方的 Export 按鈕，此時會出現三個選項，分別爲 Export、Generate Code 及 Generate Code with Pretrained Parameters，其功能分別是，Export：將建立好的模型輸出至 Workspace；Generate Code：將建立好的模型輸出成指令；Generate Code with Pretrained Parameters：將建立好的模型輸出成指令與其參數。讀者們可以依照自己的喜好將建立好的模型輸出成不同的形式，圖 6.6 是透過 Export 方式將建立好的模型輸出至 Workspace，讀者們可以更進一步透過 save 函式加以儲存成 mat 檔；圖 6.7 是透過 Generate Code with Pretrained Parameters 方式將建立好的模型輸出成指令與其參數，參數會以.mat 檔進行存檔。

```
save('deep_net','layers_1'); %save('檔案名稱','變數名稱')
```

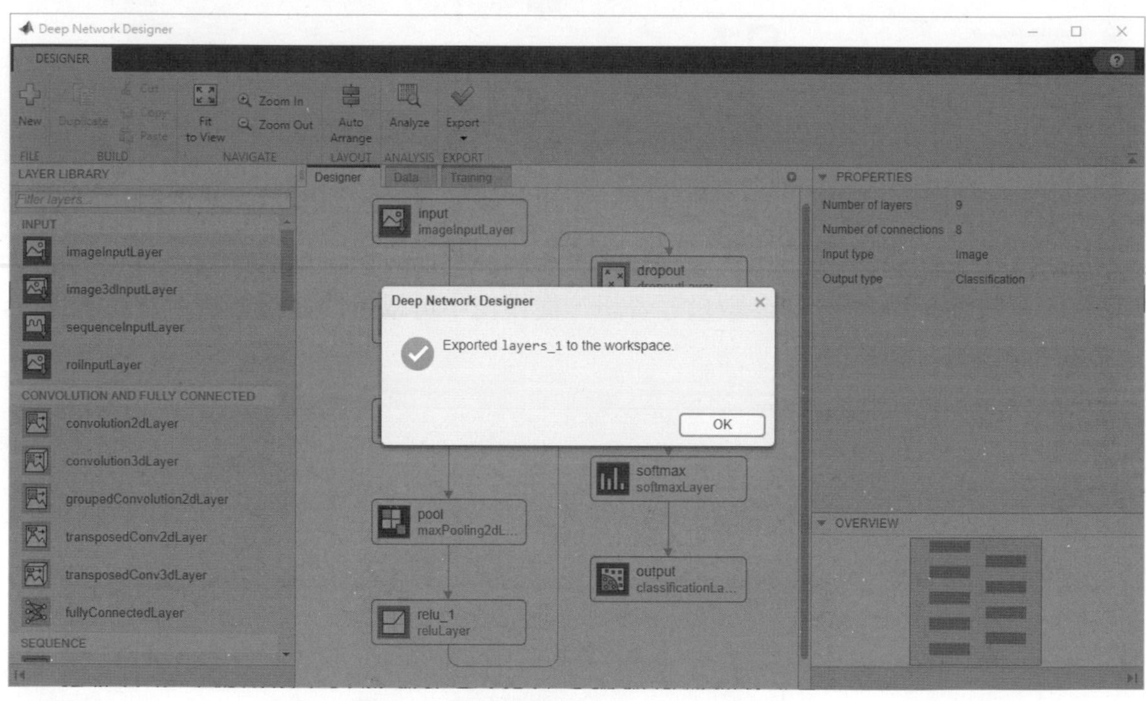


圖 6.6　卷積網路輸出至 Workspace。

## Create Deep Learning Network Architecture with Pretrained Parameters

Script for creating the layers for a deep learning network with the following properties:

```
Number of layers: 9
Number of connections: 8
Pretrained parameters file: D:\params_2020_06_04__00_08_41.mat
```

Run the script to create the layers in the workspace variable `layers`.

To learn more, see Generate MATLAB Code From Deep Network Designer.

Auto-generated by MATLAB on 04-Jun-2020 00:08:44

### Load the Pretrained Parameters

```
params = load("D:\params_2020_06_04__00_08_41.mat");
```

### Create Array of Layers

```
layers = [
    imageInputLayer([28 28 3],"Name","input")
    convolution2dLayer([5 5],10,"Name","conv_1")
    batchNormalizationLayer("Name","batch")
    maxPooling2dLayer([2 2],"Name","pool")
    reluLayer("Name","relu_1")
    dropoutLayer(0.2,"Name","dropout")
    fullyConnectedLayer(10,"Name","fc_1")
    softmaxLayer("Name","softmax")
    classificationLayer("Name","output")];
```

### Plot Layers

```
plot(layerGraph(layers));
```

圖 6.7　卷積網路輸出成程式及其參數。

## 6-1-2 建立遞迴神經網路

Deep Network Designer 除了建立可以建立卷積神經網路外，也可以建立遞迴神經網路，如長短時期記憶網路(long short-term memory, LSTM)與門控遞迴神經網路(gate recurrent unit, GRU)，其可用於學習與時間有關的序列。底下將透過 Deep Network Designer 創建簡單的長期短期記憶分類網路。請參考光碟範例 CH6_1.mlx。

**Step 1. 載入資料**

此範例使用的資料為 Japanese Vowels 數據集，該數據集記錄 9 位男性說出兩個日本母音(/ae/)的時間序列，共 640 筆，其中訓練資練為 270 筆，驗證資料為 370 筆。每一筆數據的特徵維度為 12 且序列長度($t$)長短不一，如圖 6.8 所示，訓練的樣本皆為 $12\times t$ 的二維陣列。

```
[XTrain,YTrain] = japaneseVowelsTrainData;
[XValidation,YValidation] = japaneseVowelsTestData;
XTrain(1:5)
```

```
Command Window
    {12×20 double}
    {12×26 double}
    {12×22 double}
    {12×20 double}
    {12×21 double}
fx >>
```

圖 6.8 Japanese Vowels 數據集的資料格式。

**Step 2. 定義網路架構**

透過下函式開啓 Deep Network Designer，並選擇 Blank Network，其初始畫面可參考圖 6.2。

```
deepNetworkDesigner
```

從 layer library 中拖曳出 sequenceInputLayer、lstmLayer、fullyConnectedLayer、softmaxLayer 及 classificationLayer，並依序將其進行連接，如圖 6.9 所示。

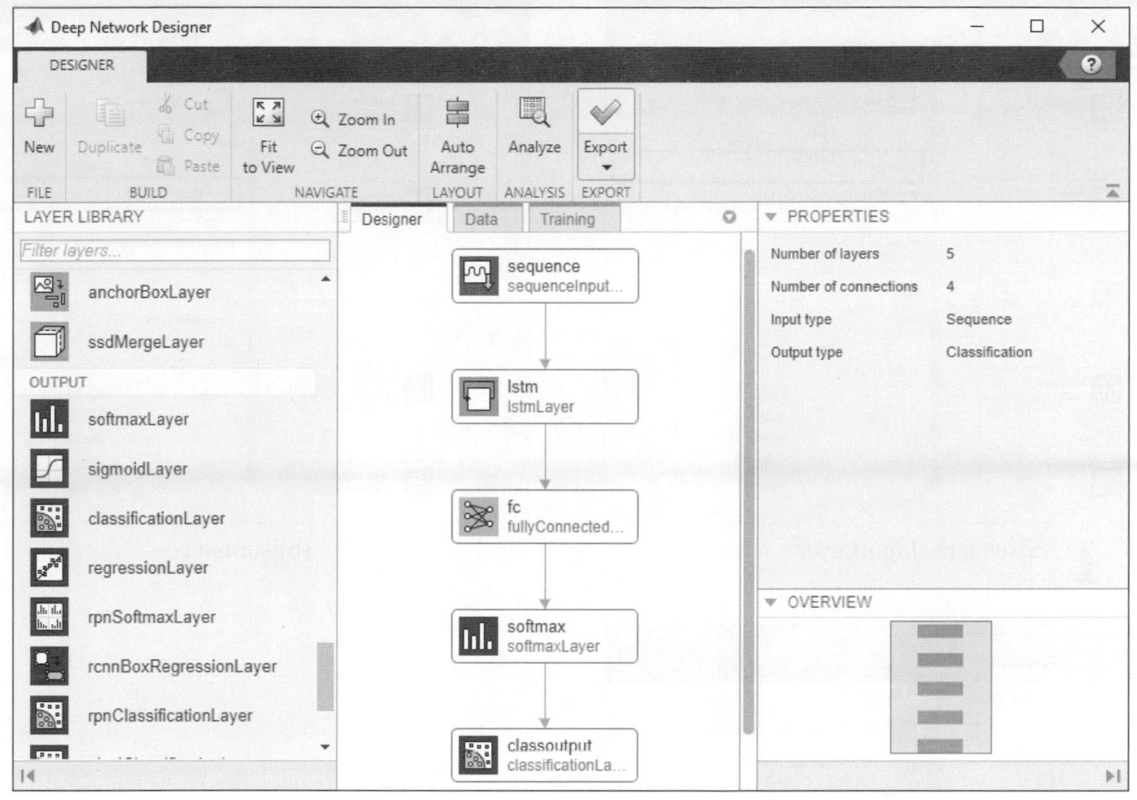


圖 6.9 LSTM 網路架構。

接著設定每一層網路的超參數及相關資訊，如圖 6.10 所示，點擊 sequenceInputLayer 從右側的 properties 中設定 InputSize(序列的特徵數量)為 12；點擊 lstmLayer 從右側的 properties 中設定 NumHiddenUnits(LSTM 的隱藏神經單元數量)為 100 且 OoutputMode 為 last；點擊 fullyConnectedLayer 從右側的 properties 中設定 OutputSize(分類的類別數)為 9。最後，點擊上方 Analyze 按鈕加以檢查所建立的 LSTM 網路是否有誤，如圖 6.11 所示。

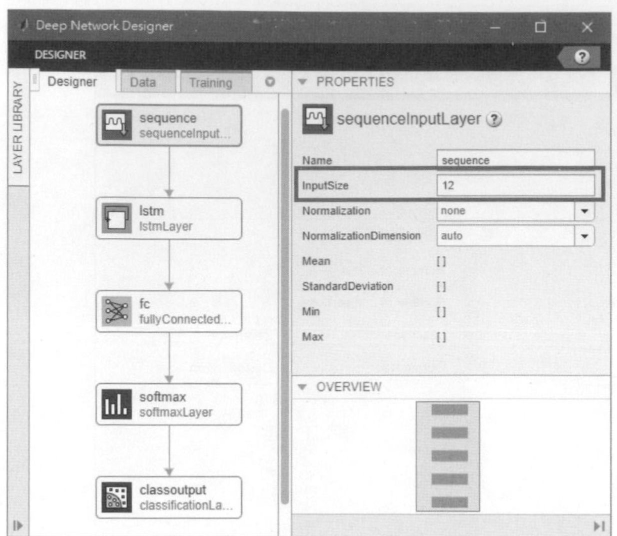


(a)sequenceInputLayer。

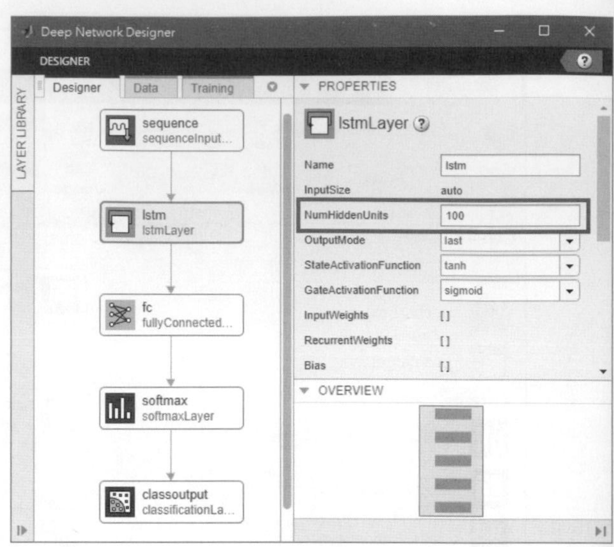


(b)lstmLayer。

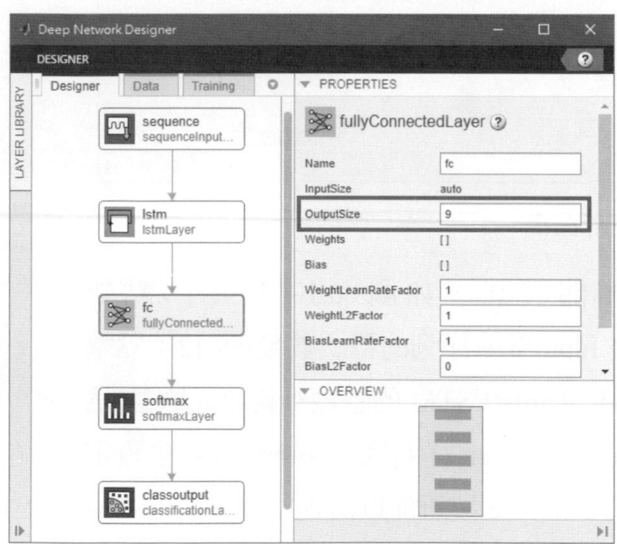


(c)fullyConnectedLayer。

圖 6.10 每一層網路的超參數設置。

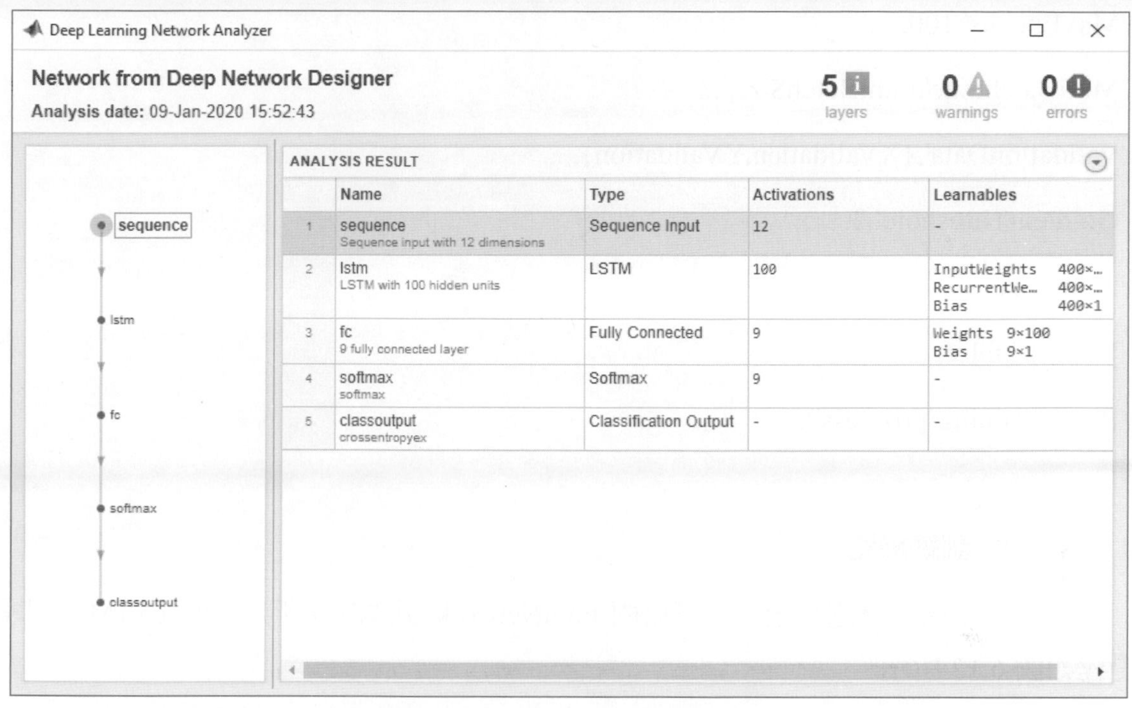


| | Name | Type | Activations | Learnables |
|---|---|---|---|---|
| 1 | sequence<br>Sequence input with 12 dimensions | Sequence Input | 12 | - |
| 2 | lstm<br>LSTM with 100 hidden units | LSTM | 100 | InputWeights 400×...<br>RecurrentWe... 400×...<br>Bias 400×1 |
| 3 | fc<br>9 fully connected layer | Fully Connected | 9 | Weights 9×100<br>Bias 9×1 |
| 4 | softmax<br>softmax | Softmax | 9 | - |
| 5 | classoutput<br>crossentropyex | Classification Output | - | - |

圖 6.11 LSTM 網路分析結果。

### Step 3. 輸出網路架構

點擊上方的 Export 按鈕將建立的 LSTM 網路架構輸出至 MATLAB 的 Workspace 並以變數名稱爲 layers_1 加以表示，如圖 6.6 所示。

### Step 4. 訓練網路選項

透過底下指令設置訓練選項，此範例的優化器選擇 adam，執行環境指定爲 cpu，最大訓練回合數爲 100，最小批次大小設爲 27，指定其驗證資料{XValidation,YValidation}等相關資訊。

```
miniBatchSize = 27;
options = trainingOptions('adam', ...
'ExecutionEnvironment','cpu', ...
```

```
'MaxEpochs',100, ...
'MiniBatchSize',miniBatchSize, ...
'ValidationData',{XValidation,YValidation}, ...
'GradientThreshold',2, ...
'Shuffle','every-epoch', ...
'Verbose',false, ...
'Plots','training-progress');
```

**Step 5. 訓練網路**

設置好訓練網路選項後，即可藉由 trainNetwork 函式訓練所建立的 LSTM，訓練過程如圖 6.12 所示。

```
net = trainNetwork(XTrain,YTrain,layers_1,options);
```

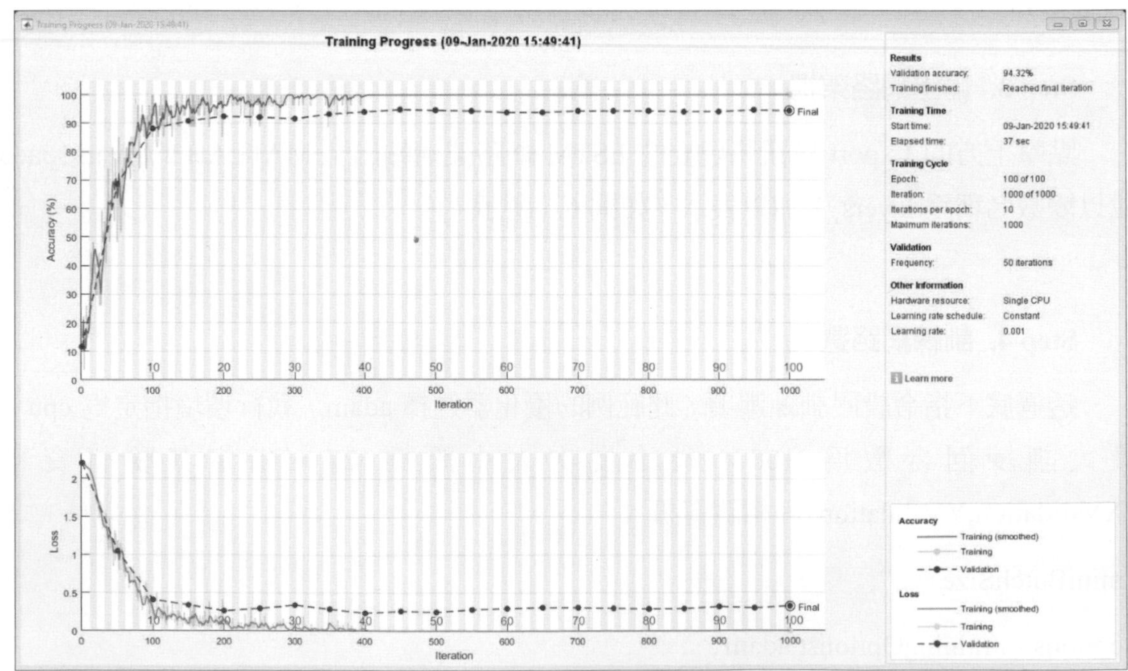


圖 6.12　LSTM 網路訓練過程。

**Step 6. 測試網路**

完成訓練的 LSTM 可以藉由驗證資料進行評估，不過 MiniBatchSize(最小批次大小)必須與訓練時的 MiniBatchSize 相同，而本次訓練的 LSTM 網路準確率為 0.9216。除了基本的 LSTM 外，還可以嘗試雙向的 LSTM 或者是 GRU 等遞迴神經網路。

```
YPred = classify(net,XValidation,'MiniBatchSize',miniBatchSize);

acc = mean(YPred == YValidation)
```

```
Command Window
>> acc = mean(YPred == YValidation)

acc =

    0.9216

fx >>
```

圖 6.13 LSTM 網路測試結果。

## 6-2 修正模型

在本節中，我們會試著透過指令建立一個有些許問題卷積神經網路，然後再藉由此工具，來查看問題所在並且更正模型結果。請參考光碟範例 CH6_2.mlx。

**Step 1.開啓 Matlab 並開啓新專案**

在 Editor 裡面按下＋或是同時按下 Ctrl+N 以建立新的專案，再同時按下 Ctr+S 就可以先儲存檔案，記得最後檔案格式要爲.m 檔，此檔案我們將檔名取爲 Analyzer.m。

**Step 2.設計卷積神經網路模型**

首先建立一個三層的卷積層的卷積神經網路模型。輸入的圖像都設定在 32×32×3，然後每層卷積層都使用 ReLu 作爲激活函數，此外模型有使用 additionLayer，additionLayer 的功能是將特徵圖進行元素對元素的相加。第三層卷積層之後是連接全連接層，這裡我們假設分類數爲 10 類，然後再連接將結果呈現出來的 classificationLayer。layerGraph 函式是能視覺化產生我們所卷出的模型畫面，最後就是使用這次要介紹的功能，analyzeNetwork 去分析此模型是否有問題。圖 6.14 爲分析卷積神經網路模型的結果。可以看到此模型存在了 3 個錯誤，然後在 ISSUES 上面也會提示出錯的地方，在左邊的圖也能顯示出錯誤的網路層是在哪幾層。

```
layers = [
imageInputLayer([32,32,3], 'Name','input')

    convolution2dLayer(5,16,'Padding','same','Name','conv_1')
reluLayer('Name','relu_1')
additionLayer(2,'Name','add1')

    convolution2dLayer(3,16,'Padding','same','Name','conv_2')
reluLayer('Name','relu_2')

    convolution2dLayer(5,16,'Padding','same','Name','conv_3')
reluLayer('Name','relu_3')
additionLayer(2,'Name','add2')

fullyConnectedLayer(10,'Name','fc')
classificationLayer('Name','output') ];
lgraph = layerGraph(layers);
analyzeNetwork(lgraph)
```

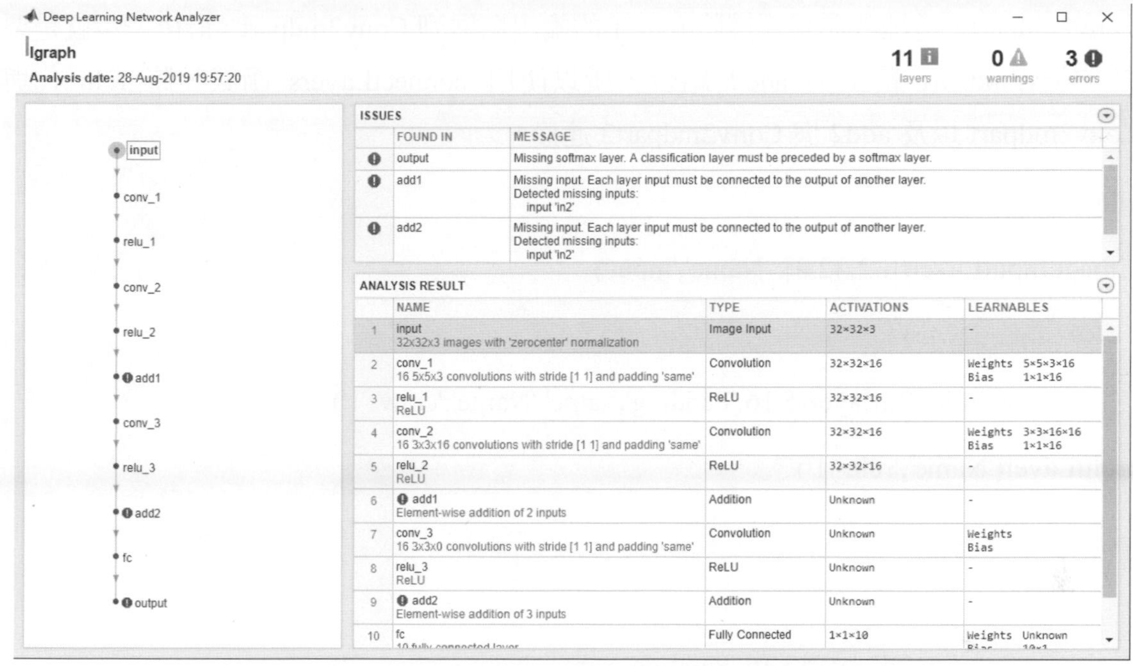


圖 6.14　分析錯誤的卷積神經網路模型的結果。

我們將每個問題提出來，第一個問題是我們沒有在全連接層，以及分類層中間沒有設定 softmax 層。如果沒有 softmax 層，那就沒辦法將全連接層每個神經元的重要程度進行正規化。第二個與第三個問題是一樣的，additional layer 需要兩個輸入，所以問題出在缺少另一個輸入，我們建立的網路模型它像 GoogLeNet 一樣，會有卷積層拓寬的模樣，而不是類似於 VGGNet 一樣，只是單純地串聯卷積層。所以使用 analyzeNetwork 後，我們能根據問題點修改此模型並且再分析一次。

### Step 3. 更改卷積神經網路模型

我們從有問題的地方先改起，第一個就是在 fullyConnectedLayer 與 classificationLayer 中間新增 softmaxLayer，藉由 softmax 層將全連接層的結果進行正規化，才能傳遞正確的結果至分類層。接下來就是要將卷積神經網路拓寬成雙個卷積層的卷積神經網路模型。我們在建立好 layers2 後，就在建立一個卷積層(Conv2mdpart)，此卷積層就是要與原本的 layers2 一起同時做卷積的網路。

接下來，使用 addLayers 函式設定哪兩個網路層要進行平行拓展，選擇 layers2 與 Conv2ndpart 兩個網路層進行拓展，下一步，就是要決定在 layers2 的哪一層拓展到

Conv2mdpart，這裡我們是選擇將 relu_1 的輸出拓展到 Conv2mdpart。最後一步就是要將 Conv2mdpart 輸出與 add2 結合，所以使用 connectLayers 函式，將 relu_1 與 Conv2mdpart 以及 add2 與 Conv2mdpart2 連接。

```
layers2 = [

imageInputLayer([32,32,3], 'Name','input')


    convolution2dLayer(5,16,'Padding','same','Name','conv_1')

reluLayer('Name','relu_1')




    convolution2dLayer(3,16,'Padding','same','Name','conv_2')

reluLayer('Name','relu_2')


    convolution2dLayer(5,16,'Padding','same','Name','conv_3')

reluLayer('Name','relu_3')


additionLayer(2,'Name','add2')


fullyConnectedLayer(10,'Name','fc')

softmaxLayer('Name','sfotmax')

classificationLayer('Name','output') ];

lgraph2 = layerGraph(layers2);

Conv2ndPart = convolution2dLayer(1,16,'Padding','same','Name','Conv2ndPart')

lgraph2 = addLayers(lgraph2,Conv2ndPart);
```

```
lgraph2 = connectLayers(lgraph2,'relu_1','Conv2ndPart')
lgraph2 = connectLayers(lgraph2,'Conv2ndPart','add2/in2')
analyzeNetwork(lgraph2)
```

圖 6.15 為改善模型後的結果。可以看到現在的 errors 為零，也就是說，現在這個網路是可以實際下去做訓練的模型。而這個簡易的模型也可以看到我們所說的平行卷積層的應用。在第五章也有介紹到，Inception 模型想要克服不是一定要卷積層越多，效果就越好。有時候如果同一張圖片同時有兩個不同的卷積層卷出來的特徵也可以互相去找出一些更好或是更能顯現此圖片的特徵點。

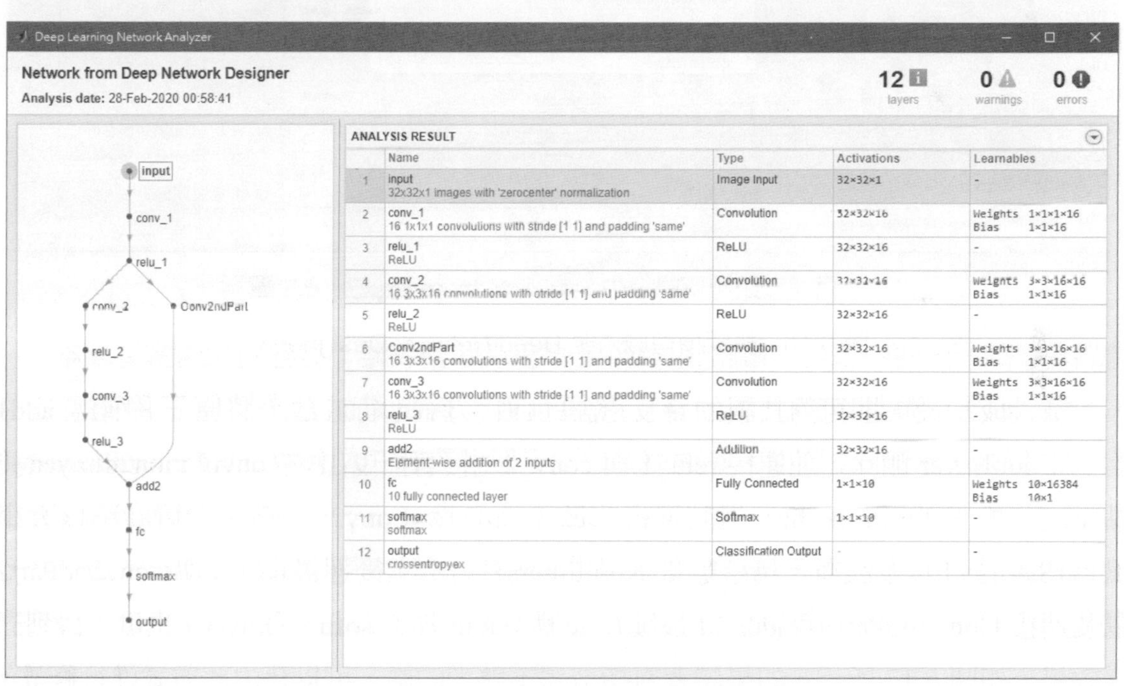


| | Name | Type | Activations | Learnables |
|---|---|---|---|---|
| 1 | input<br>32x32x1 images with 'zerocenter' normalization | Image Input | 32×32×1 | - |
| 2 | conv_1<br>16 1x1x1 convolutions with stride [1 1] and padding 'same' | Convolution | 32×32×16 | Weights 1×1×1×16<br>Bias 1×1×16 |
| 3 | relu_1<br>ReLU | ReLU | 32×32×16 | - |
| 4 | conv_2<br>16 3x3x16 convolutions with stride [1 1] and padding 'same' | Convolution | 32×32×16 | Weights 3×3×16×16<br>Bias 1×1×16 |
| 5 | relu_2<br>ReLU | ReLU | 32×32×16 | - |
| 6 | Conv2ndPart<br>16 3x3x16 convolutions with stride [1 1] and padding 'same' | Convolution | 32×32×16 | Weights 3×3×16×16<br>Bias 1×1×16 |
| 7 | conv_3<br>16 3x3x16 convolutions with stride [1 1] and padding 'same' | Convolution | 32×32×16 | Weights 3×3×16×16<br>Bias 1×1×16 |
| 8 | relu_3<br>ReLU | ReLU | 32×32×16 | - |
| 9 | add2<br>Element-wise addition of 2 inputs | Addition | 32×32×16 | - |
| 10 | fc<br>10 fully connected layer | Fully Connected | 1×1×10 | Weights 10×16384<br>Bias 10×1 |
| 11 | softmax<br>softmax | Softmax | 1×1×10 | - |
| 12 | output<br>crossentropyex | Classification Output | - | - |

圖 6.15　分析正確的卷積神經網路模型的結果。

除了透過指令上的修改外，也可以透過 Deep Network Designer 修改模型錯誤的連接方式。首先從 Deep Network Designer 的初始畫面中點擊 From Workspace，彈出一 Import Network 視窗載入錯誤模型 lgraph，如圖 6.16 所示。

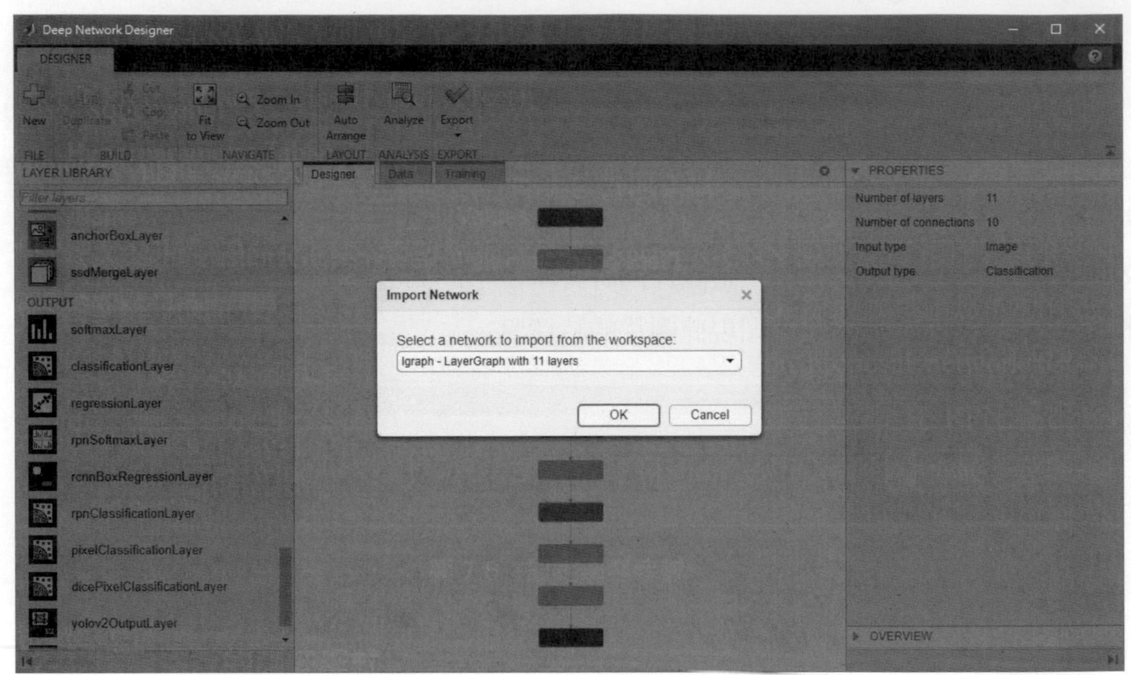


圖 6.16　錯誤模型載入至 Deep Network Designer。

載入成功後，即可對錯誤的層及錯誤的連接方式進行修改，將原先名稱爲 add1 的 additionLayer 刪除，並連接 relu_1 與 conv_2；接著拖曳出一 convolution2dLayer 並點擊它從右側的 Properties 對其進行修改：命名爲 Conv2ndPart、設置卷積核大小(FilterSize)爲 1 以及設置卷積核數量(NumFilters)爲 16；然後連接 relu_1 與 Conv2ndPart2 以及連接 Conv2ndPart 與 add_2；最後在 fc 與 ouput 加上 softmaxLayer，也可以得到同樣效果，如圖 6.17 所示，如果讀者對指令還不熟悉的話，可以藉由此方式進行修改。

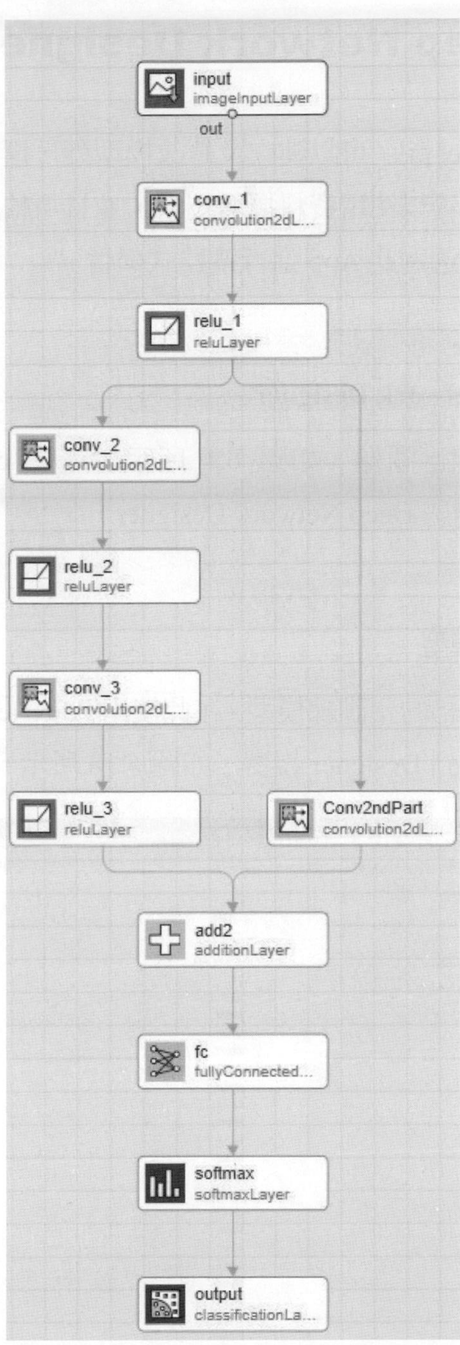


圖 6.17　使用 Deep Network Designer 修改錯誤模型。

## 6-3 使用 Deep Network Designer 進行遷移學習

Deep Network Designer 除了可以建立及修改模型外，還可以直接載入預訓練模型進行遷移式學習，其中還可以使用資料擴增技術，並且可輸出訓練好的模型及相對應的程式內容。底下將介紹透過此 App 進行遷移式學習。

**Step 1. 開啓 Deep Network Designer**

從 Apps 中點擊相對應圖像，如圖 6.1 所示，或在 command window 中輸入 deepNetworkDesigner 以開啓 Deep Network Designer

**Step 2. 選擇預訓練模型**

選擇適合自己硬體規格的預訓練模型，在此使用 AlexNet 進行示範，點擊 AlexNet 預訓練模型後，畫面會轉到 Designer 視窗，如圖 6.18 所示。

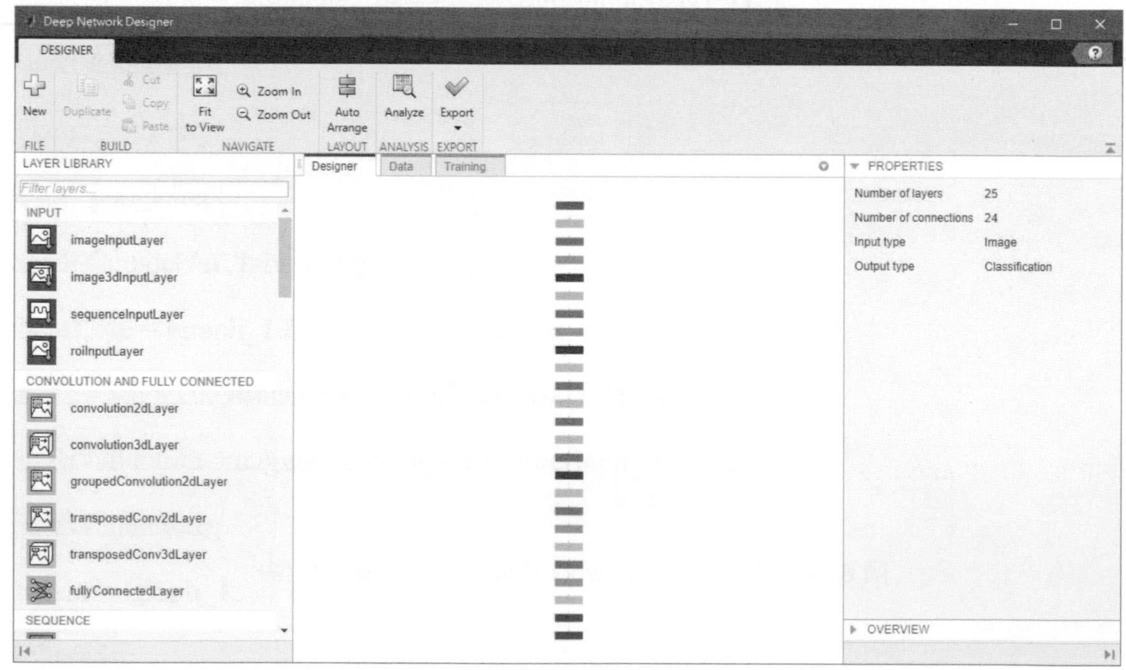


圖 6.18 載入 AlexNet 預訓練模型。

**Step 3. 載入資料**

點擊 Data 按鈕後視窗會轉到 Data 視窗，如圖 6.19 所示，接著點擊左上方的 Import Data 後會跳出一載入資料設定視窗，如圖 6.20 所示。

圖 6.19 Data 視窗。

在圖 6.20 中可以從 Data source 的下拉式選單選擇訓練資料載入的來源：

(1) Folder：訓練資料集的路徑。

(2) imageDatastorevariable in workspace：從 workspace 內載入 imageDatastore，其表示為訓練資料集。

在範例中示範如何透過 Folder 方式載入 MerchData 資料集，首先 Data source 選擇 Folder；接著點擊下方的 Browse 按鈕設定資料集的位置；再來選擇資料擴增的方式例如，反射、旋轉及位移等等，來增加訓練的樣本數；然後選擇在訓練過程中的驗證資料來源，驗證資料來源包含了底下四種形式：

(1) Split from training data：從訓練資料集中分割其中一部份當作驗證資料。

(2) Folder：驗證資料集的路徑。

(3) imageDatastore in workspace：從 workspace 內載入 imageDatastore，其表示為驗證資料集。

(4) None：在訓練過程中不進行驗證。

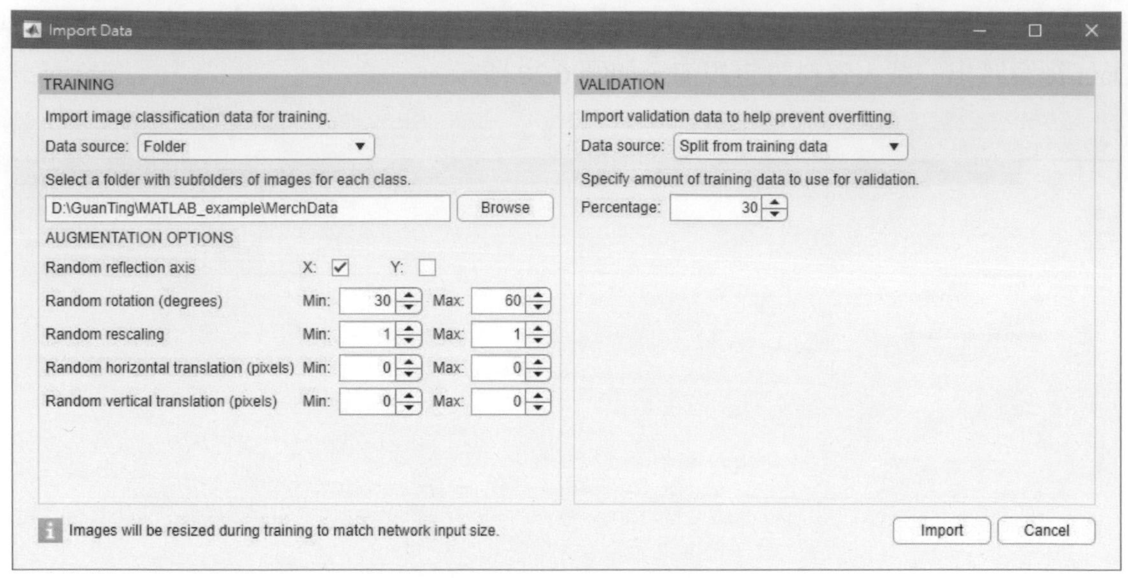


圖 6.20　載入資料設定視窗。

在範例中是透過 Split from training data 方式從訓練資料集中分割出 30%的資料來當作驗證資料。設定好載入資料的相關配置後就點擊下方的 Import 按鈕，將資料載入 Deep Network Designer，並顯示訓練資料的樣本數，如圖 6.21 所示。

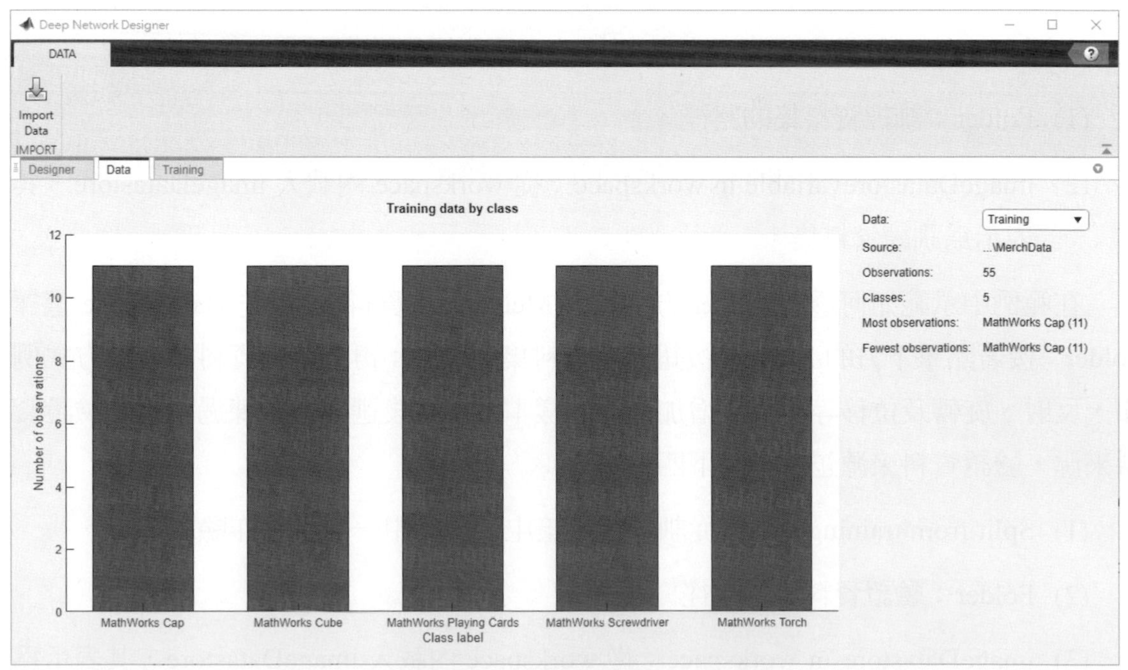


圖 6.21　訓練資料的樣本數。

**Step 4. 修改預訓練模型**

回到 Designer 視窗，修改預訓練模型的架構，使預訓練模型分類的類別數與訓練資料集的類書相等。首先選取 fc8(原先 AlexNet 的 fullyconnetedLayer)接著按下鍵盤的 Delete 鍵加以移除，output(原先 AlexNet 的 classificationLayer)亦是如此；再來從左邊的 layer library 中拖曳出新的 fullyconnetedLayer 命名爲 fc 並將 fc 的 OutputSize 設爲 5，如圖 6.22(a)所示；及拖曳出新的 classificationLayer 如圖 6.22(b)所示；最後將其連接起來並按下上方的 Analyze 檢查修改的預訓練模型是否有問題，如圖 6.23 所示。

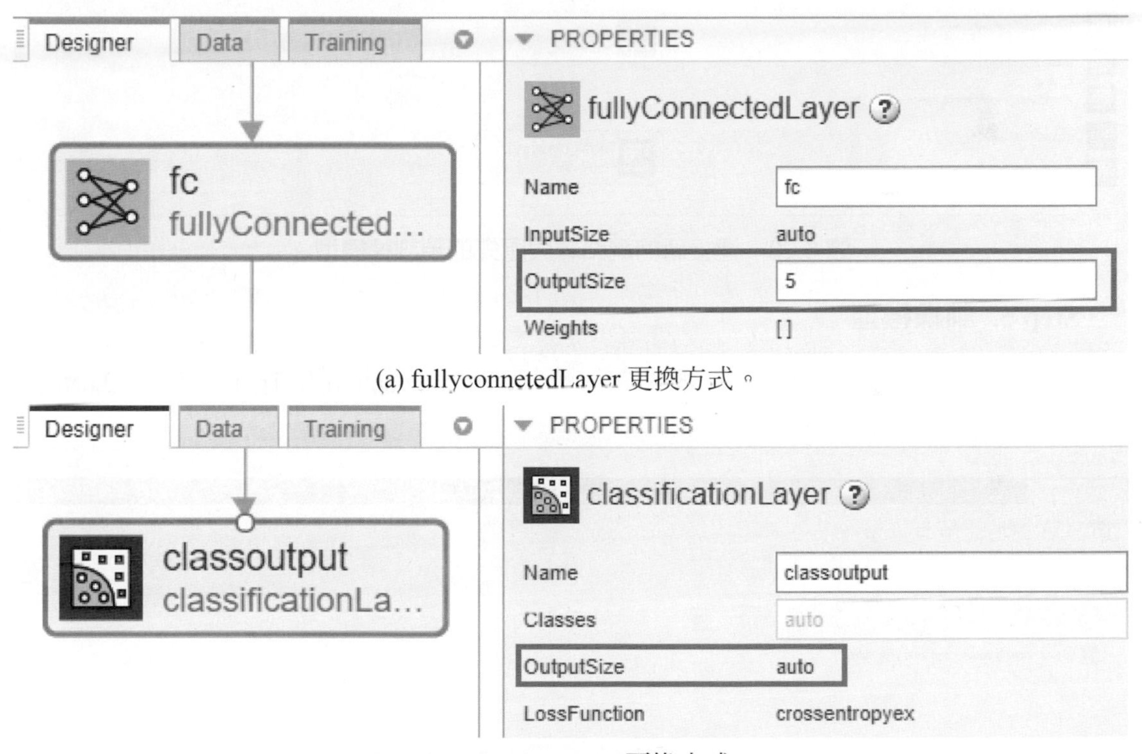


(a) fullyconnetedLayer 更換方式。



(b) classificationLayer 更換方式。

圖 6.22 拖曳新的網路層並修改。

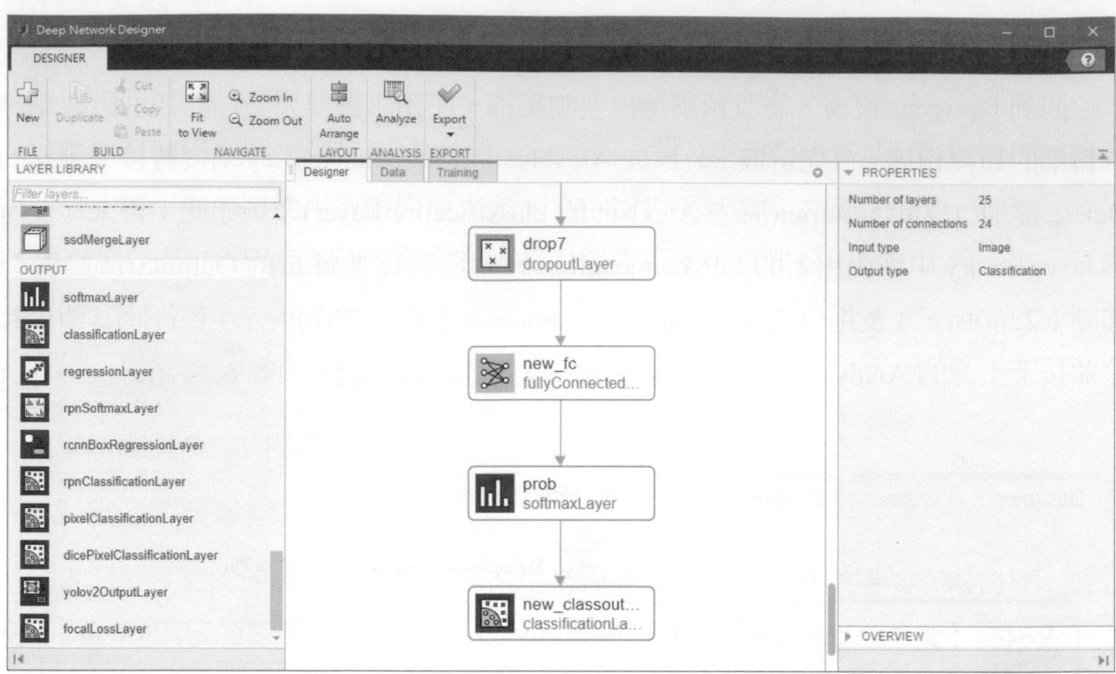


圖 6.23　連接新的網路層與原先的預訓練模型。

## Step 5. 訓練模型

進入 Training 視窗可看到上方有兩個按鈕分別為 Training option 及 Train，如圖 6.24 所示。

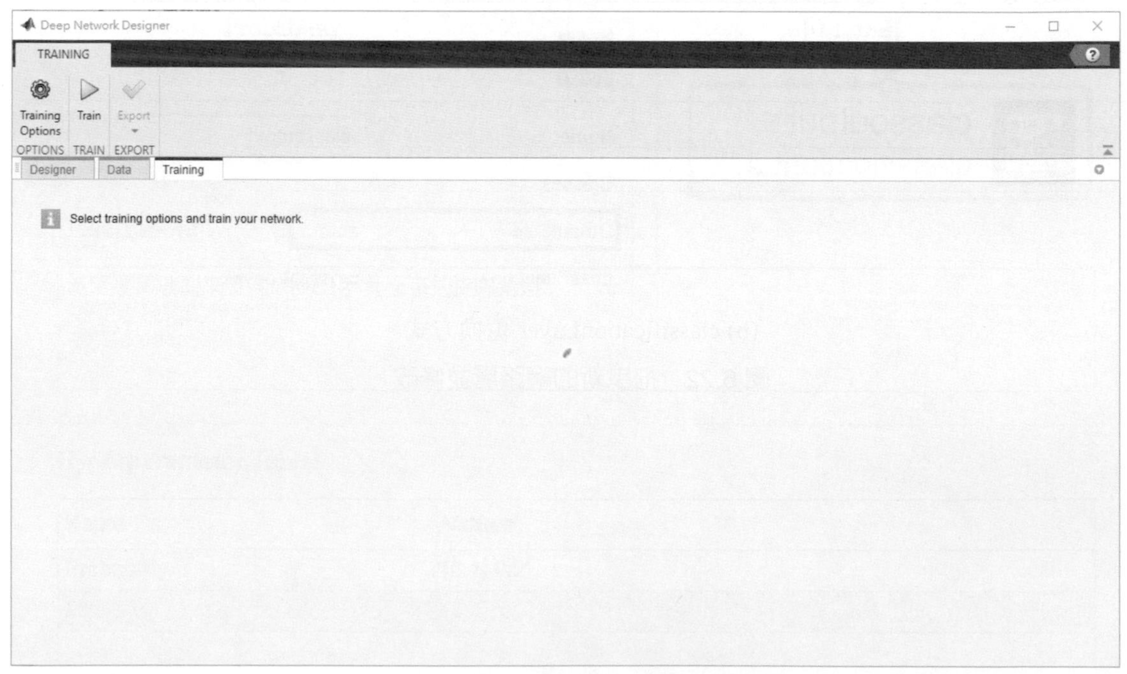


圖 6.24　Training 視窗。

點擊 Training option 按鈕會跳出一視窗，如圖 6.25(a)所示，讓使用者修改訓練預訓練模型的相關選項，在此將 Solver 設為 Adam、InitialLearnRate 設為 0.0001、MaxEpochs 設為 10 以及 MiniBatachSize 設為 55。接下來，點擊 Train 按鈕即可開始訓練模型，此時會顯示訓練過程，其包含訓練及驗證準確率與損失值，如圖 6.25(b)所示。

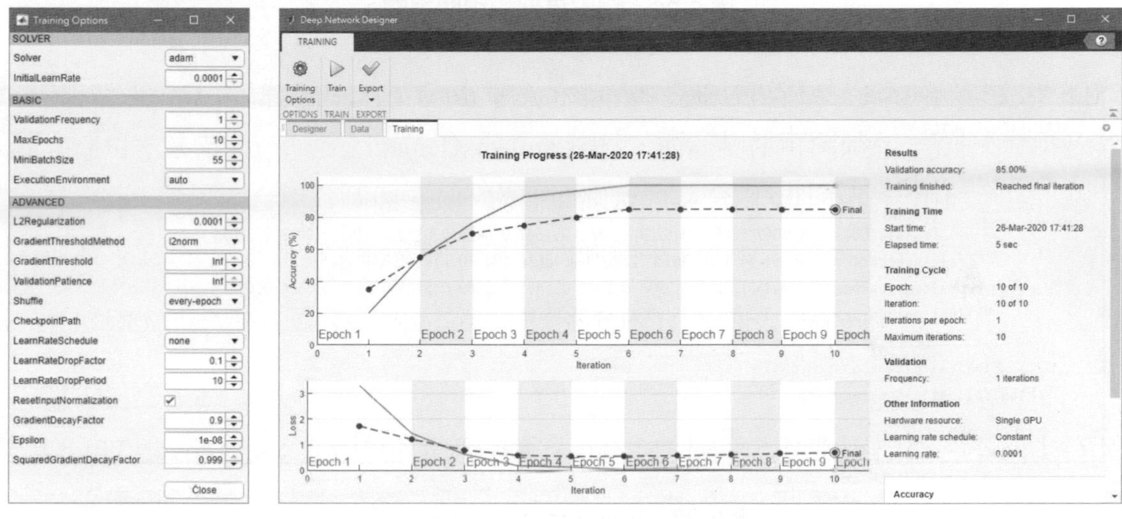


(a)Training option。 (b)訓練過程。

圖 6.25 Training 相關視窗。

### Step 6. 輸出模型及程式內容

完成訓練後可利用 Export 按鈕來輸出模型及訓練的程式碼加以使用，並透過訓練的程式碼了解如何透過 MATLAB 進行深度學習的訓練。點擊 Export 按鈕並選擇 Export Trained Network and Results，將模型及訓練結果輸出至 Workspace 中，輸出完成會顯示如圖 6.26(a)所示的提示，回到 MATLAB 的 Workspace 可以看到其變數 trainedNetwork_1 及 trainInfoStruct_1，前者為模型，後者為訓練及驗證準確率與損失值的資訊，如圖 6.26(b)所示，圖 6.27 為 trainInfoStruct_1 的內容。

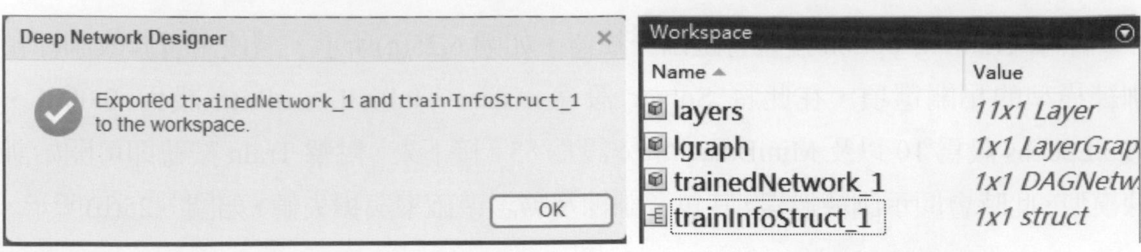


(a)提示窗。　　(b)Workspace。

圖 6.26　輸出模型的相關視窗。

```
trainInfoStruct_1 =

  struct with fields:

             TrainingLoss: [3.3067 1.4438 0.6289 0.1863 0.1341 0.0423 0.0382 0.0169 0.0037 0.0107]
         TrainingAccuracy: [20 54.5455 76.3636 92.7273 96.3636 100 100 100 100 100]
           ValidationLoss: [1.7246 1.2104 0.7936 0.5940 0.5485 0.5589 0.5745 0.6177 0.6664 0.6947]
       ValidationAccuracy: [35 55.0000 70 75 80 85 85 85 85 85]
            BaseLearnRate: [1×10 double]
      FinalValidationLoss: 0.6947
  FinalValidationAccuracy: 85

fx >>
```

圖 6.27　trainInfoStruct_1 的內容。

接著，利用此模型進行測試，首先載入測試圖片，並根據模型的輸入大小修改測試圖片的大小；接著利用 classify 函式對測試圖片進行分類，最後透過 imshow 函式呈現分類結果，其分類結果如圖 6.28 所示。

```
I = imread("MerchDataTest.jpg");
I = imresize(I, [227 227]);
[YPred,probs] = classify(trainedNetwork_1,I);
imshow(I)
label = YPred;
title(string(label) + ", " + num2str(100*max(probs),3) + "%");
```

圖 6.28 測試分類結果。

回到 Deep Network Designer 的 Training 畫面，點擊 Export 按鈕並選擇 Generate Code for Training 加以輸出訓練的程式碼，此時會出現一如圖 6.29 所示的提示窗，供使用者選擇存放模型參數的路徑，其檔案爲 .mat 檔而命名方式爲："trainingSetup_YYYY_MM_DD__HH_MM_SS.mat"。

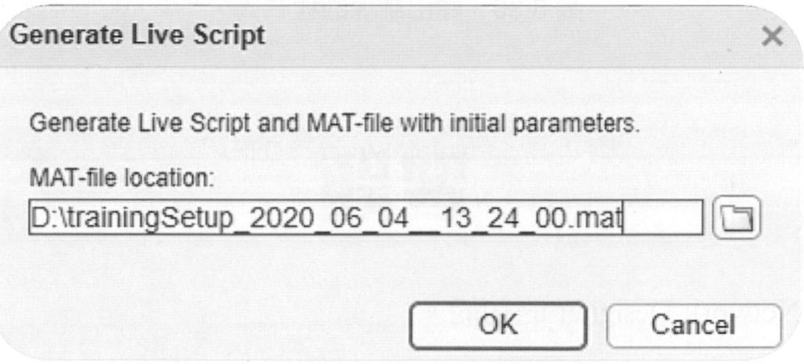


圖 6.29 選擇存放模型參數的路徑。

模型參數完成儲存後就會輸出訓練的程式碼到 MATLAB 的 Editor 中，其檔案格式爲.mlx 檔，如圖 6.30 所示。

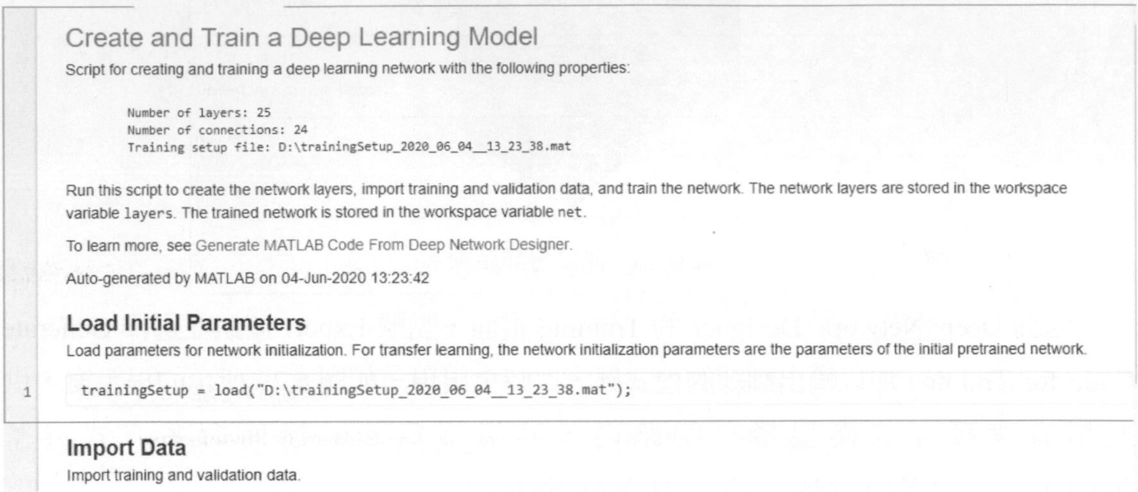

## Create and Train a Deep Learning Model

Script for creating and training a deep learning network with the following properties:

```
Number of layers: 25
Number of connections: 24
Training setup file: D:\trainingSetup_2020_06_04__13_23_38.mat
```

Run this script to create the network layers, import training and validation data, and train the network. The network layers are stored in the workspace variable `layers`. The trained network is stored in the workspace variable `net`.

To learn more, see Generate MATLAB Code From Deep Network Designer.

Auto-generated by MATLAB on 04-Jun-2020 13:23:42

### Load Initial Parameters

Load parameters for network initialization. For transfer learning, the network initialization parameters are the parameters of the initial pretrained network.

```
trainingSetup = load("D:\trainingSetup_2020_06_04__13_23_38.mat");
```

### Import Data

Import training and validation data.

圖 6.30 輸出訓練的程式碼。

# 習題

1. 說明 Deep Network Designer 的功能。
2. 說明 Deep Network Designer 的 Export 功能可以輸出的類型。
3. 說明如何將資料載入 Deep Network Designer 進行模型的訓練。
4. 說明 Deep Network Designer 的 Training 分頁的 Export 可以輸出的類型。

CHAPTER 7

# Experiment Manager

本章摘要

在深度學習的開發過程，有大量的參數及選項可以調整，在參數部分，例如訓練回合數、批次大小、優化器、卷積層的層數、卷積核大小、卷積核數量、步幅及資料分割方法等等，而每一次調整就會令結果有些許的差異，因此通常會選定一範圍的參數加以嘗試，例如嘗試卷積核大小 3×3、5×5 及 7×7 對結果的影響差異，但這些嘗試的過程都是大同小異，唯一有變化的就是改變的參數。MATLAB 在 2020a 版本推出 Experiment Manager 可以管理多個深度學習實驗、嘗試不同訓練選項與參數，以及比較並分析不同實驗的結果或程式內容等，此外亦可在訓練過程中透過監視視窗觀看訓練進度。本章將介紹如何使用 Experiment Manager 管理多個深度學習實驗及嘗試不同的訓練參數。這邊需要注意 Experiment Manager 是在 MATLAB R2020a 推出，因此先前的 MATLAB 版本是沒有此 App，如要下載最新的 MATLAB 版本，請參考第一章。

## 7-1 Experiment Manager 介面

開啟 APPS 工作選單，從 MACHINE LEARNING AND DEEP LEARNING 類別中點擊 ExperimentManager，如圖 7.1 圓圈處，或是在 Command Window 中輸入 experimentManager 加以開啟 Experiment Manager，其起始畫面如圖 7.2 所示。

圖 7.1 Experiment Manager 位置。

圖 7.2 Experiment Manager 起始畫面。

在起始畫面中，只有 New、Open 及 Layout，New 是用來建立一新的專案(project)以及專案中新的實驗項目；Open 則是開啓先前的專案；Layout 爲設定 Experiment Manager 畫面的格式。

## 7-2 使用 Experiment Manager 訓練深度學習網路用於分類問題

本節將說明如何使用 Experiment Manager 訓練深度學習網路，並訓練兩個深度學習網路用以圖像分類，每一個深度學習網路都會使用三種優化器加以訓練，並且透過混淆矩陣比較其性能，請參考光碟範例 CH7_1。

### 7-2-1 建立新專案

首先開啓 Experiment Manager，點擊 New 以開啓下拉式選單並選擇 Project，如圖 7.3 所示。接下來選擇 Project 的儲存路徑，這邊筆者是預設將其存在 D:\\，讀者們可根據自身習慣改變儲存路徑，如圖 7.4 所示。

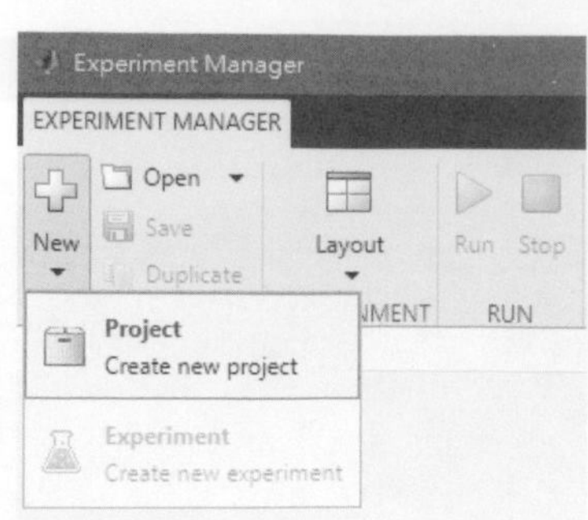


圖 7.3 開啓新專案示意圖。

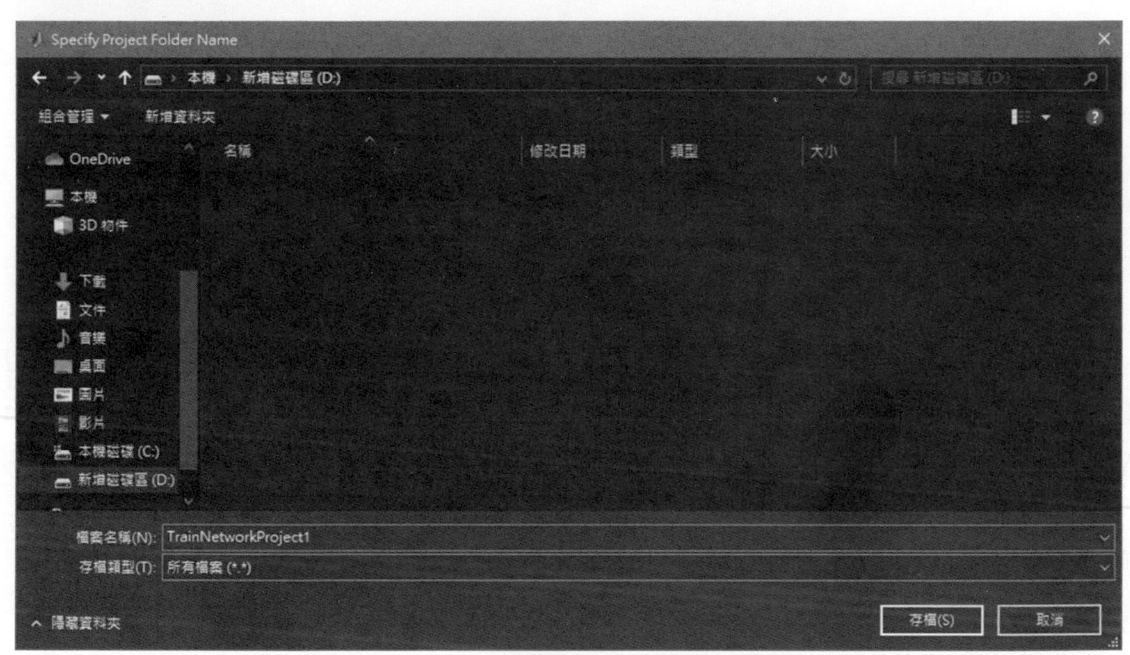


圖 7.4 選擇專案儲存位置。

### 7-2-2 設置調整參數

儲存後，可以看見 Experiment Manager 畫面如圖 7.5 所示，新的專案建立後預設會有一個實驗，其預設名稱為 Experiment1 位於左側顯示專案底下，當然也可以點擊右鍵重新命名；右側則為該實驗的描述(Description)、調整參數內容(Hyperparameter Table)、函式設定(Setup Function)及評估指標函式(Metrices)。描述框(Description)可以輸入該實驗的實驗內容，避免後續需要使用時卻忘記實驗內容；調整參數內容

(Hyperparameter Table)可以設定需要調整的參數；函式設定(Setup Function)則是撰寫程式以進行訓練流程；評估指標函式(Metrices)則是撰寫程式以進行評估性能流程。

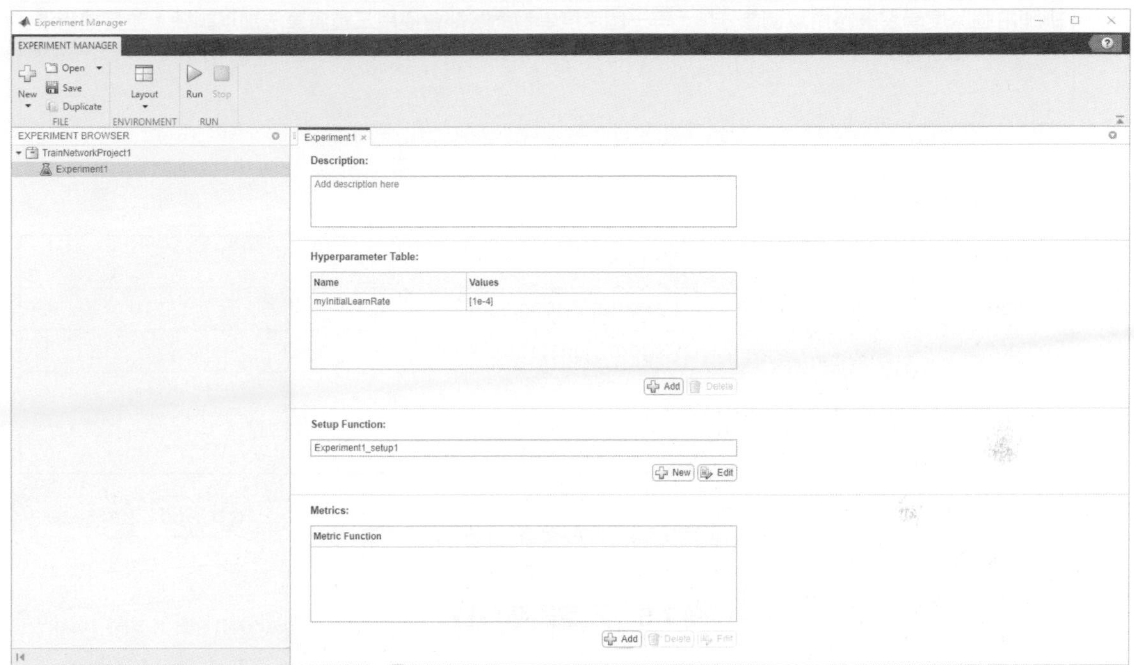


圖 7.5 Experiment Manager 中參數實驗設定畫面。

本節要實驗的內容為：訓練兩個深度學習網路用以圖像分類，每一個深度學習網路都會使用三種優化器加以訓練，並且透過混淆矩陣比較其性能。因此需要在 Hyperparameter Table 中輸入三種優化器及兩種網路模型，如圖 7.6 所示。新建立的實驗 (Experiment1) 中的 Hyperparameter Table 預設有一調整參數，其名稱為 myInitialLearnRate，將其選取並點擊 Delete 刪除此調整參數，並點擊 Add 加入新的調整參數，如表 7.1 所示。編輯方式如下：點擊 Add 後會出現新的欄位，接著雙擊該欄位即可進行編輯。

表 7.1 新增調整參數

| Name | Value |
|---|---|
| Network | ["alexnet","googlenet"] |
| Solver | ["sgdm","rmsprop","adam"] |

Experiment1* ×

**Description:**

訓練兩個深度學習網路用以圖像分類，每一個深度學習網路都會使用三種演算法加以訓練，並且透過混淆矩陣比較其性能。

**Hyperparameter Table:**

| Name | Values |
|---|---|
| Network | ["alexnet","googlenet"] |
| Solver | ["sgdm","rmsprop","adam"] |

Add　Delete

圖 7.6　設定調整參數。

## 7-2-3 編輯運行的訓練程式

接下來編輯要運行的訓練程式內容，點擊 Setup Function 欄位中的 Edit 按鈕以開啓 Experiment1_setup1.mlx 加以建立訓練程式，如圖 7.7 所示。

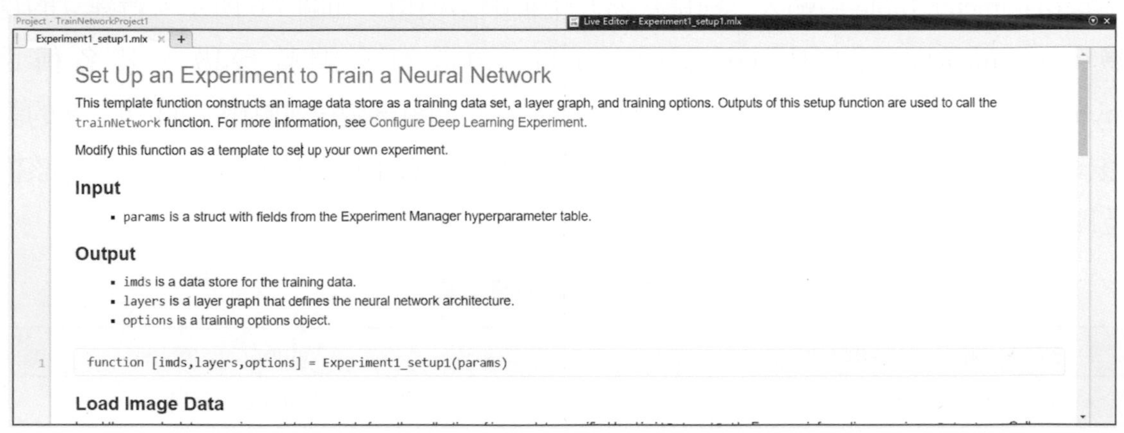


圖 7.7　Experiment1_setup1.mlx 畫面。

Experiment1_setup1.mlx 是副函式，其名稱與檔名一致(檔名需與副函式名稱相同才可以被執行) function [imds,layers,options] = Experiment1_setup1(params)，而輸入為 Hyperparameter Table 的內容，輸出為訓練資料的 imageDatastore (imds)、網路架構(layers)及訓練選項(options)，Experiment1_setup1.mlx 內已規劃好相對應的程式區塊，每一個區塊只需填寫相對應的程式內容即可，這邊將依序說明每一個區塊需要填寫的內容。

在執行實驗時 Experiment1_setup1(params)副函式會根據 Hyperparameter Table 的調整參數產生不同網路架構、訓練資料或訓練選項，並丟入至 trainNetwork 函式進行訓練。

- **Load Image Data**：此區塊需要填寫與訓練資料及驗證有關的指令，Experiment1_setup1.mlx 一開始就有載入 MNIST 數據集並且分好訓練資料(imds)及驗證資料(imdsValidation)，但為了方便操作因此將原先的內容刪除並改用 MerchData (5 個類別)來進行練習。

```
filename = 'MerchData.zip';

dataFolder = fullfile(tempdir,'MerchData');
if ~exist(dataFolder,'dir')
    unzip(filename,tempdir);
end

imds = imageDatastore(dataFolder, ...
'IncludeSubfolders',true, ...
'LabelSource','foldernames');

numTrainingFiles = 0.5;
[imds,imdsValidation] = splitEachLabel(imds,numTrainingFiles);
```

- **Define Network Architecture**：此區塊需要填寫與網路架構有關的指令，亦或是載入預訓練模型，此外該區塊可分成兩個子區塊，一個是填寫自行建構的區塊；另一個為載入預訓練模型區塊。本實驗會使用兩預訓練模型 alexnet 以及 googlenet，因此需要修改此區原先的程式內容。

  這兩個預訓練模型可以透過 Deep Network Designer 替換 fullyConnectedLayer (OutputSize 設 5)及 classificationLayer (請參考第六章的 6-3 節的 Step 4)並 Export 至 Workspace 利用 save 函式儲存(請參考第六章的 6-1-1)，這兩個也會附在範例 CH7_1 中。

```
switch params.Network
case "alexnet"
load('AlexNet','layers_1')
inputSize = layers_1(1, 1).InputSize;
imds = augmentedImageDatastore(inputSize(1:2),imds);
imdsValidation = augmentedImageDatastore(inputSize(1:2), ...
imdsValidation);
layers = layers_1;
case "googlenet"
load('GoogleNet','lgraph_1')
inputSize = lgraph_1.Layers(1, 1).InputSize;
imds = augmentedImageDatastore(inputSize(1:2),imds);
imdsValidation = augmentedImageDatastore(inputSize(1:2), ...
imdsValidation);
layers = lgraph_1;
otherwise
        msg = ['Undefined network selection. ' ...
```

```
'Options are "default" and "googlenet".'];
        error(msg);
end
```

- **Specify Training Options**：此區塊需要填寫與設定訓練選項有關，因此只需要透過 trainingOptions 函式進行設置就好。

```
options = trainingOptions(params.Solver, ...
'MiniBatchSize',10, ...
'MaxEpochs',8, ...
'InitialLearnRate',1e-4, ...
'Shuffle','every-epoch', ...
'ValidationData',imdsValidation, ...
'ValidationFrequency',5, ...
'Verbose',false);
```

### 7-2-4 執行實驗

回到 Experiment Manager 畫面，點擊上方的 Run 按鈕即可以開始進行實驗，且畫面會切到 Result1 呈現訓練進度，如圖 7.8 所示，同時也可以點擊上方的 Training Plot 及 Confusion Matrix，顯示其訓練過程及混淆矩陣。

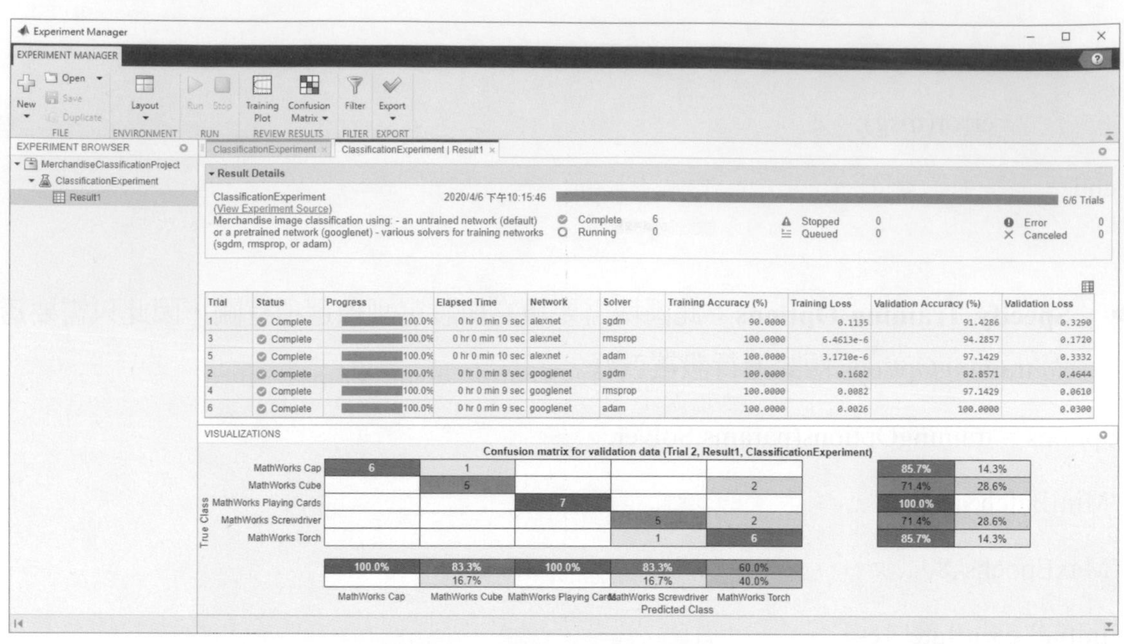


圖 7.8　實驗訓練進度及結果。

圖 7.9 是調整參數的所有組合，總共有 6 組(2 Network × 3 Slover)，Trial 是指回合，每一個 Trial 都是不同的網路模型及優化器，並且顯示訓練及驗證資料集的準確率與損失值。

| Trial | Status | Progress | Elapsed Time | Network | Solver | Training Accuracy (%) | Training Loss | Validation Accuracy (%) | Validation Loss |
|---|---|---|---|---|---|---|---|---|---|
| 1 | Complete | 100.0% | 0 hr 0 min 9 sec | alexnet | sgdm | 90.0000 | 0.1135 | 91.4286 | 0.3290 |
| 3 | Complete | 100.0% | 0 hr 0 min 10 sec | alexnet | rmsprop | 100.0000 | 6.4613e-6 | 94.2857 | 0.1720 |
| 5 | Complete | 100.0% | 0 hr 0 min 10 sec | alexnet | adam | 100.0000 | 3.1710e-6 | 97.1429 | 0.3332 |
| 2 | Complete | 100.0% | 0 hr 0 min 8 sec | googlenet | sgdm | 100.0000 | 0.1682 | 82.8571 | 0.4644 |
| 4 | Complete | 100.0% | 0 hr 0 min 9 sec | googlenet | rmsprop | 100.0000 | 0.0082 | 97.1429 | 0.0610 |
| 6 | Complete | 100.0% | 0 hr 0 min 9 sec | googlenet | adam | 100.0000 | 0.0026 | 100.0000 | 0.0300 |

圖 7.9　實驗結果。

## 7-2-5 依據要求篩選模型

點擊圖 7.8 畫面當中的 Filter 按鈕，會在右側顯示出 Training Accuracy、Training Loss、Validation Accuracy 及 Validation Loss 的直方圖分布，而在直方圖的下方有滑桿可以選擇指定範圍，如圖 7.10 所示。這邊舉個例子：Validation Accuracy 的範圍是 77.14%~97.14%，但是覺得一個一個搜索出有最高 Validation Accuracy 的模型很麻煩，就可以使用 Filter 功能，從 Validation Accuracy 直方圖分布下的滑桿選定好範圍加以找出有最高 Validation Accuracy 的模型。

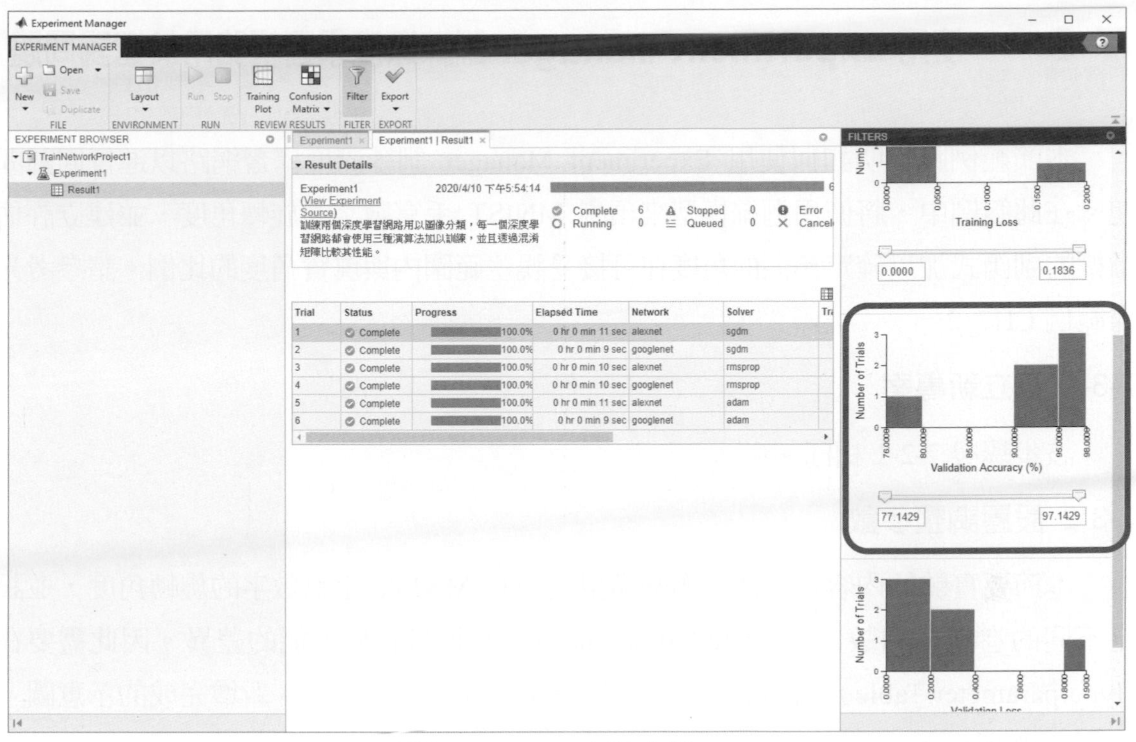

圖 7.10 Filter 功能(右側)。

## 7-2-6 輸出網路模型

最後點擊圖 7.9 中任意一個 Trial，接著點擊上方 Export 按鈕可以輸出指定 Trial 的網路模型及參數，在輸出前會跳出一視窗讓使用者設定輸出變數的名稱，如圖 7.11 所示。回到 Workspace 即可看到輸出的網路模型。

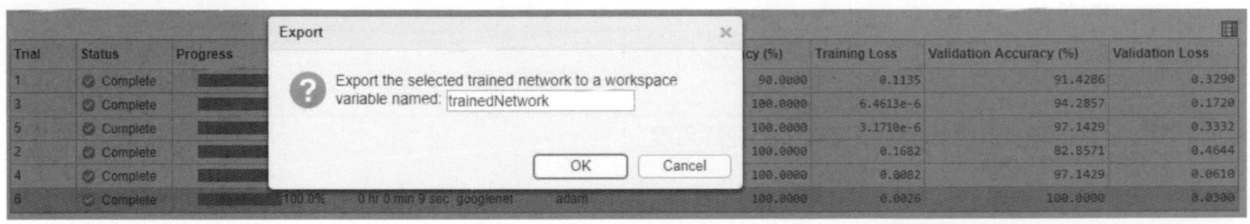


圖 7.11 提示視窗。

# 7-3 使用 Experiment Manager 訓練深度學習網路用於迴歸問題

本節範例將說明如何使用 Experiment Manager 訓練深度學習網路以進行回歸問題。在此範例中，將使用迴歸模型來預測 MNIST 手寫數字的旋轉角度，並建立評估指標的副函式加以確定預測的角度在可接受誤差範圍內與眞實角度的比例。請參考光碟範例 CH7_2。

## 7-3-1 建立新專案

該步驟與 7-2-1 相同。

## 7-3-2 設置調整參數

本節要實驗的內容爲：使用迴歸模型來預測 MNIST 手寫數字的旋轉角度，並設定不同的卷積核的數量及不同的 dropout 機率來比較預測性能的差異。因此需要在 Hyperparameter Table 中輸入相對應的調整參數，如表 7.2 所示。新增完成的示意圖，如圖 7.12 所示。

表 7.2 新增調整參數

| Name | Values |
|---|---|
| Probability | [0.1, 0.2] |
| Filters | [4, 6, 8] |

Experiment1* ×

**Description:**

使用迴歸模型來預測MNIST手寫數字的旋轉角度
-設定卷積核的數量
-設定dropout機率

**Hyperparameter Table:**

| Name | Values |
|---|---|
| Probability | [0.1, 0.2] |
| Filters | [4, 6, 8] |

圖 7.12 完成設定調整參數新增的示意圖。

### 7-3-3 編輯運行的訓練程式

接下來編輯要運行的訓練程式內容，點擊 Setup Function 欄位中的 Edit 按鈕以開啓 Experiment1_setup1.mlx 加以建立訓練程式。Experiment1_setup1.mlx 是一副函式，其原先預設的輸出為 imds、layer 及 options。

```
function [imds,layers,options] = Experiment1_setup1(params)
```

請將副函式的輸出改為 XTrain,YTrain,layers,options，並且在對應的區塊填寫對應的程式內容即可。原先 imds 是指 imageDatastore 物件，而該物件可同時包含訓練資料及其相對的標籤，所以適合用於圖像分類、物件偵測及語義分割，但不適合用於迴歸問題，XTrain 及 YTrain 分別是指訓練資料及其相對的結果。

```
function [XTrain,YTrain,layers,options] = Experiment1_setup1(params)
```

- **Load Image Data**：在預設的情形會載入 MNIST 圖像及其數字標籤，不過本範例是要預測數字的旋轉的角度，因此需要將原先程式內容刪除，並加入底下程式以載入 MNIST 圖像及其旋轉角度。

```
[XTrain,~,YTrain] = digitTrain4DArrayData;
[XValidation,~,YValidation] = digitTest4DArrayData;
```

- **Define Network Architecture**：此區塊是用來建立網路模型，在此建立一具有四層卷積層的深度網路模型，其每一層卷積層之後皆會連接 batchNormalizationLayer 及 reluLayer，此外還使用 dropoutLayer 降低過度擬合問題。每一個卷積層的卷積核數量以及 dropout 的機率會根據調整參數不同而變。

```
inputSize = [28 28 1];
numFilters = params.Filters;

layers = [
```

```
imageInputLayer(inputSize)

    convolution2dLayer(3,numFilters,'Padding','same')
batchNormalizationLayer
reluLayer

    averagePooling2dLayer(2,'Stride',2)

    convolution2dLayer(3,2*numFilters,'Padding','same')
batchNormalizationLayer
reluLayer

    averagePooling2dLayer(2,'Stride',2)

    convolution2dLayer(3,4*numFilters,'Padding','same')
batchNormalizationLayer
reluLayer

    convolution2dLayer(3,4*numFilters,'Padding','same')
batchNormalizationLayer
reluLayer

dropoutLayer(params.Probability)
fullyConnectedLayer(1)
```

```
regressionLayer];
```

- **Specify Training Options**：此區塊需要填寫與設定訓練選項有關，因此只需要透過 trainingOptions 函式進行設置就好。

```
miniBatchSize = 128;
validationFrequency = floor(numel(YTrain)/miniBatchSize);
options = trainingOptions('adam', ...
'MiniBatchSize',miniBatchSize, ...
'MaxEpochs',30, ...
'InitialLearnRate',1e-3, ...
'LearnRateSchedule','piecewise', ...
'LearnRateDropFactor',0.1, ...
'LearnRateDropPeriod',20, ...
'Shuffle','every-epoch', ...
'ValidationData',{XValidation,YValidation}, ...
'ValidationFrequency',validationFrequency, ...
'Verbose',false);
```

### 7-3-4 編輯評估指標的副函式

再來，建立評估指標的副函式加以確定在可接受誤差範圍內的預測角度與眞實角度的比例。首先回到 Experiment Manager 的 Experiments1 畫面，並點擊 Metrics 的 Add 按鈕，如圖 7.13 所示。

Experiment1* ×

Description:

使用迴歸模型來預測MNIST手寫數字的旋轉角度
-設定卷積核的數量
-設定dropout機率

Hyperparameter Table:

| Name | Values |
|---|---|
| Probability | [0.1, 0.2] |
| Filters | [4, 6, 8] |

Add Delete

Setup Function:

Experiment1_setup1

New Edit

Metrics:

| Metric Function |
|---|

Add Delete Edit

圖 7.13　完成設定調整參數新增的示意圖。

此時 Experiment Manager 會跳出一提示窗供設定評估指標副函式的名稱，在此將評估指標副函式命名爲 Accuracy。完成後點擊 Edit 按鈕會於 MATLAB 中開啓 Accuracy 副函式編輯畫面，該副函式原先內容如下：

```
function metricOutput = Accuracy(trialInfo)
metricOutput = 0;
end
```

Accuracy 副函式的輸入為一 structure array 的變數(trialInfo)，其包含網路架構、訓練準確率與損失值及相關參數。請將副函式原先內容刪除並加入底下程式，加以計算可接受誤差範圍內與真實角度的比例。

```
function metricOutput = Accuracy(trialInfo)

[XValidation,~,YValidation] = digitTest4DArrayData;

YPredicted = predict(trialInfo.trainedNetwork,XValidation);

predictionError = YValidation - YPredicted;

thr = 10;

numCorrect = sum(abs(predictionError) <thr);

numValidationImages = numel(YValidation);

metricOutput = 100*numCorrect/numValidationImages;

end
```

### 7-3-5 執行實驗

回到 Experiment Manager 畫面，點擊上方的 Run 按鈕即可以開始進行實驗，且畫面會切到 Result1 呈現訓練進度，如圖 7.14 所示，同時也可以點擊上方的 Training Plot 顯示其訓練過程。

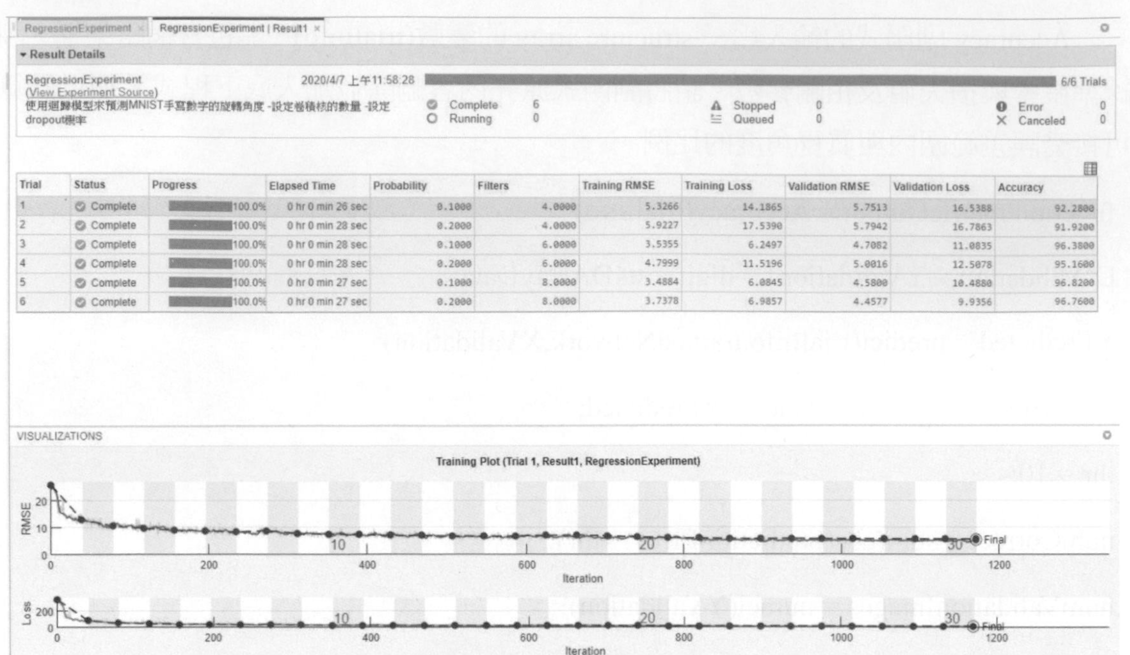


| Trial | Status | Progress | Elapsed Time | Probability | Filters | Training RMSE | Training Loss | Validation RMSE | Validation Loss | Accuracy |
|---|---|---|---|---|---|---|---|---|---|---|
| 1 | Complete | 100.0% | 0 hr 0 min 26 sec | 0.1000 | 4.0000 | 5.3266 | 14.1865 | 5.7513 | 16.5388 | 92.2800 |
| 2 | Complete | 100.0% | 0 hr 0 min 28 sec | 0.2000 | 4.0000 | 5.9227 | 17.5390 | 5.7942 | 16.7863 | 91.9200 |
| 3 | Complete | 100.0% | 0 hr 0 min 28 sec | 0.1000 | 6.0000 | 3.5355 | 6.2497 | 4.7082 | 11.0835 | 96.3800 |
| 4 | Complete | 100.0% | 0 hr 0 min 28 sec | 0.2000 | 6.0000 | 4.7999 | 11.5196 | 5.0016 | 12.5078 | 95.1600 |
| 5 | Complete | 100.0% | 0 hr 0 min 27 sec | 0.1000 | 8.0000 | 3.4884 | 6.0845 | 4.5800 | 10.4880 | 96.8200 |
| 6 | Complete | 100.0% | 0 hr 0 min 27 sec | 0.2000 | 8.0000 | 3.7378 | 6.9857 | 4.4577 | 9.9356 | 96.7600 |

圖 7.14 實驗結果。

從結果來看 Trial 5 及 6 的預測結果較接近眞實情況，它們的調整參數 Probability 分別爲 0.1 及 0.2，Filters 爲 8，從建立的評估指標副函式 Accuracy 來看，正確預測角度的比例達 96.5%以上。

## 7-3-6 輸出網路模型並應用

將 Trial 5 的網路模型從 Experiment Manager 輸出至 Workspace 並命名爲 trainedNetwork，並在 MATLAB 中新增一.m 檔，撰寫底下程式。首先載入驗證資料，接著藉由 predictc 函式去預測每一張數字圖像的旋轉角度，再來隨機挑選出 49 張圖像並透過 imrotate 函式將其轉正，最後透過 montage 函式加以顯示，如圖 7.15 所示。

```
[XValidation,~,YValidation] = digitTest4DArrayData;
numValidationImages = numel(YValidation);
YPredicted = predict(trainedNetwork,XValidation);


idx = randperm(numValidationImages,49);
```

```
for i = 1:numel(idx)
    image = XValidation(:,:,:,idx(i));
predictedAngle = YPredicted(idx(i));
imagesRotated(:,:,:,i) = imrotate(image,predictedAngle,'bicubic','crop');
end

figure
subplot(1,2,1)
montage(XValidation(:,:,:,idx))
title('Original')

subplot(1,2,2)
montage(imagesRotated)
title('Corrected')
```

圖 7.15 數字轉正結果。

# 7-4 使用多個預訓練模型進行遷移學習

本節說明如何透過 Experiment Manager 進行預訓練網路的遷移學習，來比較不同預訓練網路分類的性能，這邊將使用 SequeezeNet、GoogLeNet 及 ResNet-18 來進行比較。請參考光碟範例 CH7_3。

## 7-4-1 建立新專案

該步驟與 7-2-1 相同。

## 7-4-2 設置調整參數

本節要實驗的內容為：透過 Experiment Manager 進行欲訓練網路的遷移式學習。因此需要在 Hyperparameter Table 中輸入相對應的調整參數，如表 7.3 所示。新增完成的示意圖，如圖 7.16 所示。

表 7.3　新增調整參數

| Name | Values |
| --- | --- |
| NetworkName | ["sequeezenet","googlenet","resnet18"] |

圖 7.16　完成設定調整參數新增的示意圖。

### 7-4-3 編輯運行的訓練程式

接下來編輯要運行的訓練程式內容，點擊 Setup Function 欄位中的 Edit 按鈕以開啓 Experiment1_setup1.mlx 加以建立訓練程式。Experiment1_setup1.mlx 是一副函式，其說明與 7-2-3 相同，也只需要在對應的區塊填寫對應的程式內容即可。

- **Load Image Data**：在預設的情形會載入 MNIST 圖像及其數字標籤，不過本範例將使用 TensorFlow 的 Flower data set，其包含了 5 種類別，雛菊、蒲公英、玫瑰花、向日葵及鬱金香。因此需要將原先程式內容刪除，並加入底下程式加以下載並載入 TensorFlow 的 Flower data set。

```
url = 'http://download.tensorflow.org/example_images/flower_photos.tgz';
downloadFolder = pwd;
    filename = fullfile(downloadFolder,'flower_dataset.tgz');

imageFolder = fullfile(downloadFolder,'flower_photos');
if ~exist(imageFolder,'dir')
disp('DownloadingFlowerDataset(218 MB)...')
websave(filename,url);
untar(filename,downloadFolder)
end

imds = imageDatastore(imageFolder, ...
'IncludeSubfolders',true, ...
'LabelSource','foldernames');

    [imdsTrain,imdsValidation] = splitEachLabel(imds,0.9);
```

- **Define Network Architecture**：本實驗會使用三個預訓練模型，因需要修改此區原先的程式內容，首先透過 switch 語法選擇使用哪一個預訓練模型進行遷移學習。

```
networkName = params.NetworkName;
switch networkName
case "squeezenet"
        net = squeezenet;
miniBatchSize = 128;
case "googlenet"
        net = googlenet;
miniBatchSize = 128;
case "resnet18"
        net = resnet18;
miniBatchSize = 128;
otherwise
        msg = ['Undefined network selection. ' ...
'Options are "default", "googlenet", and "resnet18".'];
        error(msg);
end
```

接著修改輸出層的部分，將 fullyConnectedLayer 的 OutputSize 或是或是將 convolution2dLayer 的卷積核數量修改成與分類類別數相同。findLayersToReplace 是一副函式用來尋找需要替代的網路層，其副函式內容會在最後提供，光碟範例 CH7_3 也有此副函式。

```
if isa(net,'SeriesNetwork')
lgraph = layerGraph(net.Layers);
```

```
else
lgraph = layerGraph(net);
end

[learnableLayer,classLayer] = findLayersToReplace(lgraph);

numClasses = numel(categories(imdsTrain.Labels));

if isa(learnableLayer,'nnet.cnn.layer.FullyConnectedLayer')
newLearnableLayer = fullyConnectedLayer(numClasses, ...
'Name','new_fc', ...
'WeightLearnRateFactor',10, ...
'BiasLearnRateFactor',10);
elseif isa(learnableLayer,'nnet.cnn.layer.Convolution2DLayer')
newLearnableLayer = convolution2dLayer(1,numClasses, ...
'Name','new_conv', ...
'WeightLearnRateFactor',10, ...
'BiasLearnRateFactor',10);
end

lgraph = replaceLayer(lgraph,learnableLayer.Name,newLearnableLayer);

newClassLayer = classificationLayer('Name','new_classoutput');
lgraph = replaceLayer(lgraph,classLayer.Name,newClassLayer);
```

```
layers = lgraph;
```

由於每一個預訓練模型的輸入大小不固定，因此在訓練之前需要調整訓練圖像的大小，避免出現錯誤。

```
inputSize = net.Layers(1).InputSize;
imds = augmentedImageDatastore(inputSize,imdsTrain);
augimdsValidation = augmentedImageDatastore(inputSize,imdsValidation);
```

- **Specify Training Options**：此區塊需要填寫與設定訓練選項有關，因此只需要透過 trainingOptions 函式進行設置就好。

```
validationFrequencyEpochs = 5;
numObservations = augimdsTrain.NumObservations;
numIterationsPerEpoch = floor(numObservations/miniBatchSize);
validationFrequency = validationFrequencyEpochs * numIterationsPerEpoch;
options = trainingOptions('sgdm', ...
'MaxEpochs',10, ...
'MiniBatchSize', miniBatchSize, ...
'InitialLearnRate',3e-4, ...
'Shuffle','every-epoch', ...
'ValidationData',augimdsValidation, ...
'ValidationFrequency',validationFrequency, ...
'Verbose',false);
```

### 7-4-4 執行實驗

回到 Experiment Manager 畫面，點擊上方的 Run 按鈕即可以開始進行實驗，且畫面會切到 Result1 呈現訓練進度，如圖 7.17 所示，同時也可以點擊上方的 Training Plot 及 Confusion Matrix，顯示其訓練過程及混淆矩陣。

圖 7.17 實驗訓練進度及結果。

findLayersToReplace 副函式內容：

```
% findLayersToReplace(lgraph) finds the single classification layer and the
% preceding learnable (fully connected or convolutional) layer of the layer
% graph lgraph.
function [learnableLayer,classLayer] = findLayersToReplace(lgraph)

if ~isa(lgraph,'nnet.cnn.LayerGraph')
error('Argument must be a LayerGraph object.')
```

```
end


% Get source, destination, and layer names.
src = string(lgraph.Connections.Source);
dst = string(lgraph.Connections.Destination);
layerNames = string({lgraph.Layers.Name}');


% Find the classification layer. The layer graph must have a single
% classification layer.
isClassificationLayer = arrayfun(@(l) ...

(isa(l,'nnet.cnn.layer.ClassificationOutputLayer')|isa(l,'nnet.layer.ClassificationLayer')), ...
lgraph.Layers);


if sum(isClassificationLayer) ~= 1
error('Layer graph must have a single classification layer.')
end
classLayer = lgraph.Layers(isClassificationLayer);


% Traverse the layer graph in reverse starting from the classification
% layer. If the network branches, throw an error.
currentLayerIdx = find(isClassificationLayer);
while true
```

```
ifnumel(currentLayerIdx) ~= 1
error('Layer graph must have a single learnable layer preceding the classification layer.')
end

currentLayerType = class(lgraph.Layers(currentLayerIdx));
isLearnableLayer = ismember(currentLayerType, ...
        ['nnet.cnn.layer.FullyConnectedLayer','nnet.cnn.layer.Convolution2DLayer']);

ifisLearnableLayer
learnableLayer=   lgraph.Layers(currentLayerIdx);
return
end

currentDstIdx = find(layerNames(currentLayerIdx) == dst);
currentLayerIdx = find(src(currentDstIdx) == layerNames);

end

end
```

CHAPTER 8

# CNN 實戰範例

本章摘要

## 8-1 CIFAR-10 圖像分類

CIFAR-10 數據集(https://www.cs.toronto.edu/~kriz/cifar.html)由 10 類 32×32 的彩色圖片組成，如圖 8.1 所示，其包含：飛機、汽車、鳥、貓、鹿、狗、青蛙、馬、船及卡車，共包含 60,000 張圖片，每一類包含 6,000 張圖片。其中 50,000 張圖片作爲訓練集，10,000 張圖片作爲測試集。CIFAR-10 資料集被劃分成了 5 個訓練的 batch 和 1 個測試的 batch，每個 batch 均包含 10,000 張圖片。測試集 batch 的圖片是從每個類別中隨機挑選的 1,000 張圖片組成；訓練集 batch 以隨機的順序包含剩下的 50,000 張圖片。不過一些訓練集 batch 可能出現包含某一類圖片比其他類的圖片數量多的情況。

圖 8.1　CIFAR-10 示意圖。

接下來，將藉由此數據集的開發一卷積神經網路並評估其網路性能，最後會透過一例子使用 Grad-CAM 了解卷積神經網路的決策。請參考光碟範例 CH8_1.mlx。

**Step 1. 開啓 MATLAB 並開啓新專案**

在 Editor 裡面按下＋或是按下 Ctrl+N，以建立新的專案，再按下 Ctrl+S 將檔案存檔，記得檔案格式爲.m 檔，此檔案名稱命名爲：CIFAR_CNN.m。

**Step 2. 下載 CIFAR-10 數據集**

MATLAB 的安裝內容沒有包含 CIFAR-10，因此必須要額外下載，在 CIFAR-10 的官方網站內有提供連結可免費下載，其檔案大小爲 175MB，讀者們可透過底下指令下載此數據集。下載的檔案包含了六個 mat 檔，其中五個爲 data_batch，另外一個 test_batach，分別爲訓練及測試資料，如圖 8.2(a)所示。而每個 mat 檔內都包含了三個變數：(1)data，爲圖像資料，其大小爲 10000×3072 的二維陣列(資料樣本數×圖像大小(32×32×3))；(2)labels，爲圖像標記的類別及(3)batch_label，爲該 mat 檔的描述，如圖 8.2(b)所示。

```
url = 'https://www.cs.toronto.edu/~kriz/cifar-10-matlab.tar.gz'; %下載連結
destination = pwd; %將數據集下載至當前資料夾內
unpackedData = fullfile(destination,'cifar-10-batches-mat');
if ~exist(unpackedData,'dir')
fprintf('Downloading CIFAR-10 dataset (175 MB). This can take a while...');
untar(url,destination);
fprintf('done.\n\n');
end
load('.\cifar-10-batches-mat\data_batch_5.mat') %檢視 mat 檔內的變數
```

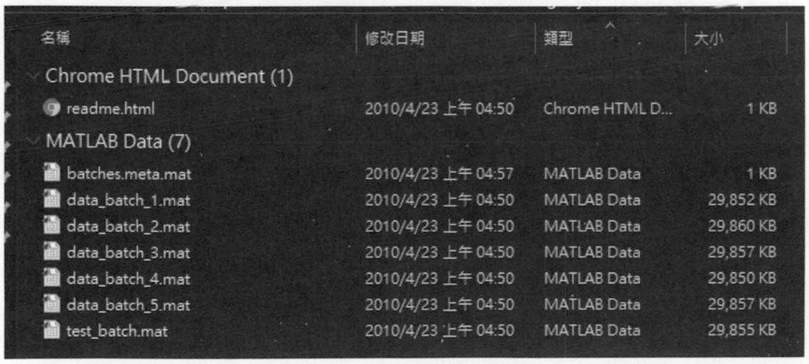

| 名稱 | 修改日期 | 類型 | 大小 |
|---|---|---|---|
| Chrome HTML Document (1) | | | |
| readme.html | 2010/4/23 上午 04:50 | Chrome HTML D... | 1 KB |
| MATLAB Data (7) | | | |
| batches.meta.mat | 2010/4/23 上午 04:57 | MATLAB Data | 1 KB |
| data_batch_1.mat | 2010/4/23 上午 04:50 | MATLAB Data | 29,852 KB |
| data_batch_2.mat | 2010/4/23 上午 04:50 | MATLAB Data | 29,860 KB |
| data_batch_3.mat | 2010/4/23 上午 04:50 | MATLAB Data | 29,857 KB |
| data_batch_4.mat | 2010/4/23 上午 04:50 | MATLAB Data | 29,850 KB |
| data_batch_5.mat | 2010/4/23 上午 04:50 | MATLAB Data | 29,857 KB |
| test_batch.mat | 2010/4/23 上午 04:50 | MATLAB Data | 29,855 KB |

(a)下載內容。

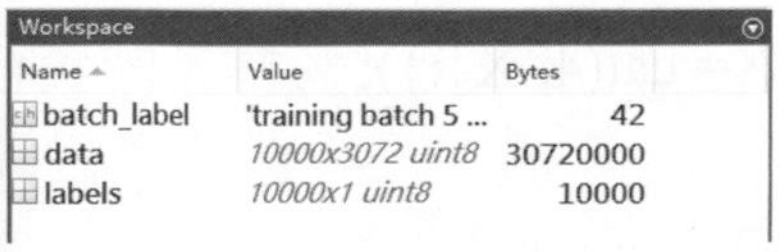

Workspace

| Name | Value | Bytes |
|---|---|---|
| batch_label | 'training batch 5 ... | 42 |
| data | 10000x3072 uint8 | 30720000 |
| labels | 10000x1 uint8 | 10000 |

(b)mat 檔內的變數。

圖 8.2 CIFAR-10 下載內容。

**Step 3. 載入 CIFAR-10 數據集**

在 data 變數內的圖片資料是將一張二維彩色圖像攤平的一維陣列，因此在訓練模型之前須將其還原成二維彩色圖像，才能夠讓卷積神經網路能夠獲得空間上的特徵。

```
X = {};%建立空細胞陣列
Y = categorical();%建立空 categorical 陣列
location = fullfile(pwd,'cifar-10-batches-mat');%CIFAR-10 的存放路徑
load(fullfile(location,'batches.meta.mat'))
fori=1:5
    s = load(fullfile(location,['data_batch_',num2str(i)]));%載入 CIFAR-10 的每個 batch
XBatch = s.data';
%將每一個一維陣列 reshape 成 RGB 的圖像，其中，[]表示新的圖像將自動沿著該維度排列
XBatch = reshape(XBatch,32,32,3,[]);
XBatch = permute(XBatch,[2 1 3 4]);%因為 reshape 後的圖像會逆時鐘旋轉 90 度，因此用以轉正圖像
X =[X; XBatch]; %將每個 batch 的資料存入 X 中
%將每個 batch 資料的標籤轉成文字並存入 Y 中
Y = [Y; categorical(s.labels,0:9,label_names)];
end
X= cat(4, X{:}); %將 X 的資料型態轉成 4D 陣列
```

檢視 CIFAR-10 的圖像內容，如圖 8.3 所示。

```
figure
idx = randperm(size(X,4),20);
```

```
im = imtile(X(:,:,:,idx),'ThumbnailSize',[96,96]);
imshow(im)
```

圖 8.3 CIFAR-10 的訓練圖像。

相同，測試資料也需要從一維陣列轉成二維圖像。

```
location = fullfile(pwd,'cifar-10-batches-mat');%CIFAR-10 的存放路徑
load(fullfile(location,'batches.meta.mat'))
s = load(fullfile(location,'test_batch.mat'));
XBatch = s.data';
XBatch = reshape(XBatch,32,32,3,[]);
XBatch = permute(XBatch,[2 1 3 4]);
XTest=XBatch;
YTest= categorical(s.labels,0:9,label_names);
```

**Step 4. 應用資料擴增技術**

接下來，透過 augmentedImageDatastore 函式增加訓練資料量以提高模型的穩健性，並且取出訓練資料的 10%當作訓練過程中的驗證資料。

```
[train,validation] = crossvalind('HoldOut',50000,0.1);%取出 10%的訓練資料當作訓練過程中的驗證資料

XTrain = X(:,:,:,train);

YTrain = Y(train);

XValidation = X(:,:,:,validation);

YValidation = Y(validation);


summary(YTrain) %檢視訓練資料的各類別數量

summary(YValidation) %檢視驗證資料的各類別數量


pixelRange = [-4 4];

imageAugmenter = imageDataAugmenter( ...

'RandXReflection',true,...

    'RandXTranslation',[-4 4],...

    'RandYTranslation',[-4 4]);

augimds = augmentedImageDatastore([32 32 3],

XTrain,YTrain,'DataAugmentation',imageAugmenter);
```

**Step 5. 建立卷積神經網路**

這裡要開始建構一個卷積神經網路，在此將透過 Deep Network Designer 建構一個三層的卷積神經網路爲例。首先在 Command Window 中輸入底下指令以開啓 Deep Network Designer。

```
deepNetworkDesigner
```

接著選擇 Blank Network 以建立卷積神經網路，然後從左側的 layer library 拖曳出 imageInputLayer、三個 convolution2dLayer、三個 batchNormalizationLayer、三個 reluLayer、二個 maxPooling2dLayer、fullyConnectedLayer、softmaxLayer 及 classificationLayer，最後按照圖 8.4 方式將其進行連接。補充說明，Deep Network Designer 也可使用 Ctrl+C 和 Ctrl+V 來複製與貼上 Layer。

imageInputLayer 的 InputSize 設置為 32, 32, 3 以符合輸入圖像大小；convolution2dLayer 的 NumFilters 依序設定為 8、16 及 32 以萃取更深層的特徵；maxPooling2dLayer 的 PoolSize 及 Stride 皆設為 2；fullyConnectedLayer 的 OutputSize 設置為 10 以符合分類類別數，其網路分析結果如圖 8.5 所示。

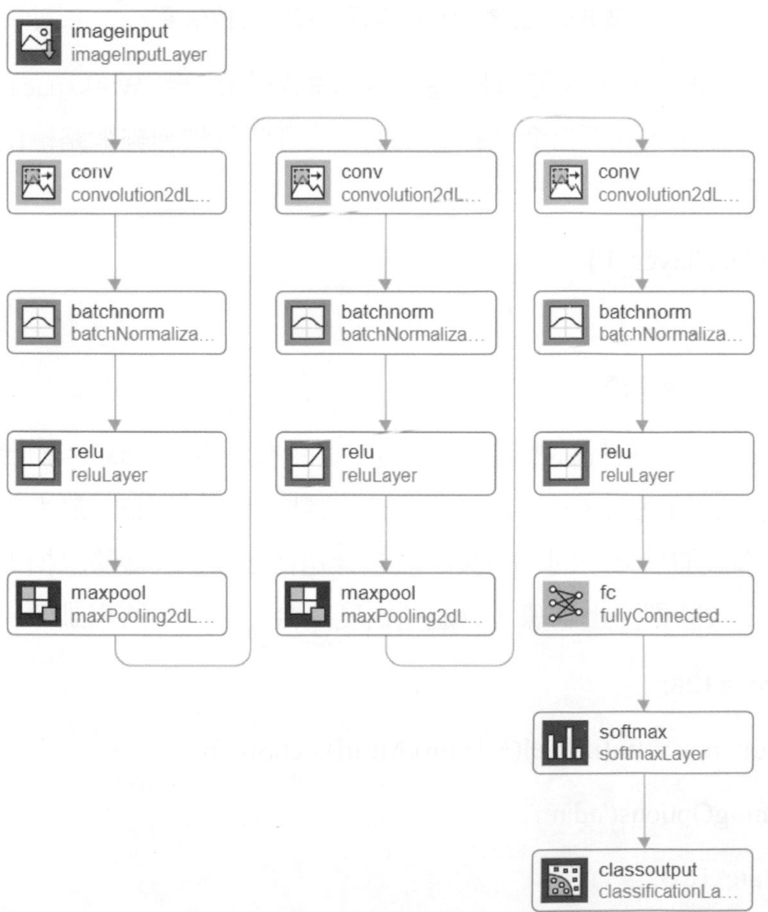


圖 8.4 三層的卷積神經網路連接方式。

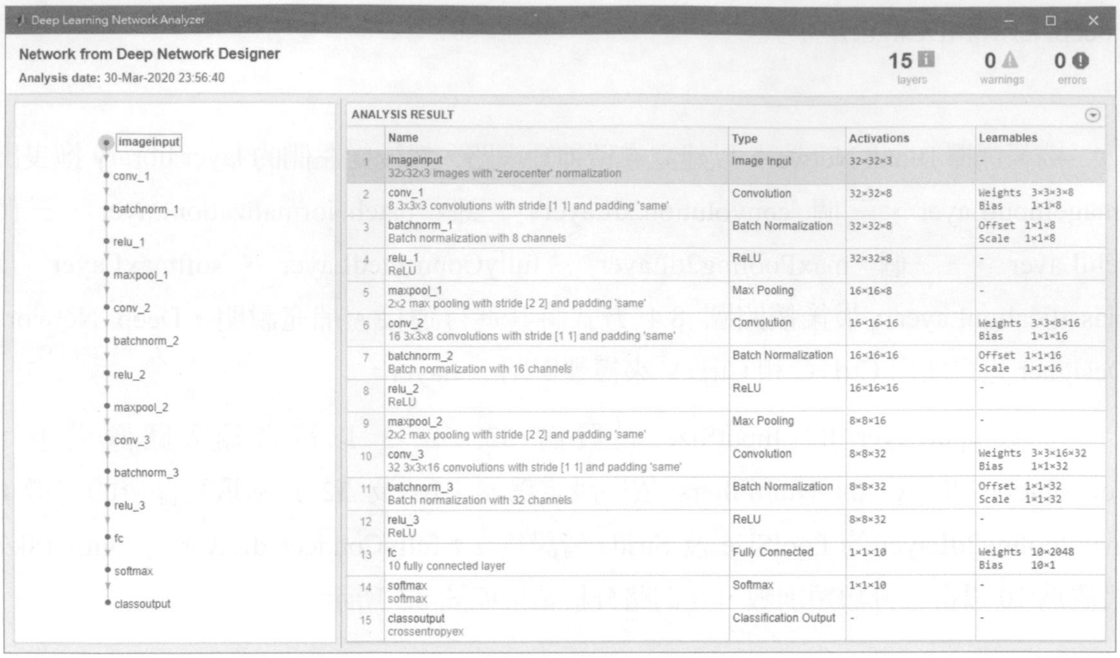

Deep Learning Network Analyzer

**Network from Deep Network Designer**

**Analysis date:** 30-Mar-2020 23:56:40

15 layers　0 warnings　0 errors

imageinput
conv_1
batchnorm_1
relu_1
maxpool_1
conv_2
batchnorm_2
relu_2
maxpool_2
conv_3
batchnorm_3
relu_3
fc
softmax
classoutput

ANALYSIS RESULT

| | Name | Type | Activations | Learnables |
|---|---|---|---|---|
| 1 | imageinput<br>32x32x3 images with 'zerocenter' normalization | Image Input | 32×32×3 | - |
| 2 | conv_1<br>8 3x3x3 convolutions with stride [1 1] and padding 'same' | Convolution | 32×32×8 | Weights 3×3×3×8<br>Bias 1×1×8 |
| 3 | batchnorm_1<br>Batch normalization with 8 channels | Batch Normalization | 32×32×8 | Offset 1×1×8<br>Scale 1×1×8 |
| 4 | relu_1<br>ReLU | ReLU | 32×32×8 | - |
| 5 | maxpool_1<br>2x2 max pooling with stride [2 2] and padding 'same' | Max Pooling | 16×16×8 | - |
| 6 | conv_2<br>16 3x3x8 convolutions with stride [1 1] and padding 'same' | Convolution | 16×16×16 | Weights 3×3×8×16<br>Bias 1×1×16 |
| 7 | batchnorm_2<br>Batch normalization with 16 channels | Batch Normalization | 16×16×16 | Offset 1×1×16<br>Scale 1×1×16 |
| 8 | relu_2<br>ReLU | ReLU | 16×16×16 | - |
| 9 | maxpool_2<br>2x2 max pooling with stride [2 2] and padding 'same' | Max Pooling | 8×8×16 | - |
| 10 | conv_3<br>32 3x3x16 convolutions with stride [1 1] and padding 'same' | Convolution | 8×8×32 | Weights 3×3×16×32<br>Bias 1×1×32 |
| 11 | batchnorm_3<br>Batch normalization with 32 channels | Batch Normalization | 8×8×32 | Offset 1×1×32<br>Scale 1×1×32 |
| 12 | relu_3<br>ReLU | ReLU | 8×8×32 | - |
| 13 | fc<br>10 fully connected layer | Fully Connected | 1×1×10 | Weights 10×2048<br>Bias 10×1 |
| 14 | softmax<br>softmax | Softmax | 1×1×10 | - |
| 15 | classoutput<br>crossentropyex | Classification Output | - | - |

圖 8.5　三層的卷積神經網路的分析結果。

確認分析結果無誤之後，就可以將卷積神經網路輸出至 Workspace，此外亦可在 Command Window 輸入底下指令儲存此模型，或者將卷積神經網路輸出成程式碼加以儲存，以便於下次利用。

```
save('CNNmodel', 'layer_1')
```

**Step 6. 設定訓練選項**

接下來設置訓練卷積神經網路的訓練選項，優化器選擇 adam；初始學習率設置爲 0.001；批次大小設置爲 128，讀者們可根據硬體規格加以調整；最大訓練回合數設置爲 10；驗證頻率設置爲每一回合最後一次訓練迭代之後，且當驗證損失值大於先前最小驗證損失值 3 次時則停止訓練，以避免過度擬合，並提早結束訓練。

```
MiniBatchSize = 128;
ValidationFrequency = fix(numel(YTrain)/MiniBatchSize);
options = trainingOptions('adam', ...
'InitialLearnRate',1e-3,...
```

```
'MiniBatchSize',MiniBatchSize,...
'MaxEpochs',10, ...
'ValidationData',{XValidation,YValidation}, ...
'ValidationFrequency',ValidationFrequency, ...
'ValidationPatience',3,...
'Verbose',true, ...
'Plots','training-progress');
```

**Step 7. 訓練網路**

開始訓練網路，此過程會花點時間，訓練過程如圖 8.6 所示。從訓練過程可以看到右邊的 Validation accuracy，也就是驗證集的準確度已經來到 68.32%，代表說 5000 張驗證集裡面，總共有 3193 張被判斷出來是正確的。

```
[net,info] = trainNetwork(augimds,layers_1,options);
```

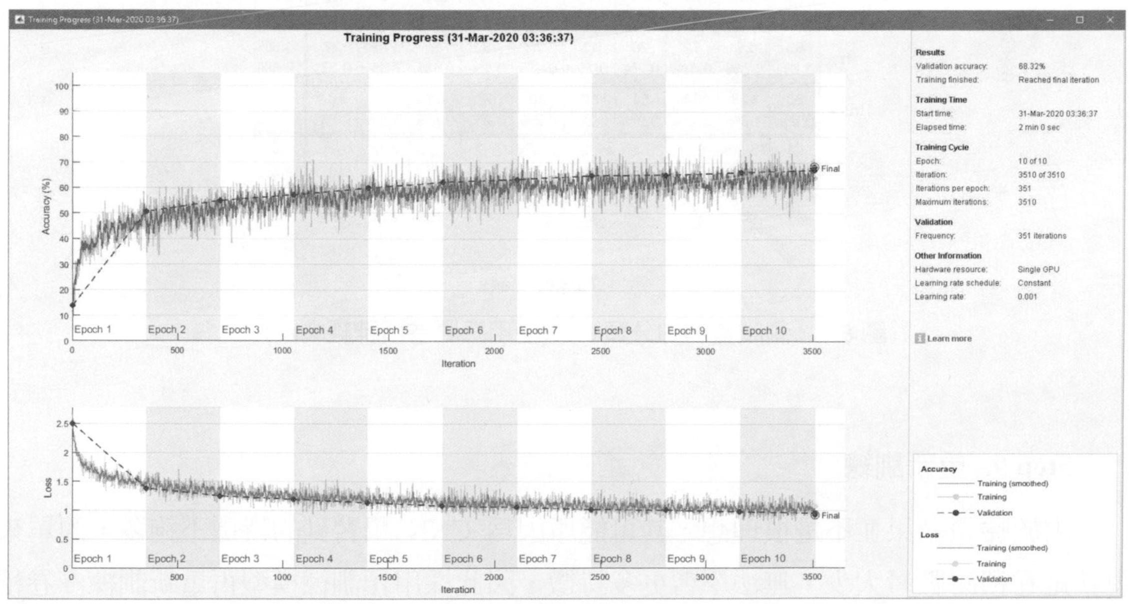


圖 8.6 三層卷積神經網路的訓練過程。

### Step 8. 評估網路分類性能

透過 classify 函式對測試資料(XTest)加以分類其結果，並藉由混淆矩陣呈現網路分類性能，其混淆矩陣如圖 8.7 所示。從混淆矩陣可看出 cat 的分類結果，其靈敏度最差且容易被誤判成 dog，而 dog 恰巧相反，容易被誤判成 cat。

```
[net_YPred, scores] = classify(net,XTest);
plotconfusion(YTest,net_YPred)
```

**Confusion Matrix**

| Output Class \ Target Class | airplane | automobile | bird | cat | deer | dog | frog | horse | ship | truck | |
|---|---|---|---|---|---|---|---|---|---|---|---|
| airplane | 731<br>7.3% | 26<br>0.3% | 81<br>0.8% | 24<br>0.2% | 26<br>0.3% | 17<br>0.2% | 8<br>0.1% | 15<br>0.1% | 105<br>1.1% | 39<br>0.4% | 68.2%<br>31.8% |
| automobile | 28<br>0.3% | 788<br>7.9% | 9<br>0.1% | 14<br>0.1% | 7<br>0.1% | 5<br>0.1% | 9<br>0.1% | 4<br>0.0% | 45<br>0.4% | 98<br>1.0% | 78.3%<br>21.7% |
| bird | 55<br>0.5% | 4<br>0.0% | 550<br>5.5% | 77<br>0.8% | 109<br>1.1% | 74<br>0.7% | 48<br>0.5% | 43<br>0.4% | 14<br>0.1% | 5<br>0.1% | 56.2%<br>43.8% |
| cat | 16<br>0.2% | 7<br>0.1% | 39<br>0.4% | 384<br>3.8% | 38<br>0.4% | 119<br>1.2% | 44<br>0.4% | 28<br>0.3% | 17<br>0.2% | 13<br>0.1% | 54.5%<br>45.5% |
| deer | 12<br>0.1% | 1<br>0.0% | 52<br>0.5% | 43<br>0.4% | 482<br>4.8% | 34<br>0.3% | 14<br>0.1% | 25<br>0.3% | 3<br>0.0% | 2<br>0.0% | 72.2%<br>27.8% |
| dog | 6<br>0.1% | 5<br>0.1% | 68<br>0.7% | 203<br>2.0% | 44<br>0.4% | 592<br>5.9% | 29<br>0.3% | 49<br>0.5% | 4<br>0.0% | 5<br>0.1% | 58.9%<br>41.1% |
| frog | 11<br>0.1% | 5<br>0.1% | 94<br>0.9% | 120<br>1.2% | 138<br>1.4% | 45<br>0.4% | 806<br>8.1% | 16<br>0.2% | 3<br>0.0% | 8<br>0.1% | 64.7%<br>35.3% |
| horse | 15<br>0.1% | 10<br>0.1% | 71<br>0.7% | 64<br>0.6% | 124<br>1.2% | 87<br>0.9% | 17<br>0.2% | 773<br>7.7% | 7<br>0.1% | 19<br>0.2% | 65.1%<br>34.9% |
| ship | 63<br>0.6% | 26<br>0.3% | 12<br>0.1% | 20<br>0.2% | 13<br>0.1% | 7<br>0.1% | 8<br>0.1% | 6<br>0.1% | 749<br>7.5% | 27<br>0.3% | 80.5%<br>19.5% |
| truck | 63<br>0.6% | 128<br>1.3% | 24<br>0.2% | 51<br>0.5% | 19<br>0.2% | 20<br>0.2% | 17<br>0.2% | 41<br>0.4% | 53<br>0.5% | 784<br>7.8% | 65.3%<br>34.7% |
| | 73.1%<br>26.9% | 78.8%<br>21.2% | 55.0%<br>45.0% | 38.4%<br>61.6% | 48.2%<br>51.8% | 59.2%<br>40.8% | 80.6%<br>19.4% | 77.3%<br>22.7% | 74.9%<br>25.1% | 78.4%<br>21.6% | **66.4%**<br>**33.6%** |

圖 8.7　測試資料的分類結果(使用三層卷積神經網路)。

### Step 9. 重新訓練

由於驗證結果並不是很理想，其可能原因為 CNN 學習到的特徵不夠多，簡單來說就是卷積層數量太少，無法學習更多特徵，因此採用預訓練模型再重新訓練一卷積網路模型。首先在 Command Window 中輸入底下指令開啟 Deep Network Designer。

```
deepNetworkDesigner
```

接著選擇 ResNet-18(預訓練模型可根據讀者的硬體規格進行選擇)，然後先移除掉 imageInputLayer、fullyConnectedLayer 及 classificationLayer，在拖曳出新的相對應網路層加以代替並修改其網路層的超參數。imageInputLayer 的 InputSize 設置爲 32, 32, 3；fullyConnectedLayer 的 OutputSize 設置爲 10。最後將修改完的 ResNet-18 輸出至 Workspace，其變數名稱爲 lgraph_1。接著在 Command Window 中輸入底下指令開始訓練 ResNet-18，其訓練過程如圖 8.8 所示，可以看出驗證資料的準確率(81.34%)高於三層卷積網路架構。

```
[ResNet_18,info] = trainNetwork(augimds,lgraph_1,options);
```

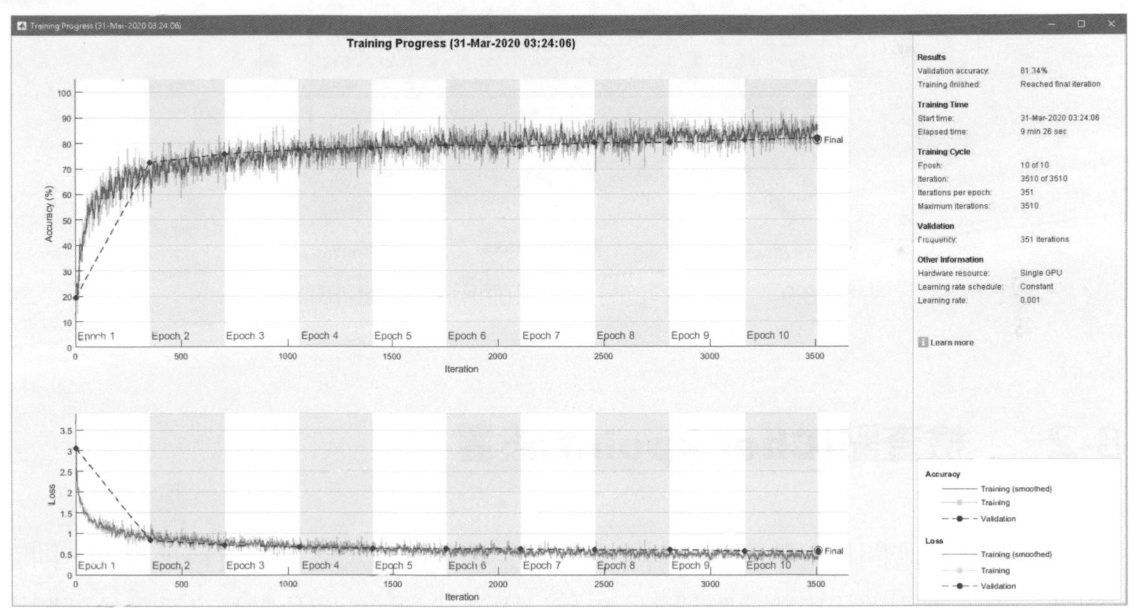


圖 8.8 ResNet-18 的訓練過程。

最後透過 classify 函式對測試資料(XTest)加以分類其結果，並藉由混淆矩陣呈現 ResNet-18 的分類性能，其混淆矩陣如圖 8.9 所示，可以看出各個類別的靈敏度都有獲得大幅改善。最後透過 save 函式將所有結果儲存成一 mat 檔。

```
[ResNet_18_YPred, scores] = classify(ResNet_18,XTest);
```

```
plotconfusion(YTest,ResNet_18_YPred)
save CIFAR_10_result
```

**Confusion Matrix**

| Output Class \ Target Class | airplane | automobile | bird | cat | deer | dog | frog | horse | ship | truck | |
|---|---|---|---|---|---|---|---|---|---|---|---|
| airplane | 863<br>8.6% | 5<br>0.1% | 34<br>0.3% | 29<br>0.3% | 13<br>0.1% | 9<br>0.1% | 7<br>0.1% | 16<br>0.2% | 57<br>0.6% | 21<br>0.2% | 81.9%<br>18.1% |
| automobile | 27<br>0.3% | 911<br>9.1% | 4<br>0.0% | 5<br>0.1% | 1<br>0.0% | 4<br>0.0% | 7<br>0.1% | 3<br>0.0% | 30<br>0.3% | 55<br>0.5% | 87.0%<br>13.0% |
| bird | 37<br>0.4% | 2<br>0.0% | 789<br>7.9% | 42<br>0.4% | 59<br>0.6% | 33<br>0.3% | 21<br>0.2% | 19<br>0.2% | 10<br>0.1% | 5<br>0.1% | 77.6%<br>22.4% |
| cat | 11<br>0.1% | 5<br>0.1% | 38<br>0.4% | 607<br>6.1% | 23<br>0.2% | 126<br>1.3% | 31<br>0.3% | 26<br>0.3% | 1<br>0.0% | 4<br>0.0% | 69.6%<br>30.4% |
| deer | 9<br>0.1% | 0<br>0.0% | 28<br>0.3% | 51<br>0.5% | 800<br>8.0% | 29<br>0.3% | 6<br>0.1% | 24<br>0.2% | 3<br>0.0% | 1<br>0.0% | 84.1%<br>15.9% |
| dog | 2<br>0.0% | 0<br>0.0% | 28<br>0.3% | 124<br>1.2% | 13<br>0.1% | 728<br>7.3% | 12<br>0.1% | 22<br>0.2% | 1<br>0.0% | 1<br>0.0% | 78.2%<br>21.8% |
| frog | 1<br>0.0% | 3<br>0.0% | 62<br>0.6% | 66<br>0.7% | 44<br>0.4% | 19<br>0.2% | 909<br>9.1% | 5<br>0.1% | 4<br>0.0% | 2<br>0.0% | 81.5%<br>18.5% |
| horse | 2<br>0.0% | 0<br>0.0% | 10<br>0.1% | 37<br>0.4% | 39<br>0.4% | 35<br>0.4% | 2<br>0.0% | 868<br>8.7% | 0<br>0.0% | 3<br>0.0% | 87.1%<br>12.9% |
| ship | 23<br>0.2% | 6<br>0.1% | 0<br>0.0% | 11<br>0.1% | 5<br>0.1% | 3<br>0.0% | 4<br>0.0% | 1<br>0.0% | 873<br>8.7% | 16<br>0.2% | 92.7%<br>7.3% |
| truck | 25<br>0.3% | 68<br>0.7% | 7<br>0.1% | 28<br>0.3% | 3<br>0.0% | 14<br>0.1% | 1<br>0.0% | 16<br>0.2% | 21<br>0.2% | 892<br>8.9% | 83.0%<br>17.0% |
| | 86.3%<br>13.7% | 91.1%<br>8.9% | 78.9%<br>21.1% | 60.7%<br>39.3% | 80.0%<br>20.0% | 72.8%<br>27.2% | 90.9%<br>9.1% | 86.8%<br>13.2% | 87.3%<br>12.7% | 89.2%<br>10.8% | 82.4%<br>17.6% |

圖 8.9　測試資料的分類結果(使用 ResNet-18)。

## 8-2　檢查點(Checkpoint)設置

模型的訓練時間長短取決於資料量、模型架構及硬體規格等，資料量越大，則完整訓練一次所需的迭代訓練次數越多，而每一次迭代訓練的圖片數量又受限於硬體規格，此外模型架構越大，模型參數量亦會跟著增加，則需要用到更多的記憶體才能進行訓練。因此當訓練資料量越大則訓練所需的時間也會跟著增加。然而在訓練過程中可能因爲意外(例如停電或當機)導致模型訓練的結果無法被保存而前功盡棄，因此在訓練過中通常會設置檢查點(checkpoint)來保存每一次完整訓練的模型訓練的結果。接下來複製 CIFAR_CNN.m 的內容至新的 .m 檔中並儲存，其檔名爲 CIFAR_CNN_withCheckpoint.m。接著稍作修改加以介紹 MATLAB 如何在訓練過程中保存模型訓練的結果，而修改的環節只有“Step 5. 設定訓練選項”，需新增'CheckpointPath'的訓練選項，不過需要注意的是指定的存放路徑是否存在。透過 trainingOptions 中的'CheckpointPath'就可將每一回合(epoch)訓練完的模型儲存於指定的路徑內。請參考光碟範例 CH8_2.mlx。

```
MiniBatchSize = 128;
ValidationFrequency = fix(numel(YTrain)/MiniBatchSize);
model_temp = fullfile(pwd,'model_temp');
if exist(model_temp,'dir')~=7%檢查存指定存放路徑是否存在，如果沒有則建立
mkdir(model_temp)
end
options = trainingOptions('adam', ...
'InitialLearnRate',1e-3,...
'MiniBatchSize',MiniBatchSize,...
'MaxEpochs',10, ...
'ValidationData',{XValidation,YValidation}, ...
'ValidationFrequency',ValidationFrequency, ...
'ValidationPatience',3,...
'Verbose',true, ...
'Plots','training-progress',...
'CheckpointPath',model_temp);
```

再來執行底下指令開始進行訓練，其訓練過程如圖 8.10 所示，可以看出驗證資料的準確率(81.34%)。本例子所使用的網路模型為 ResNet-18，修改 ResNet-18 網路架構的方式可參考 8-1 的 Step9 重新訓練。

```
[ResNet_18,info] = trainNetwork(augimds,lgraph_1,options);
```

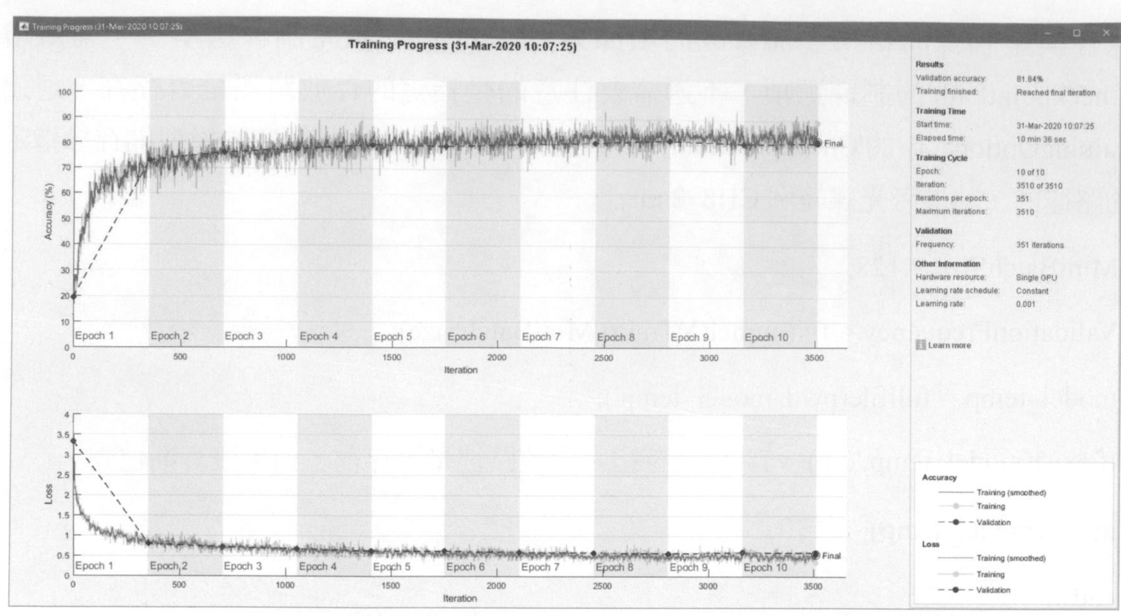


圖 8.10 訓練進度及訓練集的準確率(accuracy)與損失值(loss)曲線。

與此同時，在設置檢查點的儲存模型路徑會出現每一次完整訓練後所儲存的模型，其檔名命名方式為"net_checkpoint__第幾次迭代__西元年_月份_日期__小時_分鐘_秒.mat"。例如，net_checkpoint__351__2020_03_31__10_08_16.mat 即為在 2020 年 03 月 31 日 10:08:26 的這個時間點將經過第 351 次迭代訓練的模型儲存至檢查點指定的路徑。在本例子中，最大完整訓練次數(MaxEpochs)設為 10，因此若順利完成訓練過程，應會在檢查點指定的路徑中出現 10 個以上面描述所命名方式的.mat 檔，此外每個.mat 檔裡都包含了一個變數名稱為 net 的模型，如圖 8.11 所示。

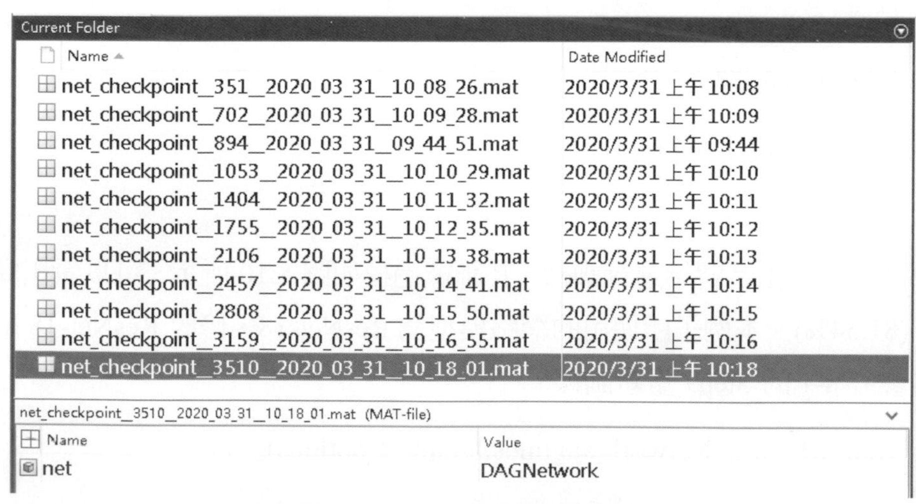


圖 8.11 檢查點儲存的模型。

接著，透過一情境來介紹如何使用檢查點所儲存的模型繼續未完成的訓練過程。Eric 在 2020 年 03 月 31 日的 10:00:00 透過 CIFAR-10 開始訓練 ResNet-18(ResNet-18 修改方式參考 8-1 Step9)，但在第 2500 次迭代時，外面電線桿突然倒掉導致停電，使得 Eric 只能等到復電時才能繼續練習，幸好，Eric 在訓練模型有設定檢查點，因此可以使用從檢查點所儲存的模型繼續訓練的過程…。首先，將載入相關的資料(參考 8-1 Step2~3)，接著透過 trainingOptions 設定訓練模型的參數並利用 load 指令將檢查點最後所儲存的模型載入到 MATLAB，最後執行 trainNetwork 指令使模型從先前經過 2457 次的迭代訓練的模型繼續未完成的訓練過程，如圖 8.12 所示，與圖 8.10 相比，可以發現訓練的準確率是從 80%左右開始上升，而非從 0 開始。

```
MiniBatchSize = 128;
ValidationFrequency = fix(numel(YTrain)/MiniBatchSize);
model_temp = fullfile(pwd,'model_temp');
options = trainingOptions('adam', ...
'InitialLearnRate',1e-3,...
'MiniBatchSize',MiniBatchSize,...
'MaxEpochs',1, ...
'ValidationData',{XValidation,YValidation}, ...
'ValidationFrequency',ValidationFrequency, ...
'ValidationPatience',3,...
'Verbose',true, ...
'Plots','training-progress',...
'CheckpointPath',model_temp);

load('.\model_temp\net_checkpoint__2457__2020_03_31__10_14_41.mat')
lgraph = layerGraph(net);
```

```
[ResNet_18,info] = trainNetwork(augimds,lgraph,options);
```

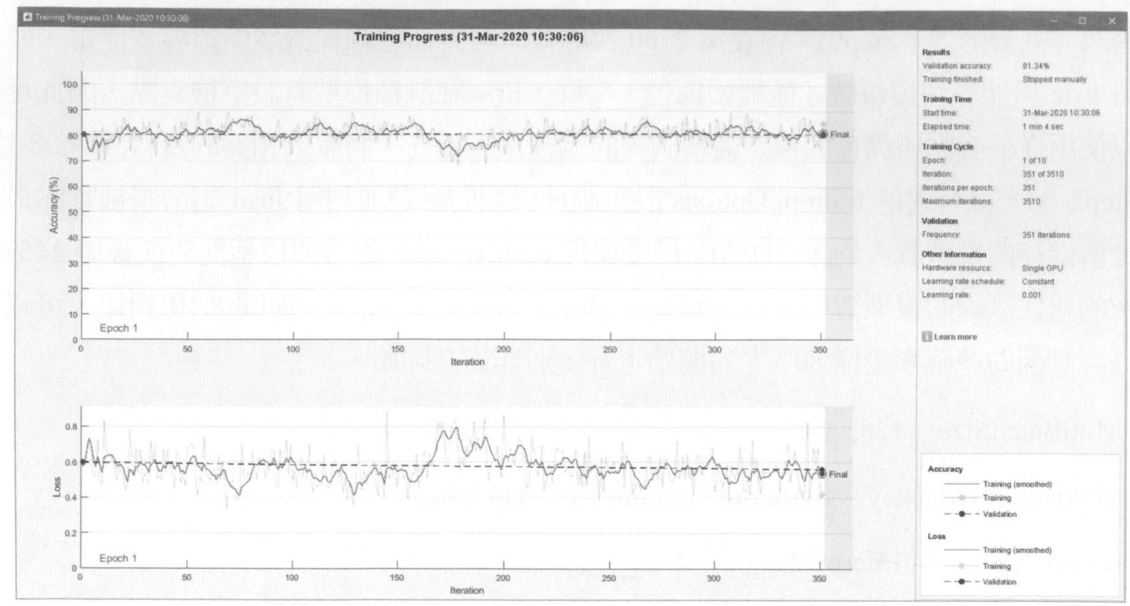


圖 8.12　從檢查點儲存的模型接續訓練。

## 8-3 深度學習應用於網路攝影機影像分類

在訓練完成模型後，我們通常最想要的就是測試我們訓練的模型是否能實際應用，所以這一小節我們會教學如何將我們的模型應用在即時的攝影機上面。使用的攝影機不管是筆電的前置鏡頭或是額外插入的網路攝影機都可以，但是必須先到 Add-Ons 先安裝相關的套件：MATLAB Support Package for USB Webcams，如圖 8.13 所示，其安裝方法可參考第一章內容。請參考光碟範例 CH8_3.mlx。

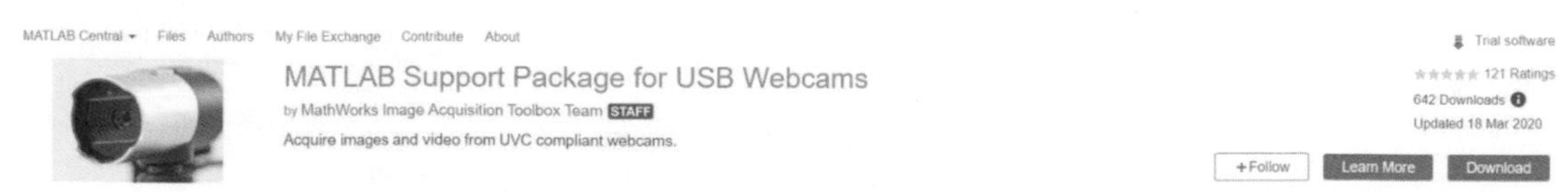


圖 8.13　MATLAB Support Package for USB Webcams。

**Step 1. 開啓 Matlab 並開啓新專案**

在 Editor 裡面按下＋或是按下 Ctrl+N，以建立新的專案，再按下 Ctrl+S 將檔案存檔，記得檔案格式爲.m 檔，此檔案名稱命名爲：CIFAR_CNN_Demo.m。請將該檔案儲存至與 8-1 所儲存的 CIFAR_10_result.mat 相同的路徑下。

**Step 2. 打開網路攝影機**

第一步，我們要先用程式打開我們的攝影機，那 webcam 在 MATLAB 中就是讀取網路攝影機的方式，所以我們先用 camera 這個變數去讀取網路攝影機。

```
camera = webcam;
```

**Step 3. 輸入訓練好的模型**

接下來要將 8-1 所訓練好的 ResNet-18 模型載入至 MATLAB，使用 load 函式讀取模型，由於模型儲存的位置跟此程式的路徑相同，所以可以直接打檔名即可輸入 mat 檔，如果路徑不相同就必須要打絕對路徑。此外將 ResNet-18 模型的輸入大小及分類項目分別利用一變數加以儲存，這些變數將在下一步驟使用。

```
load('CIFAR_10_result.mat','ResNet_18')
intputsize = ResNet_18.Layers(1).InputSize(1:2);
classes = ResNet_18.Layers(end).Classes;
```

**Step 4. 辨識即時影像**

透過 while 迴圈，讓程式能無限地擷取圖片，由於影片是由一個 frame 與一個 frame 所組成，程式當中的 snapshot 是拍一張圖片，不過 while 迴圈讓它不停地拍，然後不停地顯示，就能出現影片的感覺。接下來，將拍出來的圖片透過 resize 函式重新調整圖片大小至 32×32×3，因爲我們訓練的 ResNet-18 模型的輸入圖像大小爲 32×32×3，所以只要使用這個模型的時候，就要將圖片轉成 32×32×3 的大小，然後透過 classify 函式對拍出來的圖像進行分類。最後將結果顯示在畫面上，就能完成一個簡易的即時影像分類的程式了。

```
figure('position',[440 362 1029 377]) %設置即時分類的影像顯示大小
while true
pic = camera.snapshot; %擷取 camera 畫面
pic = imresize(pic,[32 32]); %重新調整大小
[YPred, score] = classify(ResNet_18,pic);
subplot(1,2,1)
image(pic)
title(char(YPred))
subplot(1,2,2)
[Top5, idx ]= maxk(score,5);%計算前五個分類項目的機率
barh(classes(idx),Top5) %顯示前五個分類項目的機率
xlim([0 1])
title('Top 5')
drawnow
end
```

圖 8.14 及圖 8.15 就是擷取即時影像時的結果，圖中的 Top5 表示為模型前預測的前五項為哪幾類，Top 5 是 ImageNet 圖像競賽的評分準則。訓練的類別包含：飛機、汽車、鳥、貓、鹿、狗、青蛙、馬、船及卡車，而 ResNet-18 模型會透過許多的卷積運算來加以評估輸入圖像會傾向於哪一類，因此也會有錯誤判斷的時候，如圖 8.16 所示，輸入圖像為狗，但 ResNet-18 模型卻將其分類為貓。那也可以請各位可以訓練屬於自己的模型，然後在用一個即時影像來檢測看看自己訓練出來的模型是否真的很穩定。

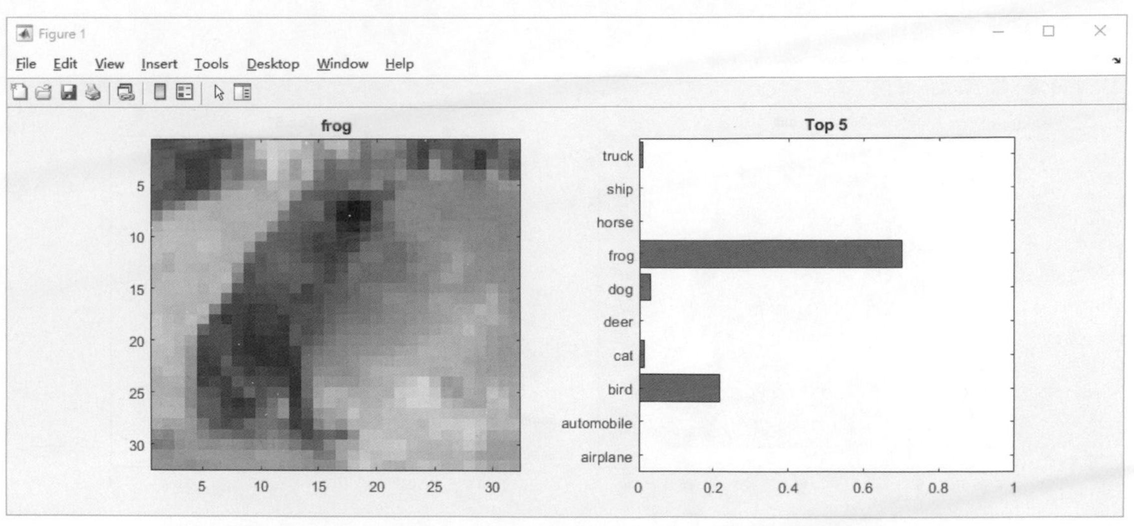


圖 8.14 即時影像偵測為 frog。

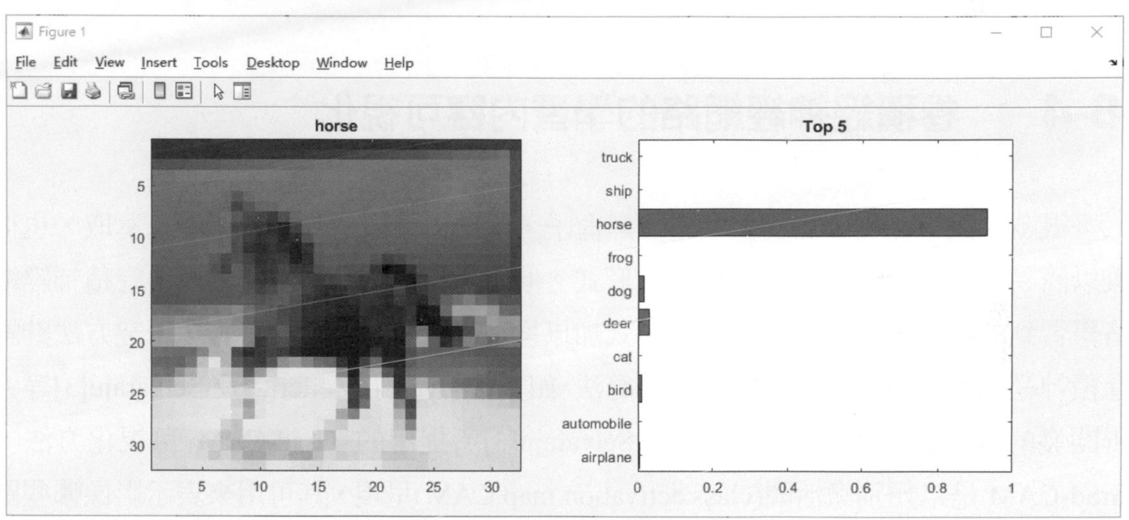


圖 8.15 即時影像偵測為 horse。

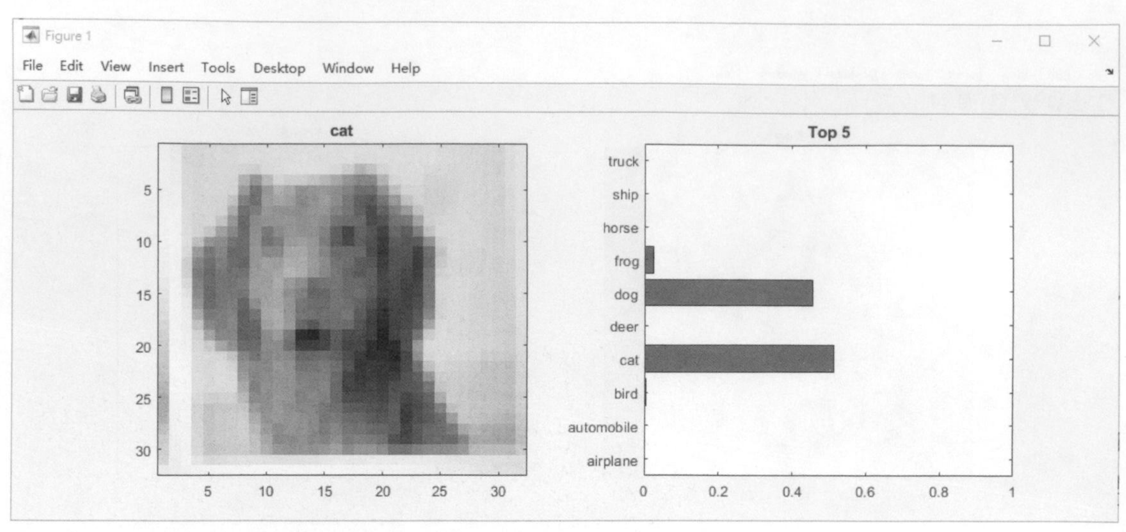


圖 8.16 即時影像偵測為 cat (實際為狗)。

## 8-4 卷積經神經網路的學習內容可視化

很多人說，深度學習的模型是個黑盒子，由於模型所學習的特徵難以萃取，也很難以簡易的圖表加以呈現常人可讀的形式。但是卷積神經網路並非如此，卷積神經網路學習到的特徵非常適合以圖像的形式加以呈現，自 2013 年已有許多研究方法針對卷積神經網路的可視化加以開發其演算法，如 Simonyan[1],Zeiler[2]及 Selvaraju[3]等人所開發的演算法。本節例子將介紹 Selvaraju[3]所提出的 Grad-CAM 可視化方法，Grad-CAM 是以類別激活圖(class activation map,CAM)呈現，其可用來表示影像哪些區域被用來辨識爲哪一種類別。activation 在本文中被翻譯成激活，是因爲 CAM 的呈現方式跟強度有關，因此翻譯成激活比較貼切，CAM 是一張熱圖(heat map)，其針對影像的每個區域去計算其對於這項類別貢獻度爲多少。請參考光碟範例 CH8_4.mlx。

首先載入 GoogLeNet 並讀取其的輸入大小，本例子將以此網路模型進行練習。

```
net = googlenet;

inputSize = net.Layers(1).InputSize(1:2);
```

載入本例子所使用的圖像，並重新調整其圖像尺寸以符合輸入大小。

```
img = imread("sherlock.jpg");
img = imresize(img,inputSize);
```

透過 GoogLeNet 對此圖像進行分類，並顯示其分類結果，如圖 8.17 所示，GoogLeNet 正確地將輸入圖像分類為 dog 且信心分數為 0.99。但是，為什麼？是圖像裡哪一區域來讓 GoogLeNet 決定其分類結果？

```
[classfn,score] = classify(net,img);
imshow(img);
title(sprintf("%s (%.2f)", classfn, score(classfn)));
```

圖 8.17 使用圖像的分類結果。

接下來將使用 Grad-CAM 加以表示 GoogLeNet 的分類準則，Grad-CAM 的概念：透過倒傳遞演算法求得在最後一層卷積層內每一張特徵圖的梯度，梯度越大的特徵圖則與最終分類結果越相關。MATLAB 有提供一副函式"gradcam.m"幫助使用者運用 Grad-CAM，其內容如下，請將此副函式儲存於當前的 MATLAB 路徑或放置在主程式最底端。

```
function [featureMap,dScoresdMap] = gradcam(dlnet, dlImg, softmaxName,
featureLayerName, classfn)
[scores,featureMap] = predict(dlnet, dlImg, 'Outputs', {softmaxName,
featureLayerName});
classScore = scores(classfn);
dScoresdMap = dlgradient(classScore,featureMap);
end
```

副函式“gradcam.m”共有 3 行指令，第一行指令是用來獲得模型預測給定輸入圖像的信心分數及模型裡最後一層卷積層的特徵圖；第二行指令是根據信心分數決定其分類類別；第三行指令是用來計算與模型的最後一層卷積層有關的最終分類分數的梯度。此外，該副函式內使用的指令推出於 2019 年，其支援的資料型態爲 dlnetwork，透過 dlnetwork 格式可以自行定義深度學習網路的訓練過程，包含網路架構、優化方式及損失函數等等，適合具有一定基礎能力的使用者。爲了能夠使用副函式“gradcam.m”，因此先將 GoogLeNet 轉爲 dlnetwork 資料型態。

```
lgraph = layerGraph(net);
% layer graph 必須不包含任何 output layer，因此將最後一層移除
lgraph = removeLayers(lgraph, lgraph.Layers(end).Name);
dlnet = dlnetwork(lgraph);
```

選定模型最後一層卷積層及 softmax 層，以透過副函式“gradcam.m”計算指定分類類別的信心分數、最後一層卷積層所輸出的每一張特徵圖及其梯度。GoogLeNet 的最後一層卷積層名稱爲 inception_5b-output；softmax 層名稱爲 prob，讀者可藉由 analyzeNetwork 指令得知網路模型的每一層資訊，包含網路層的名稱。

```
convLayerName = 'inception_5b-output';
softmaxName = 'prob';
```

除了模型要轉爲 dlnetwork 格式，還要將圖像轉爲 dlarray。

```
dlImg = dlarray(single(img),'SSC');
```

透過 dlfeval 去調用副函式“gradcam.m”以計算最終分類分數的梯度及最後一層卷積層所輸出的特徵圖及其梯度。

```
[convMap, dScoresdMap] = dlfeval(@gradcam, dlnet, dlImg, softmaxName,
convLayerName, classfn);
```

將最後一層卷積層所輸出的特徵圖(convMap)與最終分類分數的梯度(dScoresdMap)相乘，以分配每一張特徵圖對於這一分類結果的重要程度。簡單來講，將梯度值視爲權重進行加權，以凸顯出每張特徵圖對於這一分類結果的重要程度。最後，將所有特徵圖相加以獲得一熱圖來表示類別激活的強度，考量到可視化的成效，將熱圖進行正規化。

```
gradcamMap = sum(convMap .* sum(dScoresdMap, [1 2]), 3);
gradcamMap = extractdata(gradcamMap);
gradcamMap = rescale(gradcamMap);
gradcamMap = imresize(gradcamMap, inputSize, 'Method', 'bicubic');
```

最後將熱圖與輸入圖像疊加在一起，其結果如圖 8.18 所示。可以看出 GoogLeNet 是根據圖像中屬於狗的區域加以辨識輸入圖像爲哪一種類別。

```
img = imresize(img,[256 256]);
gradcamMap = imresize(gradcamMap ,[256 256]);
imshow(img);
hold on;
imagesc(gradcamMap,'AlphaData',0.5);
colormap jet
hold off;
```

圖 8.18 Grad-CAM 實驗結果。(見彩色圖)

## 8-5 深度學習應用於物件偵測

物件偵測的技術逐漸廣盛，甚至大家逐漸使用物件偵測而不太繼續使用圖像分類。最大的兩個重點就是物件偵測能去偵測每個物件的位置，而且最重要的，物件偵測是能在一張圖片中找尋許多物件的方式。而圖像分類說實在的，就是應用在物件偵測框出物件框以後去進行圖像分類而已，可以說物件偵測是比圖像分類再更高階的技術。

說到深度學習應用於物件偵測，就要提出三個最有名的方法。R-CNN、Fast R-CNN 及 Faster R-CNN。這三種方法是進階再更進階的版本，這三個最大的共通點就是在訓練的過程中會生成許多的候選區域(region of interest, RoI)，RoI 是訓練模型時，模型去生成出來認爲是物件的框框，而再藉由這些生成出來的框框丟入 CNN 裡面進行辨識，再將框框的結果輸出出來。我們會在本節解釋這三者之間的相同性以及差異性。

圖 8.19 爲 R-CNN 的架構，R-CNN 是最早被提出來的概念，它是使用 Selective Search 的方式去進行掃描圖片的動作，然後預先篩選出 2000 個可能的候選區域(RoI)，再將這 2000 個候選區域輸入到 CNN 去個別進行分類，然後再使用支持向量機分類前景以及背景，最後再用一個線性回歸模型來校正 bounding box 的位置。R-CNN 最大的缺點就是每一次都必須產生大量的 RoI，且每一個 RoI 都必須被餵到 CNN 擷取其特徵，因此一張圖平均要執行 2000 多次的特徵擷取，這是非常耗時的事情，此外 R-CNN 的模型是分成三個部分，第一：試提取特徵的 CNN；第二：分類前景與背景的 SVM；第三：優化 bounding box 的線性回歸。這導致 R-CNN 的訓練時間非常冗長，也無法即時的偵測影像。

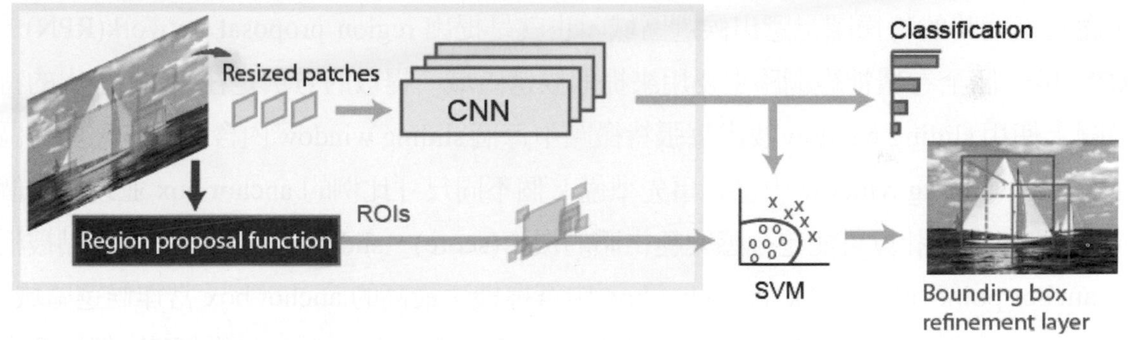


圖 8.19 R-CNN 架構。

圖 8.20 爲 Fast R-CNN 的架構，Fast R-CNN 的想法很簡單，在 R-CNN 中，2000 多個候選區域都要個別去運算 CNN，但是這些區域很多都是重疊在一起。所以 Fast R-CNN 的原則就是全部只算一次 CNN 就好，CNN 擷取出來的特徵就可以讓這 2000 多個候選區域共同使用，而不用每一次的卷積過程都分開。在這裡，Fast R-CNN 就提出 region of interest pooling (RoIPooling)，這方法可以使 Fast R-CNN 的分類網路能輸入任意大小的圖片。Fast R-CNN 需要花一樣的時間去預先篩選出候選區域，但是它最大的優化就是它只做一次 CNN。在跑完 Convolution layers 的最後一層時，會得到一個 H×W 的特徵圖(feature map)，同時也要將候選區域對應到 H×W 的特徵圖上，然後在特徵圖上取各自候選區域的最大持化(MaxPooling)，每個候選區域會得到一個相同大小的矩陣。最後再連接到全連接層上面，然後使用 softmax 去進行分類，並且使用線性回歸去進行 bounding box 的篩選。

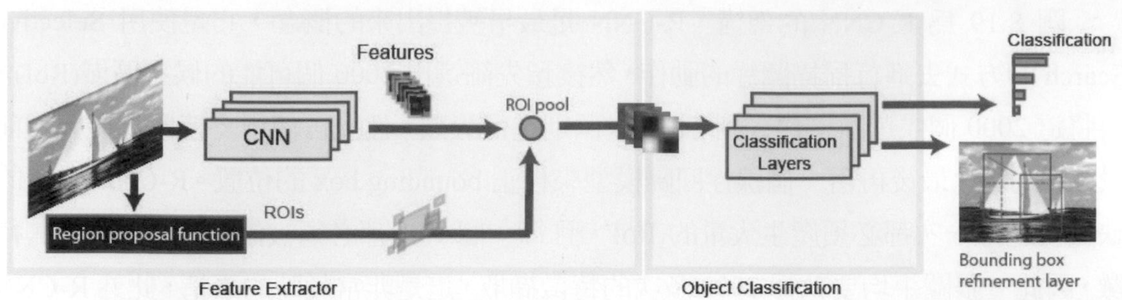


圖 8.20 Fast R-CNN 架構。

圖 8.21 爲 Faster R-CNN 的架構物件偵測。Faster R-CNN 檢測速度相比 Fast R-CNN 已經得到了大幅的提升，最大的改進就是從 Selective Search 提取候選區域的動作改變成從卷積網路的特徵圖上選出候選區域，也就是提出 region proposal network(RPN)。RPN 是一個全卷積神經網路主要用來提取候選區域，提取的方法是在 RPN 輸出的特徵圖上使用 sliding window 找出每張特徵圖中每個 sliding window 內含有最多感興趣區域的框框。sliding window 中已有事先準備 k 個不同尺寸比例的 anchor box 並以同一個 anchor point 去計算可能包含感興趣物體的機率(score)，sliding window 的中心點被稱作 anchor point，最後，從 k 個 anchor box 中選擇機率最高的 anchor box 當作候選區域。透過 RPN 可得到一些最有可能的候選區域，雖然這些候選區域不見得精確，但是透過 RoIPooling，一樣可以很快的對每個候選區域分類，並找到最精確的物件框座標。圖 8.21 爲 Faster R-CNN 簡易的基本架構，我們可以看到一開始輸入的圖像先去做特徵提取，接下來會有 RPN 來偵測每一個物件的位置，最後分類器就是由 RPN 與卷積後的結果來確定物件的位置和類別。而效率上面，也從原先的 R-CNN 需要找出約 2000 個 RoI，到 Faster R-CNN 只需找出約 300 個 RoI 就好，這也可以讓訓練以及檢測的速度提升更多。

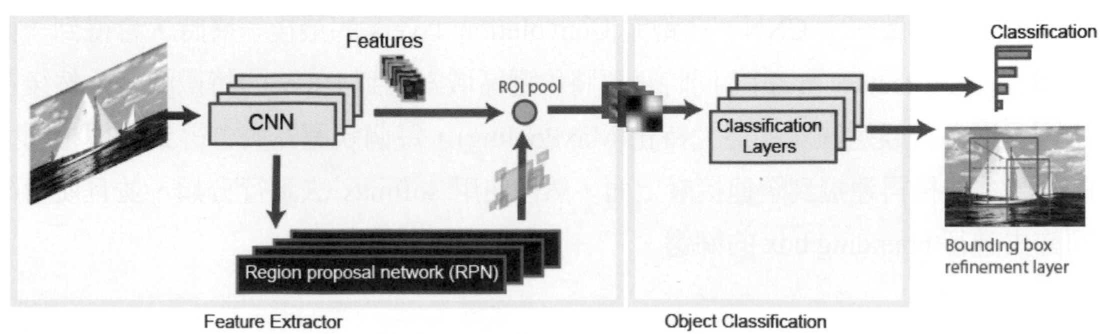


圖 8.21 Faster R-CNN 架構。

那在介紹完這三個物件偵測的方法後，接下來在後面的章節，我們都會使用現在最常使用的 Faster R-CNN 去進行訓練，並且在測試模型的好壞。

### 8-5-1 物件偵測相關函式語法介紹

這一小節主要是介紹訓練物件偵測的用法，我們會介紹 R-CNN、Fast R-CNN、Faster R-CNN 三種訓練方法，而其實這三種訓練方式幾乎都是一樣的，只差在呼叫功能函數上面的不同而已。

- R-CNN：R-CNN 的訓練函式的主要輸入有三個，第一個是我們要訓練的資料，第二個則是網路模型，主要以卷積神經網路為主。最後一個則是訓練選項。底下將介紹語法的使用及可調整參數。

語法：

detector = trainRCNNObjectDetector(trainingData,network,options)

detector = trainRCNNObjectDetector(___,Name,Value)

detector = trainRCNNObjectDetector(___,'RegionProposalFcn',proposalFcn)

[detector,info] = trainRCNNObjectDetector(___)

描述：

- **trainingData**：訓練資料
- **network**：卷積神經網路
- **options**：訓練選項
- **Name, Value**：R-CNN 物件偵測特定設置

■ trainingData(訓練集資料)：

物件偵測的訓練資料型態可以是 Table 或 Datastores 物件的組合，Table 格式的示意圖如圖 8.22 所示，其第一行需為圖像路徑，第一行之後的皆為物件的類別及其物件框的位置與長寬，以圖 8.22 為例，第二行的物件類別為 stopSign，每張圖像內會包含一個或多個 stopSign 的物件框。此外物件框的

格式爲 $m \times 4$ 的陣列，其中 $m$ 爲圖像內物件框數量，物件框包含 4 個元素：[*x*, *y*, *width*, *height*]，(*x*, *y*)爲物件框的左上角的位置，*width*, *height* 則爲物件框的長及寬。

stopSigns
27x2 table

| | 1<br>imageFilename | 2<br>stopSign |
|---|---|---|
| 1 | 'stopSignImages/image005.jpg' | [980,393,31,56] |
| 2 | 'stopSignImages/image006.jpg' | [1.0408e+03,354.7500,73,72] |
| 3 | 'stopSignImages/image009.jpg' | [635,254,65,63] |
| 4 | 'stopSignImages/image013.jpg' | [398.2050,261.2996,349.6806,385.6992] |

圖 8.22　物件偵測的訓練資料格式。

Datastores 組合物件包含了一 imageDatastore 及一 boxLabelDatastore，imageDatastore 用來存放圖像的路徑，使 MATLAB 在訓練過程中能夠根據路徑抓取到圖像；boxLabelDatastore 用來存放圖像的物件框及其類別。Datastores 組合物件將在 8-5-4 的例子中說明。

- network(網路架構)：MATLAB 有提供幾個由預訓練模型修改來的物件偵測網路，如表 8.1 所示，因此只需輸入相對應的預訓練模型名稱即可進行使用，但是訓練資料必須爲 Table 格式。如果訓練資料格式爲 Datastores 組合物件，則 network 必須爲一 layerGraph 格式，這部分將藉由兩個範例進行說明。
如何設計設計物件偵測網路可參考該網頁：
https://www.mathworks.com/help/vision/ug/faster-r-cnn-examples.html#mw_b8c7f0cf-790a-408e-8e52-dc76f4a4a1c6

表 8.1　MATLAB 提供可簡易地進行物件偵測網路的預訓練模型

| Network Name | Feature Extraction Layer Name | ROI Pooling Layer OutputSize | Description |
|---|---|---|---|
| alexnet | 'relu5' | [6 6] | Last max pooling layer is replaced by ROI max pooling layer |
| vgg16 | 'relu5_3' | [7 7] | |
| vgg19 | 'relu5_4' | | |
| squeezenet | 'fire5-concat' | [14 14] | |
| resnet18 | 'res4b_relu' | | ROI pooling layer is inserted after the feature extraction layer. |
| resnet50 | 'activation_40_relu' | | |
| resnet101 | 'res4b22_relu' | | |
| googlenet | 'inception_4d-output' | | |
| mobilenetv2 | 'block_13_expand_relu' | | |
| inceptionv3 | 'mixed7' | [17 17] | |
| inceptionresnetv2 | 'block17_20_ac' | | |

- options (訓練選項設置)：訓練選項一樣是由 trainingOptions 函式進行設置，但是無法透過 training-progress 顯示訓練過程且無法在訓練過程中進行驗證。
- Name, Value (物件偵測特定設置)：底下詳細說明物件偵測中的特定設置

1. PositiveOverlapRange：預設是[0.5 1]，在訓練時，預測物件框與眞實物件框的 intersectionoverunions(IoU)若落在此區間，則被視爲預測正確的物件框。我們用圖 8.23 做說明，綠色框代表眞實物件框，我們把眞實物件框這個名詞定義爲 A，紅色框則代表網路所預測的預測物件框，我們把預測物件框這個名詞定義爲 B。IoU 計算方式如公式 8-1，分子爲 A 跟 B 之間的交集地帶，而分母爲 A 跟 B 的聯集地帶，相除後就會得到 IoU。IoU 越大代表預測物件框與眞實物件框的位置及大小更相近。如果預測物件框需要到非常精準，可以將 PositiveOverlapRange 設定嚴格一點，不過相對來說，要找出物件就會比較困難；反之，如果預測物件框不需要太過準確，則可將範圍設定大一點。

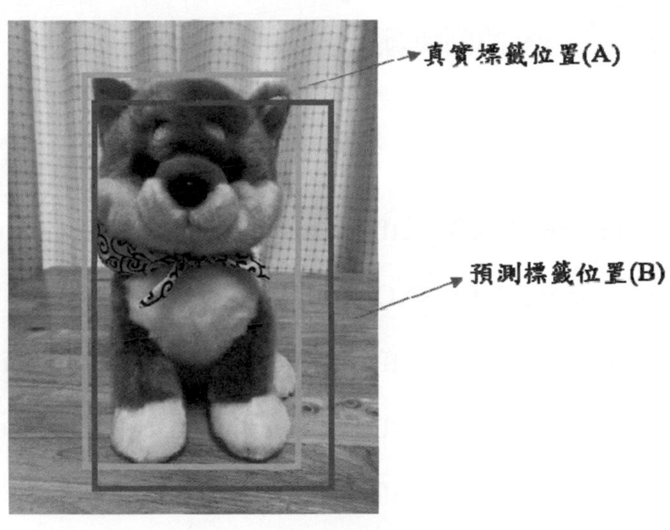


圖 8.23　IoU 定義。(見彩色圖)

$$\frac{\text{Area}(A \cap B)}{\text{Area}(A \cup B)} \tag{8-1}$$

2. NegativeOverlapRange：預設為[0.1 0.5]，在訓練過程中，只要預測的物件框與真實的物件框的 IoU 落在 NegativeOverlapRange 所設定的範圍內，則預測的物件框會被視為錯誤的物件框。而在訓練過程中，就會根據正確的及錯誤的預測物件框來改善物件偵測網路的性能。
3. NumStrongestRegions：預設為 2000，功能是設定要挑選多少個候選區域，如果希望訓練快一點或是測試快一點的使用者，可以減少挑選候選區域的數量。
4. RegionProposalFcn：輸入為副函式名稱，其功能是讓使用者可自行設定挑選候選區域的方法，R-CNN 物件偵測網路預設的候選區域挑選方法是使用 Edge Boxes 演算法。
5. BoxRegressionLayer：預設為 auto，該層的輸出激活用作訓練回歸模型的特徵，用於細化檢測到的邊界框。

- Fast R-CNN：Fast RCNN 的訓練函式主要輸入一樣有三個，唯一的改變就是函式名稱。

語法：

trainedDetector = trainFastRCNNObjectDetector(trainingData,network,options)

[trainedDetector,info] = trainFastRCNNObjectDetector(___)

trainedDetector = trainFastRCNNObjectDetector(trainingData,checkpoint,options)

trainedDetector = trainFastRCNNObjectDetector(trainingData,detector,options)

trainedDetector = trainFastRCNNObjectDetector(___,'RegionProposalFcn',proposalFcn)

trainedDetector = trainFastRCNNObjectDetector(___,Name,Value)

描述：

- trainingData：訓練資料
- network：卷積神經網路

- options：訓練選項
- checkpoint：檢查點，接續訓練中斷過程
- detector：微調偵測器
- Name,Value：Fast R-CNN 物件偵測特定設置

■ trainingData 及 options 的資料格式及描述皆與 R-CNN 相同。

■ network (Fast R-CNN 物件偵測網路)：由卷積神經網路、ROI pooling layer 及 bounding box regression layer 等網路層構成。MATLAB 有提供幾個由預訓練模型修改來的物件偵測網路，如表 8.1 所示，因此只需輸入相對應的預訓練模型名稱即可進行使用。

此外也可以自行設計，其詳細內容可參考該網頁：

https://www.mathworks.com/help/vision/ug/faster-r-cnn-examples.html#mw_b8c7f0cf-790a-408e-8e52-dc76f4a4a1c6

■ checkpoint (檢查點)：用來接續因某些原因而導致中斷的訓練，設置 checkpoint 的方式與 8-2 的方式相同，其需要透過 trainingOptions 函式設置檢查點的模型儲存路徑。使用方式則需要額外提供中斷的訓練階段(stopSigns)。

```
data = load('/tmp/faster_rcnn_checkpoint__105__2016_11_18__14_25_08.mat');
frcnn = trainFasterRCNNObjectDetector(stopSigns,data.detector,options);
```

■ detector(偵測器)：此為訓練過的物件偵測網路，可將已經訓練過的模型再次訓練加以微調網路內部的權重。

■ Name, Value (物件偵測特定設置)：底下詳細說明物件偵測中的特定設置。

1. PositiveOverlapRange：請參考 R-CNN 的 Name, Value 說明。
2. NegativeOverlapRange：請參考 R-CNN 的 Name, Value 說明。
3. NumStrongestRegions：請參考 R-CNN 的 Name, Value 說明。

4. NumRegionsToSample：預設爲 128，它的功能是從每個訓練圖片中隨機採樣指定數量的正確及錯誤的候選區域(預測的物件框)，來訓練物件偵測網路當中的分類功能，使用正整數。也就是根據 NumStrongestRegions 設定的數量挑選出好幾個候選區域，接著根據 NumRegionsToSample 的設定隨機挑選出候選區域來訓練物件偵測網路當中的分類功能。如果降低數量，可以加速訓練，不過缺點就是會降低訓練的準確度。

5. SmallestImageDimension：預設爲[]，這是要改變最小圖像尺寸的長度、寬度或是高度，簡單來說就是調整訓練圖片的大小。在預設的情況下，不會調整圖片大小，那將圖片縮小最大的重點就是可以降低訓練的時間以及一次訓練的圖片輸入可以比較多。

6. FreezeBatchNormalization：預設爲 true，在訓練過程中凍結批次正規化的結果。在未設定 FreezeBatchNormalization 下，如果訓練選項的 MiniBatchSize 的設定小於 8，會回傳 true，反之，設定的數量大於或等於 8，會回傳 false。

7. RegionProposalFcn：請參考 R-CNN 的 Name, Value 說明。

- Faster R-CNN：Faster RCNN 的訓練函式主要輸入一樣有三個，唯一的改變就是函式名稱。

語法：

trainedDetector = trainFastRCNNObjectDetector(trainingData,network,options)

[trainedDetector,info] = trainFastRCNNObjectDetector(___)

trainedDetector = trainFastRCNNObjectDetector(trainingData,checkpoint,options)

trainedDetector = trainFastRCNNObjectDetector(trainingData,detector,options)

trainedDetector = trainFastRCNNObjectDetector(___,'RegionProposalFcn',proposalFcn)

trainedDetector = trainFastRCNNObjectDetector(___,Name,Value)

描述：

- trainingData：訓練資料
- network：卷積神經網路
- options：訓練選項
- checkpoint：檢查點，接續訓練中斷過程
- detector：微調偵測器
- Name,Value：Faster R-CNN 物件偵測特定設置

■ trainingData、options、checkpoint 及 detector 的資料格式及描述皆與 Fast R-CNN 相同。

■ network (Faster R-CNN 物件偵測網路)：由卷積神經網路、ROI pooling layer、bounding box regression layer 及 region proposal network (RPN)等網路層構成。MATLAB 有提供幾個由預訓練模型修改來的物件偵測網路，如表 8.1 所示，因此只需輸入相對應的預訓練模型名稱即可進行使用。
此外也可以自行設計，其詳細內容可參考該網頁：
https://www.mathworks.com/help/vision/ug/faster-r-cnn-examples.html#mw_b8c7f0cf-790a-408e-8e52-dc76f4a4a1c6

■ Name, Value (物件偵測特定設置)：底下詳細說明物件偵測中的特定設置。

1. PositiveOverlapRange：請參考 R-CNN 的 Name, Value 說明。
2. NegativeOverlapRange：請參考 R-CNN 的 Name, Value 說明。
3. NumStrongestRegions：請參考 R-CNN 的 Name, Value 說明。
4. NumRegionsToSample：請參考 Fast R-CNN 的 Name, Value 說明。
5. SmallestImageDimension：請參考 Fast R-CNN 的 Name, Value 說明。
6. MinBoxSizes：預設爲 auto，指定 anchor boxes 的最小尺寸。在預設 auto 的情況下，使用最小尺寸的眞實物件框和每個類別的眞實物件框的邊界框的中位寬高比修改 anchor boxes 大小。如果需要刪除多餘的 anchor box

尺寸，則會保留 IoU 小於或是等於 0.5 的 anchor box。此做法可以確保使用最少數量的 anchor boxes 來覆蓋所有對象大小的寬高比。

7. BoxPyramidScale：預設為 2，用來依序放大 anchor box 的大小。設定數值越小可以提高準確度，不過訓練以及輸出結果會越慢。
8. NumBoxPyramidLebels：預設為 auto，這主要是要確保多尺度 anchor boxes 的大小與實際數據中的大小是一樣的。如果選擇自動，演算法會自動去選擇集別來使覆蓋對象大小範圍一致。
9. FreezeBatchNormalization：請參考 Fast R-CNN 的 Name, Value 說明。
10. RegionProposalFcn：請參考 R-CNN 的 Name, Value 說明。

### 8-5-2 資料擴增應用於物件偵測

相較於物件偵測，資料擴增在一般的圖像分類任務上較容易實現，因為一般圖像分類任務是將整張圖像分類成一個類別，不像物件偵測需要更進一步的標記出物件的位置及大小，因此對於物件偵測的資料擴增需要考慮到標註位置是否需要改變。本節將透過 vehiclesDataset 內的圖像介紹三種應用於物件偵測的資料擴增方式：重新調整圖像大小、裁剪圖像及旋轉圖像。請參考光碟範例 CH8_5.mlx。

首先選定一張圖像來進行資料擴增，在例子中是使用的圖像名稱為 image_00044.jpg，其原始圖像如圖 8.24 所示，其裡面包含了兩個 bounding box。

```
data = load('vehicleDatasetGroundTruth.mat');

data=data.vehicleDataset;

filenameImage = 'vehicleImages/image_00044.jpg';

I = imread(filenameImage);

bbox = data.vehicle{44};

label = "vehicle";

annotatedImage = insertShape(I,"rectangle",bbox,"LineWidth",3);
imshow(annotatedImage)
```

```
title('Original Image and Bounding Box')
```

圖 8.24　原始圖像。

重新調整圖像大小：在指令中 imresize 及 bboxresize 是分別對圖像及 bounding box 重新調整尺寸，其重新調整後的圖像，如圖 8.25 所示。

```
scale = 1/2; %設定縮放比例
J = imresize(I,scale); %圖像的縮放
bboxResized = bboxresize(bbox,scale); %bounding box 的縮放
%顯示重新調整後的結果
annotatedImage = ...
insertShape(J,"rectangle",bboxResized,"LineWidth",3);
imshow(annotatedImage)
title('Resized Image and Bounding Box')
```

圖 8.25　縮小 1/2 的圖像。

裁剪圖像：在指令中 centerCropWindow2d 會根據所要裁剪圖像的中心來建立一個指定大小的裁剪視窗；imcrop 根據裁剪視窗去裁剪圖像；bboxcrop 會計算 bounding box 在裁剪後的位置及大小，OverlapThreshold 判斷裁剪後的 bounding box 與原來的 bounding box 相交比例是否小於或等於所設定的值，其相交比例計算方式如式 8-3 所示，如果相交比例大於設定值，則將其 bounding box 刪除。裁剪後的圖像如圖 8.26 所示。

$$\frac{area\left(\text{bboxintersectbounding rectangle}\right)}{area\left(\text{bbox}\right)} \tag{8-3}$$

```
targetSize = [1024 1024];%
win = centerCropWindow2d(size(I),targetSize);
J = imcrop(I,win);
[bboxCropped,valid] = bboxcrop(bbox,win,"OverlapThreshold",0.7);
label = label(valid);
annotatedImage = insertShape(J,"rectangle",bboxCropped,"LineWidth",8);
imshow(annotatedImage)
title('Cropped Image and Bounding Box')
```

**Cropped Image and Bounding Box**

圖 8.26　裁切後的圖像。

旋轉圖像：在指令中 randomAffine2d 可將二維圖像根據使用者設定的旋轉範圍隨機產生一仿射變換矩陣，而除了旋轉選項外，也有其他選項可以使用，tform 內包含了一 3×3 的仿射變換矩陣矩陣及幾何轉換的維度，其指定爲 2；affineOutputView 用來計算空間參照參數(rout)，其包含轉換後的圖像位置及大小；最後透過 imwarp 產生出轉換後的圖像，其中 OutputView 是用來指定轉換後的圖像位置及大小，因此將 rout 作爲其輸入，旋轉後的圖像如圖 8.27 所示。bboxwarp 則是根據仿射變換矩陣及空間參照參數加以修改原 bounding box 位置與大小，使其符合轉換後的圖像。

```
tform= randomAffine2d("Rotation",[-15 60]);
rout = affineOutputView(size(I),tform);
J = imwarp(I,tform,"OutputView",rout);
bboxRotated = bboxwarp(bbox,tform,rout,"OverlapThreshold",0.5);
annotatedImage = insertShape(J,"rectangle",bboxRotated,"LineWidth",3);
imshow(annotatedImage)
title('Rotated Image and Bounding Box')
```

圖 8.27　旋轉後的圖象。

randomAffine2d 的設定選項還包含下列，其使用方法可參考旋轉圖像範例：

XReflection：水平隨機反射

```
tform = randomAffine2d('XReflection',true)
```

左右方向的隨機反射，指定爲邏輯標量。當 XReflection 是 true (1)時，每個圖像以 50%的概率水平反射。當 XReflection 是 false (0)時，則爲正常狀態。

YReflection：垂直隨機反射

```
tform = randomAffine2d('YReflection',true)
```

上下方向的隨機反射，指定爲邏輯標量。當 YReflection 是 true (1)時，每個圖像以 50%的概率垂直反射。當 YReflection 是 false (0)時，則爲正常狀態。

Rotation：旋轉範圍

```
tform = randomAffine2d('Rotation',[-45 45])
```

應用於輸入圖像的旋轉範圍(以度爲單位)，必須爲 2 個元素的數字向量且第二個元素必須大於或等於第一個元素，旋轉角度從指定範圍中隨機選取。

Scale：均勻縮放範圍

```
tform = randomAffine2d('Scale',[1 3])
```

應用於輸入圖像的均勻縮放範圍，必須爲 2 個元素的數字向量且第二個元素必須大於或等於第一個元素，縮放比例從指定區間中隨機選取。

XShear：水平剪切範圍

tform = randomAffine2d('XShear',[0 45])

應用於輸入圖像的水平剪切範圍，剪切單位以度爲單位，其範圍限制在(-90,90)，必須爲 2 個元素的數字向量且第二個元素必須大於或等於第一個元素。剪切角度從指定曲間中隨機選取。

YShear：水平剪切範圍

tform = randomAffine2d('YShear',[0 45])

應用於輸入圖像的垂直剪切範圍，剪切以度爲單位，並且在(-90,90)範圍內。必須爲 2 元素數字向量。第二個元素必須大於或等於第一個元素。從指定間隔內的連續均勻分佈中隨機選取水平剪切角。

XTranslation：水平平移範圍

tform = randomAffine2d('XTranslation',[-5 5])

應用於輸入圖像的水平平移範圍，平移距離以像素爲單位。必須爲 2 個元素的數字向量且第二個元素必須大於或等於第一個元素。水平平移距離從指定區間中隨機選取。

YTranslation：垂直平移範圍

tform = randomAffine2d('YTranslation',[-5 5])

應用於輸入圖像的垂直平移範圍，垂直距離以像素爲單位。必須爲 2 個元素的數字向量且第二個元素必須大於或等於第一個元素。垂直平移距離從指定區間中隨機選取。

在物進行物件偵測的資料擴增需要注意的是：物件框的位置及大小需要隨著圖像的變形而改變，此外如果物件偵測網路的訓練資料使用 Table 格式的話，是不支援在訓練過程中自動產出資料擴增的資料，只能自行手動新增並加入 Table 當中。若要在訓練過程中進行資料擴增，需要將物件偵測網路的訓練資料拆成兩個 Datastore 物件(imageDatastore 及 boxLabelDatastore)分別存放圖像及物件框的資料。底下將透過一範例說明如何在物件偵測網路的訓練過程中應用資料擴增。首先載入所使用的數據集，透過 uzip 指令將圖像資料解壓縮至 MATLAB 目前的路徑下，並且載入相對應的物件框資訊。請參考光碟範例 CH8_6.mlx。

```
unzip vehicleDatasetImages.zip

data = load('vehicleDatasetGroundTruth.mat');

vehicleDataset = data.vehicleDataset;
```

透過 imageDatastore 及 boxLabelDatastore 函式分別對圖像集物件框建立相對應的 Datastore 物件，並藉由 combine 函式將兩 Datastore 物件合併。利用 read 指令讀取合併的 Datastore 物件的第一張圖像並標記其物件框，如圖 8.28 所示。

```
imds = imageDatastore(vehicleDataset.imageFilename);

blds = boxLabelDatastore(vehicleDataset(:,2));

trainingData = combine(imds,blds);


data = read(trainingData);

I = data{1};

bbox = data{2};

label = data{3};

annotatedImage = insertObjectAnnotation(I,'rectangle',bbox,label, ...

'LineWidth',8,'FontSize',40);
```

```
imshow(annotatedImage)
```

圖 8.28　原始圖像。

augmentData 為一副函式，此例的資料擴增使用了水平鏡射及隨機旋轉，其內容如下所示，請開啓一新的文件將其儲存於目前的路徑下，或者是放在程式碼的最底下。

```
function data = augmentData(data)
% Randomly flip images and bounding boxes horizontally.
tform = randomAffine2d('XReflection',true,'Rotation',[-30 30]);
rout = affineOutputView(size(data{1}),tform);
data{1} = imwarp(data{1},tform,'OutputView',rout);
data{2} = bboxwarp(data{2},tform,rout);
end
```

最後藉由 transform 函式對訓練資料進行資料擴增，transform 函式可對整個 Datastore 進行相同的處理，例如，將一 imageDatastore 的所有圖像調整為指定的大小。資料擴增結果如圖 8.29 所示可以看見該圖像集其物件框有隨機旋轉及 50%的機會被水平鏡射。

```
augmentedTrainingData = transform(trainingData,@augmentData);


augmentedData = cell(4,1);
for k = 1:4
    data = read(augmentedTrainingData);
augmentedData{k} = insertShape(data{1},'Rectangle',data{2});
    reset(augmentedTrainingData);
end
figure
montage(augmentedData,'BorderSize',10)
```

圖 8.29　圖像變形結果。

### 8-5-3 使用 Faster R-CNN 進行物件偵測-訓練資料以 Table 格式為例

此一小節我們會使用 MATLAB 裡面偵測車輛的數據集來進行 Faster R-CNN 物件偵測的訓練，其訓練資料的格式爲 Table。訓練資料使用 Table 的最大特點是不用自行設計一 Faster R-CNN，直接使用預訓練網路模型的名稱就能開始訓練物件偵測網路，即 MATLAB 會幫忙修改。然而，訓練資料使用 Table 的話，就不能在訓練過程中自動進行資料擴增，也不能在訓練過程中進行驗證。請參考光碟範例 CH8_7.mlx。

### Step 1. 開啓 Matlab 並開啓新專案

在 Editor 裡面按下＋或是按下 Ctrl+N，以建立新的檔案，再按下 Ctrl+S 將檔案存檔，記得檔案格式爲.m 檔，此檔案名稱命名爲：FasterRCNNDemo.m。

### Step 2. 載入資料集

本範例使用一個包含 295 張圖像的車輛數據集，每個圖像都包含一個或兩個標記的車輛，其適合練習使用 Faster R-CNN 過程，但是在實踐中，需要更多帶標籤的圖像來訓練以提高偵測器的強健性。解壓縮此數據集並將其載入，其包含圖像路徑及其標記資料。載入的數據集型態爲 Table 格式，其第一行爲圖像路徑，第二行爲物件框的位置及長寬，如圖 8.30 所示。

```
unzip vehicleDatasetImages.zip
data = load('vehicleDatasetGroundTruth.mat');
vehicleDataset = data.vehicleDataset;
vehicleDataset
```

```
Command Window
>> vehicleDataset

vehicleDataset =

  295×2 table

          imageFilename              vehicle
    ______________________________  ___________

    {'vehicleImages/image_00001.jpg'}  {1×4 double}
    {'vehicleImages/image_00002.jpg'}  {1×4 double}
    {'vehicleImages/image_00003.jpg'}  {1×4 double}
    {'vehicleImages/image_00004.jpg'}  {1×4 double}
    {'vehicleImages/image_00005.jpg'}  {1×4 double}
    {'vehicleImages/image_00006.jpg'}  {1×4 double}
```

圖 8.30 vehicleDataset 內容。

**Step 3. 讀取圖像並顯示其物件框**

隨機顯示一張圖像及其物件框，如圖 8.31 所示，以確保 MATLAB 能夠抓取到圖像路徑，MATLAB 的 Table 呼叫方式類似於物件導向，若要呼叫或應用需要則需要輸入"變數名稱.行名稱"，舉例來說，若要呼叫 vehicleDataset 中第一個圖像路徑，則需要輸入 vehicleDataset.imageFilename{1}。insertShape 函式是將 RoI 輸入到圖片上。接下來就是要以這些 bounding box 的位置以及 bounding box 裡面的內容去訓練一物件偵測網路。

```
idx = randperm(295,1);
I = imread(vehicleDataset.imageFilename{idx});
bbox = vehicleDataset.vehicle{idx};
annotatedImage = insertShape(I,'Rectangle',bbox);
annotatedImage = imresize(annotatedImage,2);
figure
imshow(annotatedImage)
```

圖 8.31 vehicles 圖片以及其物件框。

**Step 4. 分割訓練集與測試集**

在每一次的訓練都要將資料集分成訓練集以及測試集，這邊將資料集拆成 70%的訓練集以及 30%測試集。

```
rng(0)

shuffledIndices = randperm(height(vehicleDataset));

idx = floor(0.7 * height(vehicleDataset));


trainingIdx = 1:idx;

trainingDataTbl = vehicleDataset(shuffledIndices(trainingIdx),:);


validationIdx = idx+1 :idx + 1 + floor(0.1 * length(shuffledIndices) );

validationDataTbl = vehicleDataset(shuffledIndices(validationIdx),:);


testIdx = validationIdx(end)+1 : length(shuffledIndices);

testDataTbl = vehicleDataset(shuffledIndices(testIdx),:);
```

**Step 5. 設定訓練選項**

接下來設置訓練 Faster R-CNN 的訓練選項，優化器選擇 sgdm；初始學習率設置為 0.001；批次大小設置為 1，因為圖像大小不固定，因此需要負擔的 GPU 資源較大；最大訓練回合數設置為 10；設置 CheckpointPath 到 tempdir(輸入至 Command Window 可得知路徑)，使得在訓練過程中保存訓練的偵測器，如果訓練過程因停電或系統故障等原因而中斷，則可以從保存的檢查點恢復訓練過程。

```
options = trainingOptions('sgdm',...

'MaxEpochs',10,...

'MiniBatchSize',1,...
```

```
'InitialLearnRate',1e-3,...
'CheckpointPath',tempdir);
```

**Step 6. 訓練 Faster R-CNN**

再來就是訓練 Faster R-CNN 的過程了。由於原先就有預訓練好的結果可以套用，所以我們寫一個可以選擇要訓練還是套用模型的程式。如果要訓練的話就將 doTrainingAndEval 設定爲 true，這樣就會進入 if 的迴圈，開始訓練 Faster R-CNN。接下來裡面的內容，如：PositiveOverlapRange 等都可以請大家依照自己的需求做轉換。如果沒有要訓練就將 doTrainingAndEval 設定爲 false，這樣就會進入 else 的迴圈，這邊就是將訓練好的模型直接拿來做測試。

```
doTrainingAndEval = true
ifdoTrainingAndEval
net = 'resnet18';
    [detector, info] = trainFasterRCNNObjectDetector(trainingDataTbl,net,options, ...
'NegativeOverlapRange',[0 0.3], ...
'PositiveOverlapRange',[0.6 1]);
else
% Load pretrained detector for the example.
disp('Downloading pretrained detector (118 MB)...');
pretrainedURL =
'https://www.mathworks.com/supportfiles/vision/data/fasterRCNNResNet50EndToEndVeh
icleExample.mat';

websave('fasterRCNNResNet50EndToEndVehicleExample.mat',pretrainedURL);
    pretrained = load('fasterRCNNResNet50EndToEndVehicleExample.mat');
```

```
    detector = pretrained.detector;
end
```

### Step 7. 使用測試集圖片測試訓練好的模型

我們先選取測試集的第八張圖片進行測試，接下來使用 detect 函式預測選取圖像的物件框，其中 bbox 及 scores 變數分別表示預測的物件框及其信心分數，然後使用 insertObjectAnnotation 函式將預測的物件框以及信心分數顯示在圖像上，如圖 8.32 所示。

```
I = imread(testDataTbl.imageFilename{8});
[bboxes,scores] = detect(detector,I);

I = insertObjectAnnotation(I,'rectangle',bboxes,scores);
figure
imshow(I)
```

圖 8.32　測試集預測結果。

**Step 8. 蒐集測試集的測試結果並評估**

average precision (AP)爲物件偵測評估的指標，其爲 precision-recall 曲線下的面積，AP 最高爲 1，當 AP 越高表示偵測器的性能越好，也就是可以準確地預測該類別，同時給出在圖像中正確的位置。爲了計算 AP，因此需要將所有測試集的結果都要儲存起來，才能夠計算 precision 及 recall。所以定義三個細胞陣列，分別儲存每一筆的各個結果，儲存的內容包含 bbox，score 以及 label。最後將這三筆陣列轉換成一個 Table 就可以做下一步的計算 AP。

```
bboxes = cell(height(testDataTbl),1);

scores = cell(height(testDataTbl),1);

labels = cell(height(testDataTbl),1);

fori=1:height(testDataTbl)

        I = imread(testDataTbl.imageFilename{i});

        [bbox, score, label] = detect(detector,I);

bboxes{i,1} = bbox;

        scores{i,1} = score;

        labels{i,1} = label;

end

detectionResults= table(bboxes,scores,labels);
```

圖 8.33 爲 detectionResults 結果，bboxes 是每一張圖片的預測物件框，其格式爲 m×4 double，m 爲預測物件框的數量；scores 是預測物件框的信心分數，如果對應到一張圖裡面有 m 個預測物件框，就會輸出 m 個分數；labels 則是預測物件框的標籤名稱。

```
Command Window
>> detectionResults

detectionResults =

  59×3 table

      bboxes          scores            labels
    ___________    ___________    __________________

    {2×4 double}    {2×1 single}    {2×1 categorical}
    {0×4 double}    {0×1 single}    {0×1 categorical}
    {1×4 double}    {[  0.9180]}    {[vehicle      ]}
    {1×4 double}    {[  0.9969]}    {[vehicle      ]}
    {1×4 double}    {[  0.9992]}    {[vehicle      ]}
    {0×4 double}    {0×1 single}    {0×1 categorical}
```

圖 8.33　detectionResults 的輸出結果。

**Step 9. 計算物件偵測平均準確度**

最後就是去驗證我們模型的平均準確度。這裡使用 evaluateDetectionPrecision 函式來算 AP。detectionResults 是預測的結果，其第一行爲預測的物件框(bboxes)，第二行爲預測類別的信心分數；testDataTbl 是眞實的測試集的物件位置。所以我們可以從這邊輸出三個結果，AP、recall 以及 precision。

```
[ap, recall, precision] =
evaluateDetectionPrecision(detectionResults(:,1:2),testDataTbl(:,2));
figure
plot(recall,precision)
grid on
title(sprintf('Average Precision = %.1f',ap))
```

圖 8.34 是我們最後呈現出來的結果。其實可以看出我們的 AP 只有 0.7，這個結果其實沒有很好。造成的原因有幾項：第一個，這裡使用的訓練集遠遠不夠，造成沒辦法訓練好一個完整的網路。第二個就是我們使用的圖片解析度不高，所以特徵上面的萃取也較爲困難。所以如果想要做好一個物件偵測，圖片的數量一定要多一點才能達到更好的效果。

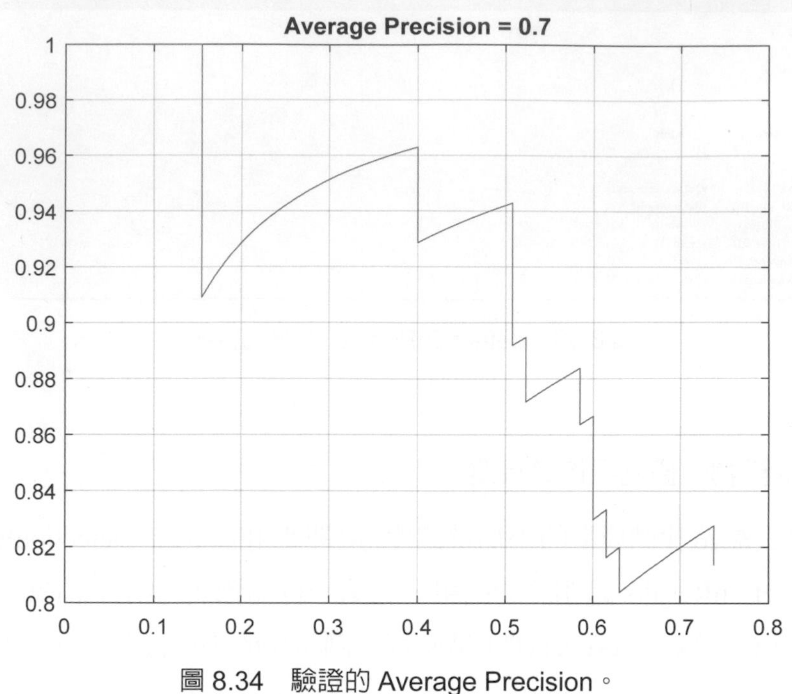


圖 8.34 驗證的 Average Precision。

### 8-5-4 使用 Faster R-CNN 進行物件偵測-訓練資料以 Datastore 物件為例

此例的訓練資料以 Datastore 物件爲例，其最大特點可以進行資料擴增以及在訓練過程中進行驗證得以應用早停技術，但就需要自行設計一 Faster R-CNN。在本例子，ResNet-18 將被修改成一 Faster R-CNN 加以使用，此外也會應用資料擴增及訓練過程中的驗證。請參考光碟範例 CH8_8.mlx。

**Step 1. 建立副函式**

這一步驟是前置作業，需要將底下兩副函式個別存成兩個.m 檔，其檔名分別命名爲 augmentData.m 及 preprocessData.m；或者將其放在主程式最底下。第一個應用於資料擴增；第二個應於調整圖像大小。

```
function data = augmentData(data)
% Randomly flip images and bounding boxes horizontally.
tform = randomAffine2d('XReflection',true);
```

```
rout = affineOutputView(size(data{1}),tform);
data{1} = imwarp(data{1},tform,'OutputView',rout);
data{2} = bboxwarp(data{2},tform,rout);
end
```

```
function data = preprocessData(data,targetSize)
% Resize image and bounding boxes to targetSize.
scale = targetSize(1:2)./size(data{1},[1 2]);
data{1} = imresize(data{1},targetSize(1:2));
data{2} = bboxresize(data{2},scale);
end
```

**Step 2. 載入資料**

本例子與上個例子皆是使用相同的數據集。

```
unzip vehicleDatasetImages.zip
data = load('vehicleDatasetGroundTruth.mat');
vehicleDataset = data.vehicleDataset;
```

**Step 3. 分割數據集**

一樣地，需要分割數據集。

```
rng(0)
shuffledIndices = randperm(height(vehicleDataset));
idx = floor(0.7 * height(vehicleDataset));
```

```
trainingIdx = 1:idx;
trainingDataTbl = vehicleDataset(shuffledIndices(trainingIdx),:);

validationIdx = idx+1 :idx + 1 + floor(0.1 * length(shuffledIndices) );
validationDataTbl = vehicleDataset(shuffledIndices(validationIdx),:);

testIdx = validationIdx(end)+1 : length(shuffledIndices);
testDataTbl = vehicleDataset(shuffledIndices(testIdx),:);
```

**Step 4. 建立物件偵測專用的 Datastore**

分別建立訓練、驗證及測試資料的 imageDatastorer 及 boxLabelDatastore，並且使用 combine 函式將其組合成一 Datastore。透過 read 函式可從組合的 Datastore 讀取一張圖像，並使用相關函式顯示一張訓練及其物件框。

```
imdsTrain = imageDatastore(trainingDataTbl{:,'imageFilename'});
bldsTrain = boxLabelDatastore(trainingDataTbl(:,'vehicle'));

imdsValidation = imageDatastore(validationDataTbl{:,'imageFilename'});
bldsValidation = boxLabelDatastore(validationDataTbl(:,'vehicle'));

imdsTest = imageDatastore(testDataTbl{:,'imageFilename'});
bldsTest = boxLabelDatastore(testDataTbl(:,'vehicle'));

trainingData = combine(imdsTrain,bldsTrain);
validationData = combine(imdsValidation,bldsValidation);
```

```
testData = combine(imdsTest,bldsTest);

data = read(trainingData);
I = data{1};
bbox = data{2};
annotatedImage = insertShape(I,'Rectangle',bbox);
annotatedImage = imresize(annotatedImage,2);
figure
imshow(annotatedImage)
```

**Step 5. 建立 Faster R-CNN 物件偵測網路**

此步驟將說明如何建立 Faster R-CNN 物件偵測網路，fasterRCNNLayers 函式可以簡易地建立 Faster R-CNN 物件偵測網路，只需輸入幾個參數即可。輸入的參數分別是網路輸入圖像大小、分類的類別數、anchorboxes、一般卷積神經網路及選定特徵提取層。本例子會以 ResNet-18 為主體，將其修改成一 Faster R-CNN 加以使用。另外，本例子會將所有圖像的大小調整成 224×224×3，以符合網路輸入圖像大小。使用 estimateAnchorBoxes 函式加以獲得適當大小的 anchorboxes。

```
numClasses = width(vehicleDataset)-1;
featureExtractionNetwork = resnet18;
inputSize = featureExtractionNetwork.Layers(1).InputSize;
featureLayer = 'res4b_relu';

preprocessedTrainingData = transform(trainingData,
@(data)preprocessData(data,inputSize));
numAnchors = 3;
```

```
anchorBoxes = estimateAnchorBoxes(preprocessedTrainingData,numAnchors)


lgraph =
fasterRCNNLayers(inputSize,numClasses,anchorBoxes,featureExtractionNetwork,feature
Layer);
analyzeNetwork(lgraph)
```

**Step 6. 資料擴增**

最後藉由 transform 函式對訓練資料進行資料擴增，transform 函式可對整個 Datastore 進行相同的處理，例如，將一 imageDatastore 的所有圖像調整爲指定的大小。augmentData 爲一副函式，此例的資料擴增使用了水平鏡射。

```
augmentedTrainingData = transform(trainingData,@augmentData);
```

**Step 7. 準備訓練所需資料**

在第五步驟有提到要將所有圖像的大小調整成 224×224×3，以符合網路輸入圖像大小，因此將應用資料擴增的訓練資料以及驗證資料都重新調整圖像尺寸。

```
trainingData =
transform(augmentedTrainingData,@(data)preprocessData(data,inputSize));
validationData = transform(validationData,@(data)preprocessData(data,inputSize));
```

**Step 8. 設置訓練選項**

訓練選項的優化器一樣選擇 sgdm，最大訓練次數、初始學習率及檢查點路徑的設定皆與上個例子相同。修改部分爲最小批次大小設爲 2，並添加驗證資料。上個最小批次大小設爲 1，是因爲輸如圖像的大小不一致，所以需要大量的 GPU 記憶體來處理。

```
options = trainingOptions('sgdm',...
```

```
'MaxEpochs',10,...
'MiniBatchSize',2,...
'InitialLearnRate',1e-3,...
'CheckpointPath',tempdir,...
'ValidationData',validationData);
```

**Step 9. 訓練 Faster R-CNN**

如果 doTrainingAndEval 為 true，則使用 trainFasterRCNNObjectDetector 訓練 Faster R-CNN。如果為否，則載入預訓練好的網絡。

```
doTrainingAndEval = true
ifdoTrainingAndEval
% Train the Faster R-CNN detector.
% * Adjust NegativeOverlapRange and PositiveOverlapRange to ensure
%    that training samples tightly overlap with ground truth.
    [detector, info] = trainFasterRCNNObjectDetector(trainingData,lgraph,options, ...
'NegativeOverlapRange',[0 0.3], ...
'PositiveOverlapRange',[0.6 1]);
else
% Load pretrained detector for the example.
    pretrained = load('fasterRCNNResNet50EndToEndVehicleExample.mat');
    detector = pretrained.detector;
end
```

**Step 10. 評估物件偵測網路**

最後使用 detect 指令對測試資料的組合 Datastore 進行測試，與 Table 格式的測試資料的差異在於，組合 Datastore 可直接測試，不用先讀取圖像在測試。圖 8.35 爲測試的 precision-recall 曲線，可以看出以應用資料擴增來增加訓練資料的物件偵測網路的性能，會比沒有應用資料擴增來的好。

```
testData = transform(testData,@(data)preprocessData(data,inputSize));
ifdoTrainingAndEval
detectionResults = detect(detector,testData,'MinibatchSize',4);
else
% Load pretrained detector for the example.
    pretrained = load('fasterRCNNResNet50EndToEndVehicleExample.mat');
detectionResults = pretrained.detectionResults;
end

[ap, recall, precision] = evaluateDetectionPrecision(detectionResults,testData);

figure
plot(recall,precision)
xlabel('Recall')
ylabel('Precision')
grid on
title(sprintf('Average Precision = %.2f', ap))
```

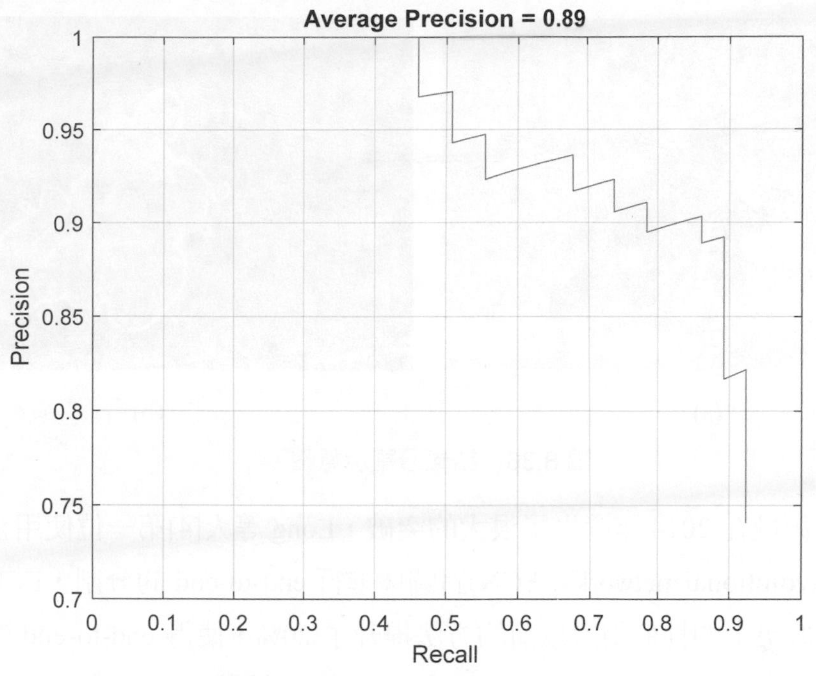


圖 8.35　驗證的 Average Precision。

## 8-6 深度學習應用於語義分割

語義分割(semantic segmentation)是在像素(pixel)級別上的分類，屬於同一類的像素都要被歸爲一類，因此語義分割是從像素級別來理解圖像，以圖 8.36 進行說明，屬於人的像素都要分成一類，屬於摩托車的像素也要分成一類，除此之外還有背景像素也被分爲一類。近年來，語義分割已被廣泛應用於自動駕駛、地質檢測、地形分類及醫學影像分析等領域上。語義分割與物件偵測皆是辨識圖像中感興趣內容及位置，差別在於物件偵測是利用物件框進行辨識而語義分割是利用像素。

(a)

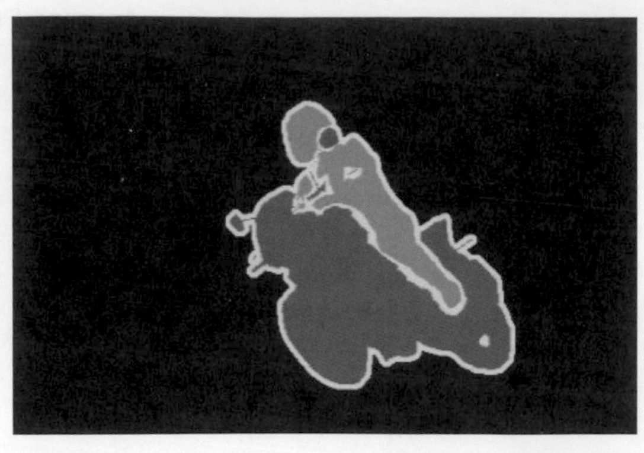
(b)

圖 8.36 語義分割示意圖。

語義分割領域在 2014 年發生了很大的突破，Long 等人[4]第一位使用全卷積神經網路(fully convolutional networks, FCN)對圖像進行 end-to-end 的分割，FCN 在 Pascal VOC 2012 數據集上的性能相對以前的方法提升了 20%，使得 end-to-end 的卷積語義分割網絡逐漸流行，也因此有許多卷積語義分割網路被開發出來，如 U-Net、SegNet 及 DeepLab v3+等卷積語義分割網路。

- **FCN:**

一般的卷積神經網路通常在最後輸出時會透過全連接層把卷積層的圖像特徵(特徵圖)攤平成一維向量，向量內的每一個元素都代表著屬於該類的機率，而 FCN 則是沒有了全連接層，取而代之的是卷積層，如圖 8.37 所示，也因此能夠將卷積層最後輸出的特徵圖進行向上採樣，即反卷積，使帶有豐富空間資訊的特徵圖恢復成與輸入圖像相同的大小，再針對每一點像素進行分類。

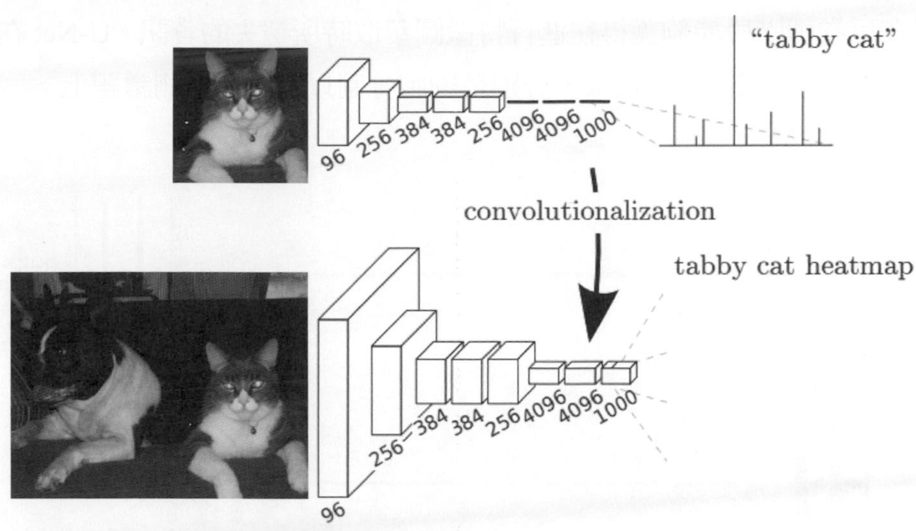


圖 8.37 一般卷積神經往路與 FCN 的差別。

FCN 網路架構如圖 8.38 所示，擷取輸入圖像特徵與一般卷積神經網路相同，皆是透過卷積層及池化層，而輸出部分則是考慮加入前幾層的細節信息，也就是把倒數第幾層的輸出與最後的輸出進行元素對元素的相加。圖 8.38 中的 FCN-32s 意思爲從 pool5 輸出的特徵圖需要進行 32 倍的上採樣才能得到與輸入圖像相同的大小；FCN-16s 則是將 pool5 輸出的特徵圖進行 2 倍的上採樣再與 pool4 輸出的特徵圖相加後，再進行 16 倍的上採樣。

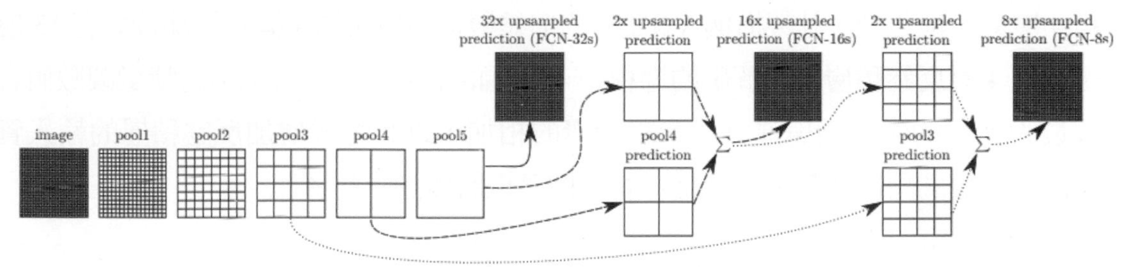


圖 8.38 FCN 網路架構。

- **U-Net:**

U-net 是基於 FCN 的語義分割網絡，適合用來做醫學圖像的分割，其網路結構如圖 8.39 所示，因網路架構酷似於英文字母 U，故命名 U-Net。U-Net 透過卷積層及池化層萃取出輸入圖像的空間資訊及物件資訊，並透過反卷積將壓縮的特徵圖重新放大成與輸入圖像相同的大小，此外 U-Net 藉由拼接的連接方式增加反卷積層的輸入資訊，使得在反卷積階段能夠獲得在進行特徵圖萃取時所遺失的資訊。U-Net 在 2015 年的 ISBI 挑戰議題中取得兩項冠軍，分別是細胞分割以及齲齒檢測議題上。

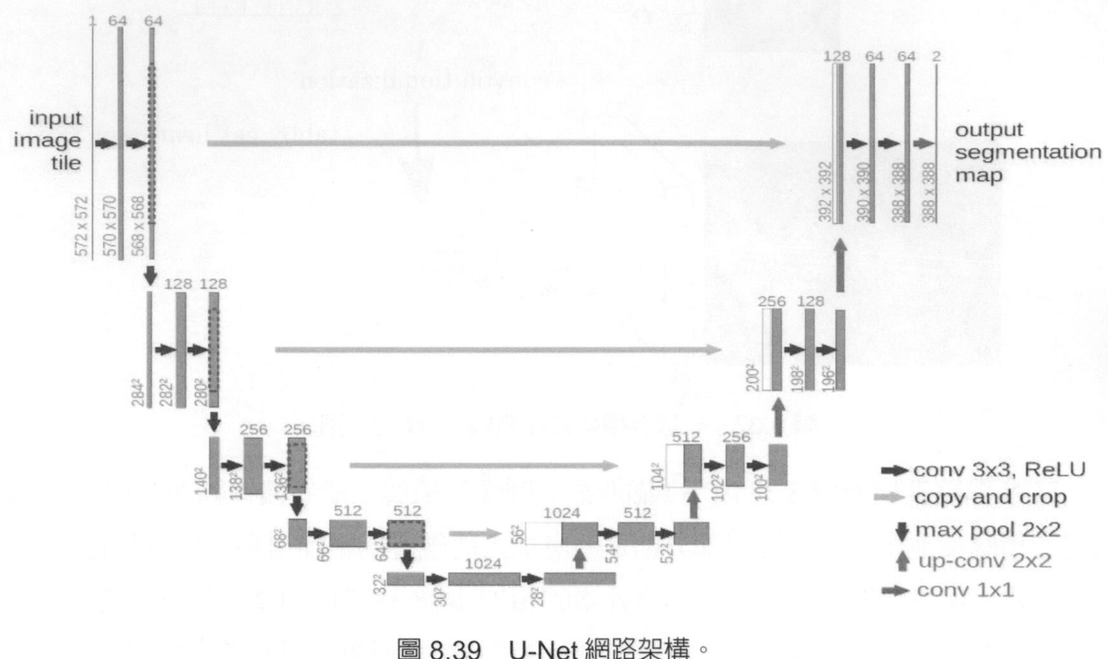


圖 8.39　U-Net 網路架構。

- **SegNet:**

SegNet 是一個編碼-解碼的網路架構，如圖 8.40 所示，編碼的部分共有 13 層卷積層和 4 層最大池化層，其架構與 VGG16 的前幾層網路層相同；編碼的部分共有 13 層卷積層和 4 層反卷積層。在解碼的過程中，編碼的最大池化層所輸出的特徵圖數值會根據最大池化的索引值與進行元素對元素的相加，以此方式增加反卷積層的輸入資訊，使得在解碼階段能夠獲得在進行特徵圖萃取時所遺失的資訊。

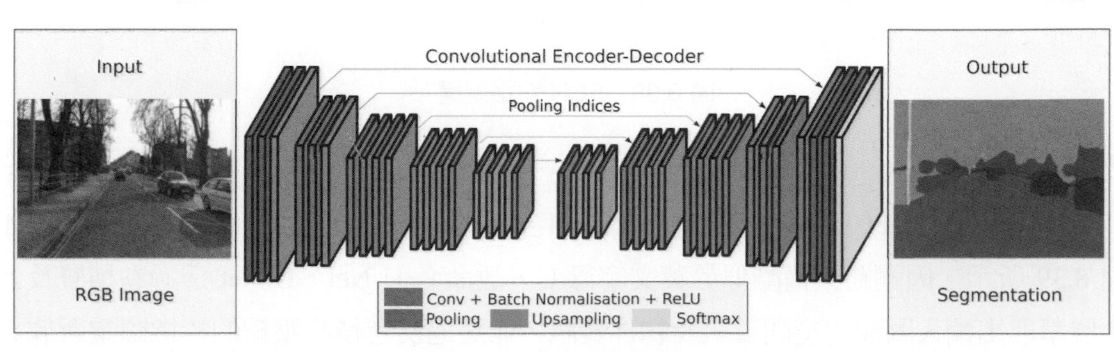


圖 8.40　SegNet 架構。

- **DeepLab v3+:**

DeepLab v3+是空洞卷積(atrous/dilated convolution)與編碼-解碼架構結合的語義分割網路，其融合了兩者的優勢。空洞卷積就是在卷積核中間補上一些零值，如圖 8.41 所示，使卷積核參數不變，但是因爲卷積核長寬變大，所以可見範圍也變大。相較於一般的卷積，空洞卷積擷取出來的特徵圖包含較多不同層次的資訊，但運算量增加許多。編碼-解碼架構雖然運算量上會比前者改善很多，可是在切割細節上卻沒有辦法表現得很好。DeepLab v3+的架構圖如圖 8.42 所示，在編碼的階段，是透過空洞卷積擷取出輸入圖像的特徵；在解碼的階段，則是會經過兩階段的反卷積運算使特徵圖恢復成與原圖像相同大小。

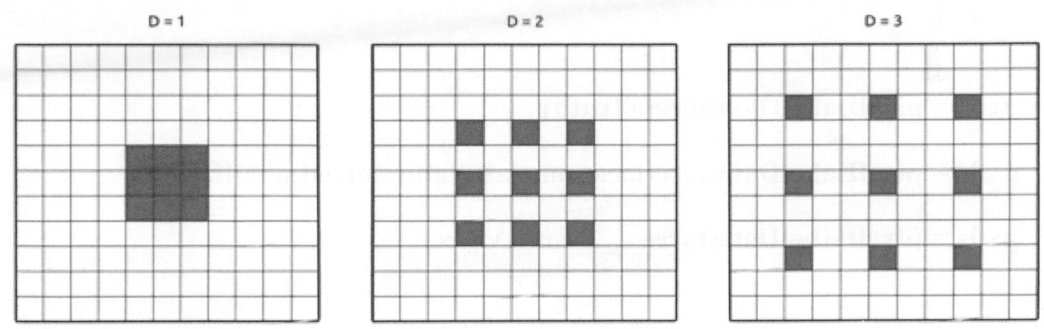


圖 8.41 空洞捲示意圖。

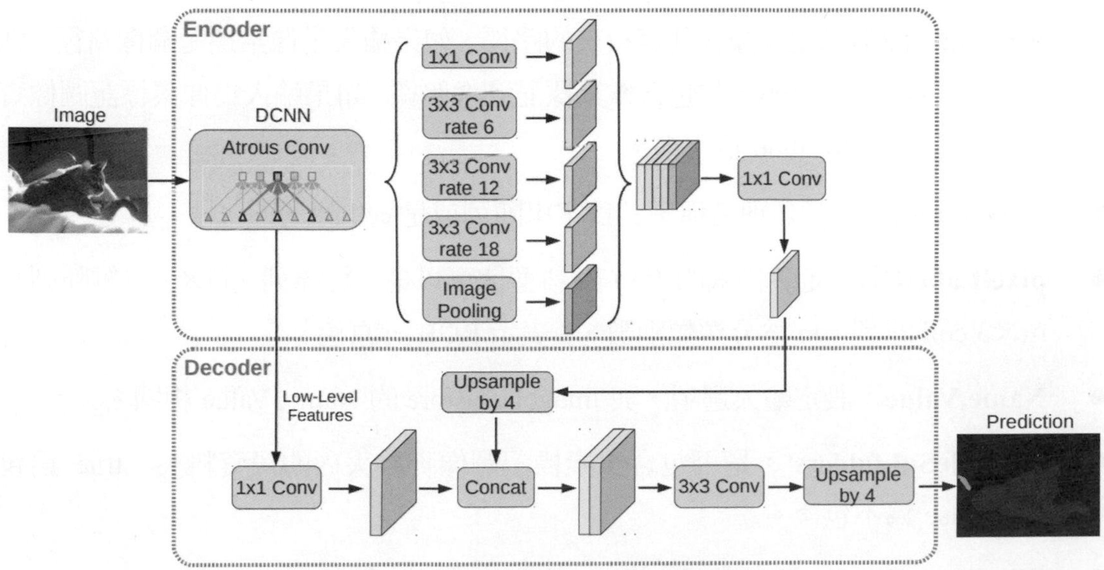


圖 8.42 DeepLab v3+的架構圖。

### 8-6-1 語義分割相關函式語法介紹

這一小節主要是介紹訓練語義分割網路的用法，我們會介紹語義分割的訓練資料型態及建立語義分割網路的函式。在介紹函式語法之前，先說明語義分割網路的訓練資料的 ground truth 的樣子，在第二章有介紹到如何使用 Ground Truth Labeler 進行像素的標記，而像素標記的結果就是語義分割的 ground truth，事實上，語義分割的 ground truth 就是一張與訓練圖像相同大小的圖像，示意圖如圖 8.36 所示。

- **pixelLabelDatastore**

此函式是用來建立一 pixelLabelDatastore 物件來儲存像素標記資料加以進行語義分割。

**語法：**

- **pxds = pixelLabelDatastore(gTruth)**
- **pxds = pixelLabelDatastore(location,classNames,pixelLabelIDs)**
- **pxds = pixelLabelDatastore(___,Name,Value)**

**描述：**

- **gTruth**：groundTruth 物件，其包含資料來源、標籤定義列表及像素標記資料來源，可從 Image Labeler 及 Video Labeler 輸出至 Workspace。
- **location**：像素標記圖像或其資料夾的路徑，如果輸入是像素標記圖像路徑，則 location 爲一 cell array，其包含像素標記圖像路徑；如果輸入爲像素標記圖像資料夾路徑，則 location 爲字串。
- **classNames**：分類類別名稱，其爲字串陣列或是 cell 陣列。
- **pixelLabelIDs**：定義標籤的 ID，資料型態可以是一維陣列、m×3 二維陣列及 m×3 cell 陣列。m 爲分類類別數，3 表示 RGB 三原色。
- **Name,Value**：設定輸入選項，與 imageDatastore 的 Name, Value 相同。
- **'IncludeSubfolders'**：是否包含像素標記圖像資料夾內的子資料夾，true 爲包含；false 爲不包含。
- **'FileExtensions'**：指定檔案的格式，如 jpg 或 png 等。

在介紹完語法後，接著透過一例子進行演練。首先透過 fullfile 函式組合圖像及其對應的像素標記圖像的資料存放路徑，接著藉由 imageDatastore 函式建立圖像資料的 imageDatastore 物件，再來設定分類類別名稱及每個類別的 ID，然後藉由 pixelLabelDatastore 函式建立像素標記的 pixelLabelDatastore 物件，最後透過 read 函式讀取這兩物件內的資料，並顯示圖像及其像素標記區域，如圖 8.43 所示。請參考光碟範例 CH8_9.mlx。

```
dataDir = fullfile(toolboxdir('vision'),'visiondata');
imDir = fullfile(dataDir,'building');
pxDir = fullfile(dataDir,'buildingPixelLabels');

imds = imageDatastore(imDir);

classNames = ["sky" "grass" "building" "sidewalk"];
pixelLabelID = [1 2 3 4];
pxds = pixelLabelDatastore(pxDir,classNames,pixelLabelID);

I = read(imds);
C = read(pxds);
categories(C{1})
B = labeloverlay(I,C{1});
figure
imshow(B)
```

圖 8.43 圖像及其像素標記區域。(見彩色圖)

- **pixelLabelImageDatastore**

使用 pixelLabelImageDatastore 函式建立用於深度學習訓練語義分割網路的物件 pixelLabelImageDatastore。

**語法：**

pximds = pixelLabelImageDatastore(gTruth)

pximds = pixelLabelImageDatastore(imds,pxds)

pximds = pixelLabelImageDatastore(___,Name,Value)

**描述：**

- **gTruth**：groundTruth 物件，其包含資料來源、標籤定義列表及像素標記資料來源，可從 Image Labeler 及 Video Labeler 輸出至 Workspace。
- **imds**：圖像資料的 imageDatastore 物件。
- **pxds**：相對應像素標記的 pixelLabelDatastore 物件。
- **Name,Value**：這函式的 Name, Value 通常不用輸入，故不介紹

接續 pixelLabelDatastore 小節的範例，透過 pixelLabelImageDatastore 函式結合 imageDatastore 及 pixelLabelDatastore 兩物件加以建立用於深度學習訓練語義分割網路的pixelLabelImageDatastore物件；以及使用groundTruth物件建立pixelLabelImageDatastore物件。

```
pximds = pixelLabelImageDatastore(imds,pxds)

dataSource = groundTruthDataSource(imds.Files)

labelDefs = labelDefinitionCreator()
addLabel(labelDefs,'sky',labelType.PixelLabel)
addLabel(labelDefs,'grass',labelType.PixelLabel)
addLabel(labelDefs,'building',labelType.PixelLabel)
addLabel(labelDefs,'sidewalk',labelType.PixelLabel)
labelDefs = create(labelDefs)

labelData = table(pxds.Files,'VariableNames',{'PixelLabelData'})

gTruth = groundTruth(dataSource,labelDefs,labelData)

pximds_2= pixelLabelImageDatastore(gTruth)
```

- **fcnLayers**

  建立 FCN 網路。

**語法：**

```
lgraph = fcnLayers(imageSize,numClasses)
```

lgraph = fcnLayers(imageSize,numClasses,'Type',type)

**說明：**

- **imageSize**：網路輸入大小，其為一維陣列[height, width]。
- **numClasses**：分類類別數量，其為一純量。
- **type**：設定 FCN 輸出的上採樣倍率，其為一字串，分別有'32s'、'16s'及'8s'可以選擇，預設為'8s'。

**範例：**

lgraph_1 = fcnLayers([224 224],5)

lgraph_2 = fcnLayers([224 224],5,'Type', '32s')

- **segnetLayers**

  建立 SegNet 網路，如果使用語法當中的第一個語法的話，則沒有要額外輸入選項，因為會根據選擇的模型建立。

**語法：**

lgraph = segnetLayers(imageSize,numClasses,model)

lgraph = segnetLayers(imageSize,numClasses,encoderDepth)

lgraph = segnetLayers(imageSize,numClasses,encoderDepth,Name,Value)

**說明：**

- **imageSize**：網路輸入大小，其為一維陣列[height, width,depth]。
- **numClasses**：分類類別數量，其為一純量。
- **model**：選擇 SegNet 中編碼的骨幹，其為一字串，分別有'VGG16'及'VGG19'可以選擇，而建立的 SegNet 的編碼深度為 5。
- **encoderDepth**：設定編碼的深度，其為一純量
- **Name,Value**：設定輸入選項
  - **'NumConvolutionLayers'**：設定每一層編碼與解碼的卷積層數量，其為純量或一維陣列。純量表示每一層編碼與解碼的卷積層數量都相同；一維陣

列表示每一層編碼與解碼的卷積層數量會根據陣列的每一個元素進行設定。

- **'NumOutputChannels'**：設定每一層編碼與解碼的卷積核數量，其爲純量或一維陣列。純量表示每一層編碼與解碼的卷積核數量都相同；一維陣列表示每一層編碼與解碼的卷積核數量會根據陣列的每一個元素進行設定。
- **'FilterSize'**：設定 SegNet 卷積核大小，其爲一維陣列[height, width]，height 及 width 需爲奇數。

**範例：**

```
lgraph_1 = segnetLayers([224 224 3],5,'vgg16')
lgraph_2 = segnetLayers([224 224 3],5 ,2)
lgraph_3 = segnetLayers([224 224 3],5 ,5,'NumConvolutionLayers',[1 2 3 4 5])
```

- **unetLayers**

  建立 U-Net 網路。

**語法：**

```
lgraph = unetLayers(imageSize,numClasses)
[lgraph,outputSize] = unetLayers(imageSize,numClasses)
___ = unetLayers(imageSize,numClasses,Name,Value)
```

**說明：**

- **imageSize**：網路輸入大小，其爲一維陣列[height, width,depth]。
- **numClasses**：分類類別數量，其爲一純量。
- **Name,Value**：
  - **'EncoderDepth'**：設定編碼的層數，此外輸入圖像大小必須被 $2^{EncoderDepth}$ 整除。
  - **'NumOutputChannels'**：設定編碼的第一層卷積核數量，其爲純量，接下來的編碼的每一層都會是前一層的兩倍。

- **'FilterSize'**：設定 SegNet 卷積核大小，其爲一維陣列[height, width]，height 及 width 需爲奇數。
- **'ConvolutionPadding'**：設定卷積層填充方式，其輸爲字串，'same'表示使用零填充(zero padding)；'valid'表示不使用零填充。

**範例：**

lgraph_1 = unetLayers([224 224 3],5)

lgraph_2 = unetLayers([224 224 3], 5,'EncoderDepth', 2)

- **deeplabv3plusLayers**

  建立 DeepLabv3+網路。

**語法：**

layerGraph = deeplabv3plusLayers(imageSize,numClasses,network)

layerGraph = deeplabv3plusLayers(___,'DownsamplingFactor',value)

**說明：**

- **imageSize**：網路輸入大小，其爲一維陣列[height, width,depth]。
- **numClasses**：分類類別數量，其爲一純量。
- **network**：設定 deeplabv3+的骨幹，其爲一字串，分別有'resnet18'、'resnet50'、'mobilenetv2'、'xception'及'inceptionresnetv2'。
- **value**：對輸入圖像進行下採樣，其爲一純量，必須爲 8 或 16。

**範例：**

lgraph_1 = deeplabv3plusLayers ([224 224 3],5,'resnet18')

- **semanticseg**

  對圖像進行語義分割

**語法：**

C = semanticseg(I,network)

[C,score,allScores] = semanticseg(I,network)

[___] = semanticseg(I,network,roi)

pxds = semanticseg(ds,network)

[___] = semanticseg(___,Name,Value)

**說明：**

- **I**：輸入圖像，可透過 gpuArray 函式加速運算，資料格式如下：
- **network**：語義分割網路。
- **ds**：dataStore 物件，其透過 read(ds)函式必須可回傳數值陣列、cell 陣列或 table 格式。
- **roi**：感興趣的區域，通常不會使用，因此不介紹。
- **Name,Value**：設定輸入選項。
  - **'OutputType'**：設定輸出的格式，其為一字串，預設為'categorical'，另有'double'及'uint8'可以選擇。
  - **'MiniBatchSize'**：設定處理的批次大小，其為一純量，預設為 128。
  - **'ExecutionEnvironment'**：設定執行環境，其為一字串，預設為'auto'，另有'gpu'及'cpu'可以選擇。
  - **'WriteLocation'**：設定輸出結果的儲存路徑，其為一包含指定路徑字串，預設為 MATLAB 當前的資料夾，注意該選項只能在輸入為 ds 時才能使用。
  - **'NamePrefix'**：設定輸出結果的檔案名稱，其為一字串。例如設定輸出檔案名稱為 prefix，則輸出結果時會以 prefix_N.png 命名，N 為 ds 中檔案的索引值，注意該選項只能在輸入為 ds 時才能使用。
  - **'Verbose'**：顯示處理資訊。true 為顯示；false 則否注意該選項只能在輸入為 ds 時才能使用。

- **evaluateSemanticSegmentation**
  評估語義分割網路性能

**語法：**

```
ssm = evaluateSemanticSegmentation(dsResults,dsTruth)
ssm = evaluateSemanticSegmentation(dsResults,dsTruth,Name,Value)
```

**說明：**

- **dsResults**：從 semanticseg 函式輸出結果所建立的 PixelLabelDatastore 或 pixelLabelImageDatastore。
- **dsTruth**：目標檔案的 PixelLabelDatastore 或 pixelLabelImageDatastore。
- **Name,Value**：設定輸入選項。
  'Metrics'：指定計算的指標，其爲一字串，預設爲'all'。
  'Verbose'：顯示處理資訊。true 爲顯示；false 則否。

**範例：**

```
lgraph_1 = deeplabv3plusLayers ([224 224 3],5,'resnet18')
```

這邊對提供的指標進行說明：

- **Accuracy**：各類別的準確率，其公式爲 Accuracy score = TP / (TP + FN)。
- **Boundary F1 (BF)**：衡量圖像的預測邊界與眞實邊界的吻合度，其公式爲 score = 2 * precision * recall / (recall + precision)。
- **GlobalAccuracy**：指正確分類的像素與像素總數的比率
- **Intersection over union (IoU)**：正確分類的像素與該類別的眞實結果的比率。
- **Weighted-IoU**：每個類別按照該類別的像素數量加權的平均 IoU，如果圖像的類別之間的比例相差太多可使用此指標，以減少數量較少的類別的誤差對整體性能評估的影響。

## 8-6-2 使用深度學習進行語義分割

本節將透過一範例說明如何透過 MATLAB 訓練語義分割網路以及評估語義分割網路性能，並且進行應用。請參考光碟範例 CH8_10.mlx。

**Step 1. 下載數據集及預訓練網路**

在 Editor 裡面按下＋或是按下 Ctrl+N，以建立新的檔案，再按下 Ctrl+S 將檔案存檔，記得檔案格式爲.m 檔，此檔案名稱命名爲：

SemanticSegmentationUsingDeepLearningExample.m。

在開始之前，請先下載所要使用的數據集及已經訓練過的語義分割網路(DeepLab v3+)。使用的數據集爲 cambridge-driving labeled video database (CamVid)。CamVid 是具有目標類別像素標籤的視頻集合，其提供 32 個 ground truth 像素標籤，此外 CamVid 是從駕駛汽車的角度拍攝的，駕駛場景增加了觀察目標的數量和異質性。請先建立一資料夾並在 MATLAB 中使用 cd 函式改變 MATLAB 當前資料夾路徑。本範例預設當前路徑爲：

D:\SemanticSegmentationUsingDeepLearningExample。

```
cd('D:\SemanticSegmentationUsingDeepLearningExample')

imageURL =
'http://web4.cs.ucl.ac.uk/staff/g.brostow/MotionSegRecData/files/701_StillsRaw_full.zip';
labelURL =
'http://web4.cs.ucl.ac.uk/staff/g.brostow/MotionSegRecData/data/LabeledApproved_full.zi
p';

outputFolder = fullfile(pwd,'CamVid');
labelsZip = fullfile(outputFolder,'labels.zip');
imagesZip = fullfile(outputFolder,'images.zip');
```

```
if ~exist(labelsZip, 'file') || ~exist(imagesZip,'file')
mkdir(outputFolder)

disp('Downloading 16 MB CamVid dataset labels...');
websave(labelsZip, labelURL);
unzip(labelsZip, fullfile(outputFolder,'labels'));

disp('Downloading 557 MB CamVid dataset images...');
websave(imagesZip, imageURL);
unzip(imagesZip, fullfile(outputFolder,'images'));
end

pretrainedURL =
'https://www.mathworks.com/supportfiles/vision/data/deeplabv3plusResnet18CamVid.mat';
pretrainedFolder = fullfile(pwd,'pretrainedNetwork');
pretrainedNetwork = fullfile(pretrainedFolder,'deeplabv3plusResnet18CamVid.mat');
if ~exist(pretrainedNetwork,'file')
mkdir(pretrainedFolder);
disp('Downloading pretrained network (58 MB)...');
websave(pretrainedNetwork,pretrainedURL);
end
```

**Step 2. 載入 CamVid 的圖像**

開啓 SemanticSegmentationUsingDeepLearningExample.m 並開始撰寫主要內容，使用 imageDatastore 函式將 CamVid 的圖像載入至 MATLAB，以便於處理大量的圖像資料。完成載入後，透過 readimage 函式讀取 imds 內的圖像，如圖 8.44 所示。

```
outputFolder = fullfile(pwd,'CamVid');
imgDir = fullfile(outputFolder,'images','701_StillsRaw_full');
imds = imageDatastore(imgDir);

I = readimage(imds,1);
I = histeq(I);
imshow(I)
```

圖 8.44　從 imds 內讀取的某一張圖像。

**Step 3. 載入 CamVid 的像素標籤圖像**

使用 pixelLabelDatastore 函式將 CamVid 的像素標籤圖像載入至 MATLAB，pixelLabelDatastore 需要輸入像素標籤圖像的路徑、標籤名稱及標籤的 ID。為了方便訓練，因此從 32 種標籤群組成 11 種標籤。其中標籤的 ID 可以是 m×3 的二維陣列，代表標籤的 RGB 比例，在此可參考 CamVid 的官方網站 http://mi.eng.cam.ac.uk/research/projects/VideoRec/CamVid/。完成載入後，透過 readimage 函式讀取 imds 內的圖像及 pxds 的像素標籤圖像，並藉由 labeloverlay 函式將像素標籤圖像覆蓋在圖像上，如圖 8.45 所示。

```
classes = ["Sky", "Building","Pole","Road","Pavement", "Tree", "SignSymbol",...
"Fence","Car", "Pedestrian","Bicyclist"];

labelIDs = camvidPixelLabelIDs();

labelDir = fullfile(outputFolder,'labels');
pxds = pixelLabelDatastore(labelDir,classes,labelIDs);

C = readimage(pxds,1);
cmap = [
    128 128 128     % Sky
    128 0 0         % Building
    192 192 192     % Pole
    128 64 128      % Road
    60 40 222       % Pavement
    128 128 0       % Tree
    192 128 128     % SignSymbol
```

```
    64 64 128        % Fence
    64 0 128         % Car
    64 64 0          % Pedestrian
    0 128 192        % Bicyclist
    ];

% Normalize between [0 1].
cmap = cmap ./ 255;
B = labeloverlay(I,C,'ColorMap',cmap);
imshow(B)
```

圖 8.45　像素標籤圖像覆蓋在圖像。(見彩色圖)

**Step 4. 分析各類的像素標籤資料量**

countEachLabel 函式的輸入為 pixelLabelDatastore 及 pixelLabelImageDatastore，那麼會回傳三個數值，分別為類別名稱、各類別的總像素量及含有該類別的圖像像素量。接下來統計每一個類別的像素數量，在後續流程上會去調整輸出的權重，避免發生贏者全拿的情形。

```
tbl = countEachLabel(pxds)

frequency = tbl.PixelCount/sum(tbl.PixelCount);


bar(1:numel(classes),frequency)

xticks(1:numel(classes))

xticklabels(tbl.Name)

xtickangle(45)

ylabel('Frequency')
```

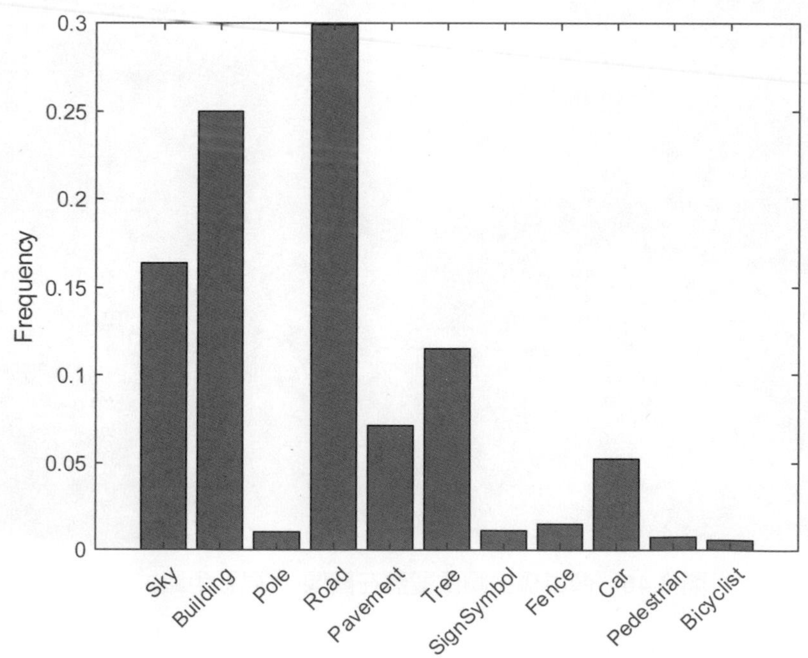

**Step 5. 將數據集分成訓練、測試及驗證集合**

透過 partitionCamVidData 副函式將 CamVid 數據分成訓練、測試及驗證集合，其比例為 60%-20%-20%。partitionCamVidData 副函式會放在光碟範例中。

```
[imdsTrain, imdsVal, imdsTest, pxdsTrain, pxdsVal, pxdsTest] =
partitionCamVidData(imds,pxds);
```

**Step 6. 建立語義分割網路**

本範例是使用 DeepLab v3+語義分割網路，讀者們亦可以調整成其它的語義分割網路。

```
imageSize = [720 960 3];
numClasses = numel(classes);


% Create DeepLab v3+.
lgraph = deeplabv3plusLayers(imageSize, numClasses, "resnet18");
```

**Step 7. 平衡權重比例**

在 Step 4 中，可以得知有些類別的像素量遠大於其的類別，而資料量的不平衡容易使網路的辨識能力偏向於資料量大的類別。因此建立一新的 Pixel Classification Layer 分配其權重並將原先的 Pixel Classification Layer 替換掉。

```
imageFreq = tbl.PixelCount ./ tbl.ImagePixelCount;
classWeights = median(imageFreq) ./ imageFreq
pxLayer =
pixelClassificationLayer('Name','labels','Classes',tbl.Name,'ClassWeights',classWeights);
lgraph = replaceLayer(lgraph,"classification",pxLayer);
```

**Step 8. 設定訓練選項**

```
% Define validation data.
pximdsVal = pixelLabelImageDatastore(imdsVal,pxdsVal);

% Define training options.
options = trainingOptions('sgdm', ...
'LearnRateSchedule','piecewise',...
'LearnRateDropPeriod',10,...
'LearnRateDropFactor',0.3,...
'Momentum',0.9, ...
'InitialLearnRate',1e-3, ...
'L2Regularization',0.005, ...
'ValidationData',pximdsVal,...
'MaxEpochs',30, ...
'MiniBatchSize',8, ...
'Shuffle','every-epoch', ...
'CheckpointPath', tempdir, ...
'VerboseFrequency',2,...
'Plots','training-progress',...
'ValidationPatience', 4);
```

**Step 9. 資料擴增**

語義分割的資料擴增方式類似一般圖像分類的資料擴增，一樣都是透過 imageDataAugmenter 函式設定資料擴增的方式。差異在於語義分割需要使用 pixelLabelImageDatastore 函式建立資料擴增物件。

```
augmenter = imageDataAugmenter('RandXReflection',true,...
'RandXTranslation',[-10 10],'RandYTranslation',[-10 10]);

pximds = pixelLabelImageDatastore(imdsTrain,pxdsTrain, ...
'DataAugmentation',augmenter);
```

**Step 10. 訓練語義分割網路**

訓練方式一樣是透過 trainNetwork 函式進行。變數 doTraining 如果是 false 則載入預先下載的語義分割網路。

```
doTraining = false;
if doTraining
    [net, info] = trainNetwork(pximds,lgraph,options);
else
    data = load(pretrainedNetwork);
    net = data.net;
end
```

**Step 11. 測試網路**

這邊先透過一張圖像進行測試，也可當作應用訓練好的語義分割網路。首先透過 readimage 函式從 imdsTest 中讀一張指定索引值的圖像，接著透過 semanticseg 函式對此圖像進行語義分割，最後透過 labeloverlay 函式顯示測試結果，如圖 8.46 所示。

```
I = readimage(imdsTest,35);
C = semanticseg(I, net);
B = labeloverlay(I,C,'Colormap',cmap,'Transparency',0.4);
```

```
imshow(B)
pixelLabelColorbar(cmap, classes);
```

圖 8.46 語義分割結果。(見彩色圖)

另外，亦可以將測試結果與像素標籤圖像進行比較，不過需要將 categorical 陣列先轉成數値陣列，在透過 imshowpair 函式顯示比較結果，如圖 8.47 所示。圖中綠色區域爲測試結果與眞實像素標籤圖像不同的區域。

```
expectedResult = readimage(pxdsTest,35);
actual = uint8(C);
expected = uint8(expectedResult);
imshowpair(actual, expected)
```

圖 8.47 測試結果與真實像素標籤圖像不同的區域(綠色區域)。(見彩色圖)

從視覺上看，對於道路、天空和建築物等類別，語義分割的結果很好地重合。然而，行人和汽車等較小的物體就不那麼準確了。每個類別的重疊量可以使用 intersection-over-union (IoU)，也稱爲 Jaccard 指數，使用 jaccard 函式來測量 IoU，其結果如圖 8.48 所示。

```
iou = jaccard(C,expectedResult);
table(classes,iou)
```

```
Command Window
>> table(classes,iou)

ans =

  11×2 table

       classes          iou
    _____________    _______

    "Sky"            0.91837
    "Building"       0.84479
    "Pole"           0.31203
    "Road"           0.93698
    "Pavement"       0.82838
    "Tree"           0.89636
    "SignSymbol"     0.57644
    "Fence"          0.71046
    "Car"            0.66688
    "Pedestrian"     0.48417
    "Bicyclist"      0.68431

fx >>
```

圖 8.48 各類別的 IoU。

**Step 12. 評估語義分割網路性能**

最後透過測試集合的所有資料對語義分割網路進行評估，一樣是透過 semanticseg 函式對圖像進行語義分割，但是圖像的輸入改爲使用 Datastore 物件，可以直接對整個測試集合進行語義分割，再來就直接利用 evaluateSemanticSegmentation 函式進行評估，其輸出包含了混淆矩陣及評估指標，圖 8.49 爲圖像指標內容。

```
pxdsResults = semanticseg(imdsTest,net, ...
'MiniBatchSize',4, ...
'WriteLocation',pwd, ...
'Verbose',false);

metrics = evaluateSemanticSegmentation(pxdsResults,pxdsTest,'Verbose',false);

metrics.DataSetMetrics
```

metrics.ClassMetrics

metrics.ConfusionMatrix

metrics.NormalizedConfusionMatrix

metrics.ImageMetrics

metrics | metrics.ImageMetrics

metrics.ImageMetrics

| | 1 GlobalAccuracy | 2 MeanAccuracy | 3 MeanIoU | 4 WeightedIoU | 5 MeanBFScore | 6 |
|---|---|---|---|---|---|---|
| 1 | 0.8112 | 0.7966 | 0.4344 | 0.7451 | 0.6529 | |
| 2 | 0.8954 | 0.8613 | 0.5444 | 0.8485 | 0.6528 | |
| 3 | 0.8350 | 0.6777 | 0.4911 | 0.7451 | 0.6147 | |
| 4 | 0.8499 | 0.7774 | 0.6086 | 0.7617 | 0.6582 | |
| 5 | 0.8848 | 0.7806 | 0.5176 | 0.8296 | 0.6483 | |
| 6 | 0.8995 | 0.8386 | 0.5331 | 0.8502 | 0.6207 | |
| 7 | 0.8873 | 0.8078 | 0.6128 | 0.8224 | 0.5893 | |
| 8 | 0.9120 | 0.6746 | 0.4449 | 0.8632 | 0.6169 | |
| 9 | 0.8158 | 0.7673 | 0.5691 | 0.7140 | 0.6716 | |
| 10 | 0.9087 | 0.8462 | 0.5139 | 0.8668 | 0.7475 | |
| 11 | 0.8478 | 0.7780 | 0.4738 | 0.7739 | 0.6437 | |
| 12 | 0.8500 | 0.8812 | 0.5671 | 0.7825 | 0.7180 | |
| 13 | 0.9242 | 0.8896 | 0.5719 | 0.8899 | 0.7400 | |
| 14 | 0.8835 | 0.7463 | 0.5836 | 0.8102 | 0.6210 | |
| 15 | 0.8509 | 0.7869 | 0.5116 | 0.7742 | 0.6105 | |
| 16 | 0.8669 | 0.7373 | 0.4850 | 0.8031 | 0.7066 | |
| 17 | 0.8729 | 0.8646 | 0.5511 | 0.7934 | 0.7028 | |
| 18 | 0.8717 | 0.8563 | 0.5160 | 0.8059 | 0.5742 | |
| 19 | 0.8565 | 0.8566 | 0.5035 | 0.7857 | 0.6997 | |
| 20 | 0.9278 | 0.7018 | 0.4428 | 0.8908 | 0.6867 | |

圖 8.49 圖像指標內容。

Reference

[1] K.Simonyan, A. Vedaldi, and A. Zisserman, "Deep Inside Convolutional Networks: Visualising Image Classification Models and Saliency Maps,"arXiv:1312.6034, 2013.

[2] M. D.Zeiler and R. Fergus, "Visualizing and Understanding Convolutional Networks," *arXiv:1311.2901*, 2013.

[3] R. R. Selvaraju, M. Cogswell, A. Das, R. Vedantam, D. Parikh, and D. Batra, "Grad-CAM: Visual Explanations from Deep Networks via Gradient-Based Localization," *arXiv:1610.02391*, 2019.

[4] J. Long, E. Shelhamer, and T. Darrell, "Fully convolutional networks for semantic segmentation," in *IEEE Conference on Computer Vision and Pattern Recognition (CVPR)*, pp. 3431-3440, 2015.

CHAPTER 9

# LSTM 實戰範例

本章摘要

# 9-1 深度學習應用於時間序列

這一節，我們將會介紹如何使用長短期記憶模型(LSTM)來進行文字或是訊號的處理。我們前幾章的重點都是以圖像作爲深度學習的技術應用，不過其實在文字或是訊號分布上面，也是可以使用深度學習的技術來去做應用。而最常使用的深度學習技術則是使用 LSTM 模型。在後面，我們會先介紹 LSTM 的原理，接著就會使用 MATLAB 的工具建構 LSTM 模型來做三個例子的演練介紹。

## 長短期記憶模型(LSTM)

LSTM 是一種遞歸神經網路(RNN)，他最主要的功能就是處理和預測時間序列的資料。時間序列是一組按照時間發生的先後順序進行排列的數據點序列，我們以圖 9.1 爲例，這張圖片是一張價格的時間序列圖。我們可以看到從 2005 年 2 月到 6 月之間的價格趨勢圖。這種可以藉由時間將發生的事件依先後順序排列的關係圖就稱爲時間序列。

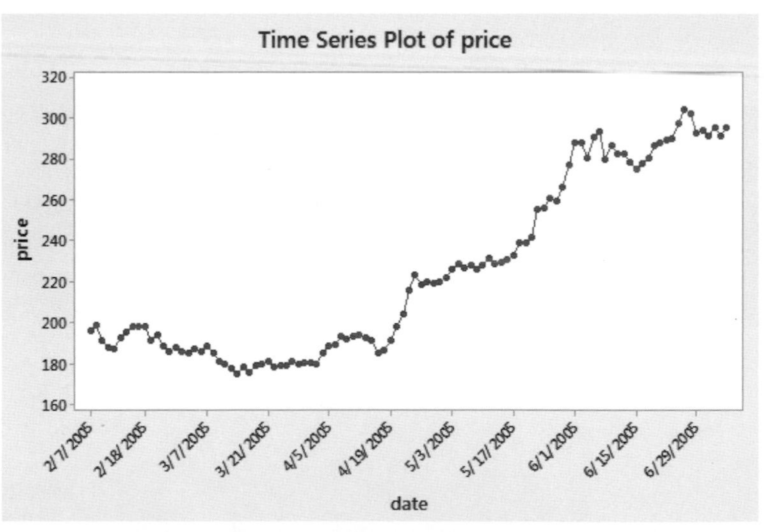


圖 9.1 價格時間序列[1]。

LSTM 的運作原理，我們會使用以下例子「去哪兒」來做教學，如圖 9.2 所示。去哪兒就是我們想要預測今天會去哪個地方。那爲什麼我們會需要 LSTM？我們先想像一個基本的類神經網路是一個投票過程，而我們所輸入的資料，如：星期幾、第幾個月等都會進入投票過程。接著我們可以根據以前去哪一個地方來預測今天要去哪裡。不過，這種方式訓練模型，效果不會太好，就算我們在前處理已經做得很好，在選擇輸入的資料並訓練模型，它的效果還是沒有比隨機猜測還來的好。爲什麼呢？最重要的是，我們沒辦法回顧資料，這邊的訓練是往前的訓練過程，它不會去記憶前一天的訊息，來輸出後一天的結果。所以 LSTM 的第一步，會先去回顧資料，藉由往前的資料去找出規律。所以根據圖 9.2，我們發現，如果昨天去學校，今天就會去球場，再隔一天會去餐廳，再隔一天就會回學校。再這個模型中，最重要的因素是昨天去過的地方。所以在投票的過程相對來說就簡單很多，預測也可以非常精準。因爲此資料是有一個規律性的。

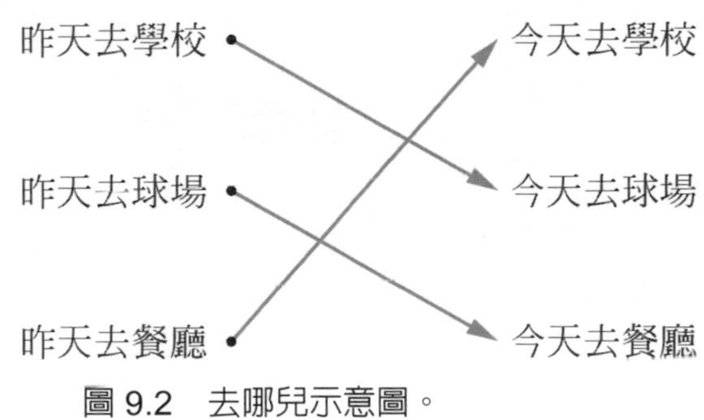


圖 9.2　去哪兒示意圖。

那現在我們將問題提高一點，如果筆者有一天生病，就如昨天生病，導致只能待在家裡，這樣我們就沒辦法得知他昨天去哪裡了。不過，我們還是能從他再更前幾天的預測來猜測今天會去哪裡。如圖 9.3 所示，只要先知道再更先前去哪裡的預測，我們還是能接著預測出今天要去哪裡。

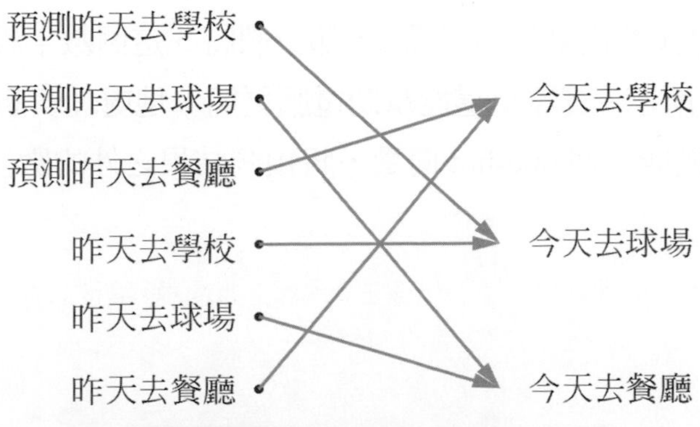


圖 9.3　提高問題的去哪兒示意圖。

不過要如何將 LSTM 實現呢？首先我們要先知道兩個名詞，向量以及 one-hot encoding。向量簡而言之，就是用來表示一組數字的名詞。我們用一個例子解釋，如圖 9.4 所示，我們將一段文字的數值意思先記錄一下，然後使用一個飲料向量將最後的數值存起來。

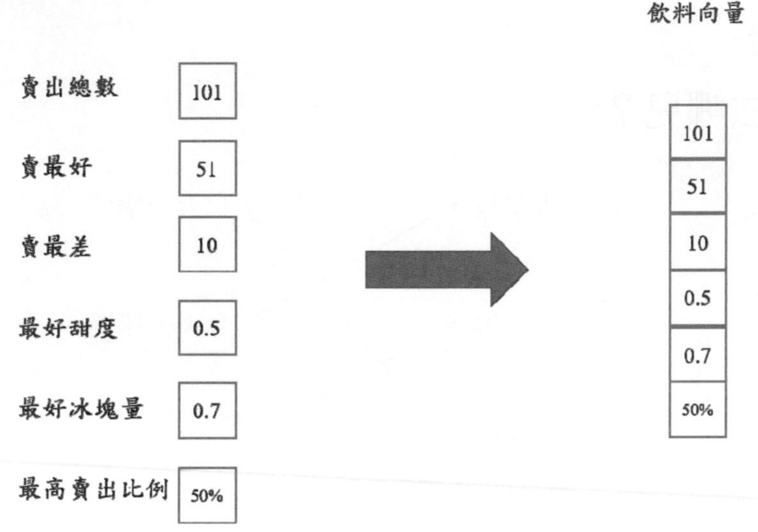


圖 9.4　文字轉數字的示意圖。

由於電腦在處理文字也都是轉換成數字才能處理，所以我們才要將資料轉換成電腦能夠去運算的格式，所以在做機器學習的預處理，將所有資料轉換成一組數字是最基本的。

當我們有了向量後，我們要怎麼傳達給電腦知道呢？所以我們需要 one-hot encoding。所謂的 one-hot encoding 我們以 MNIST 資料集爲例，今天如果要辨識的數字是從 0~9，如果預測出來的結果爲 5，那我們將 5 這個數字設定爲 1，其他數字就設定爲 0，如圖 9.5 所示。實際上這能幫助電腦更簡單地處理資訊，所以我們可以將「去哪兒」的預測轉換成一個 one-hot 向量，將預測結果之外的數值都設爲 0。

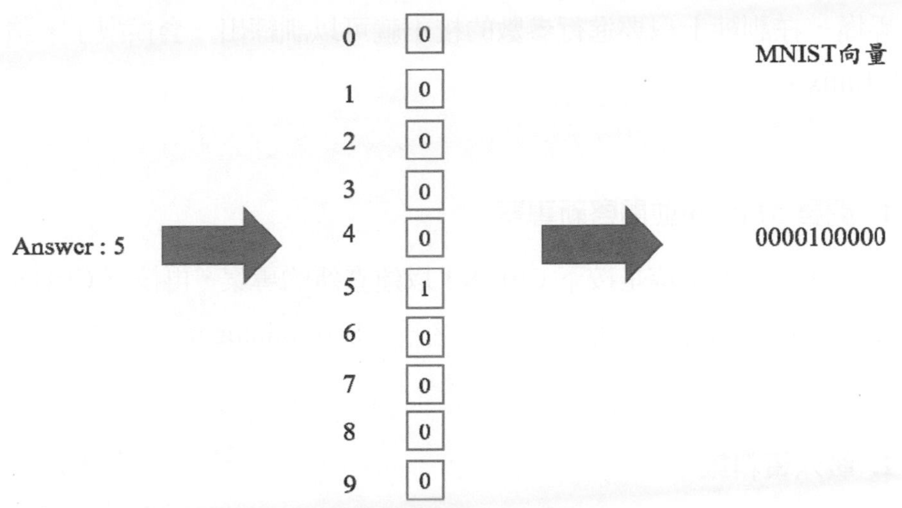


圖 9.5 One-hotencoding 式意圖。

現在我們可以將所有的輸入和輸出組合成幾個向量，也就是幾組數字。這可以幫助我們解釋整個神經網路的架構。利用我們歸納出的三個向量：昨天的預測、昨天的結果、以及今天的預測，這裡的神經網路架構即為每個輸入因素和輸出的因素。所以 LSTM 可以解決一些需要前述例子才能解決的預測問題。LSTM 在處理有關於時間序列等跟前述時間有相關性的問題能得到非常好的結果。

## 9-2 序列的分類範例

在此小節，我們會使用 Japanese Vowels 的資料集來進行序列到序列的分類訓練。Japanese Vowels 的資料集蒐集了 9 名日本男性發言者的 12 個 LPC 倒譜係數的 640 個時間序列資料。這個資料是請 9 名男性發言者連續發出兩個日語母音/ae/，然後對於每個話語形成一個時間序列，然後在每個時間序列的設有 12 個特徵。在這套資料集中，他們將其中的 270 筆資料(由 9 位發言者發言 30 次)作為訓練，而 370 筆資料(相同的 9 位發言者再不同機會中說出 24～88 句話)做為測試，藉由這些連續時間序列的資料來做出一個預測模型出來。MATLAB 已經有包含此 Japanese Vowels 的資料集了，所以我們不需要再額外去下載此資料集，且 MATLAB 也有包含 LSTM 的訓練函數，所以只要語法弄懂，在訓練上只要進行參數的校正就可以訓練出一套模型了。請參考光碟範例 CH9_1.mlx。

**Step 1. 開啓 Matlab 並開啓新專案**

在 Editor 裡面按下＋或是按下 Ctrl+N，以建立新的專案，再按下 Ctrl+S 將檔案存檔，記得檔案格式爲.m 檔，此檔案名稱命名爲：SeqTraining.m。

**Step 2. 載入資料集**

此資料集的存放位置在 MATLAB 安裝路徑內，並且已被 MATLAB 整理成兩個 mat 檔，只要使用對應的函式，就可以將其載入至 MATLAB。使用者可以在輸入程式後，去 Workspace 檢查是否已經匯入此資料集。XTrain 的每一筆資料都是 12 個 LPC 倒譜係數序列；YTrain 爲受測者的標籤，共有 9 的類別。

```
[XTrain,YTrain] = japaneseVowelsTrainData;
[XTest,YTest] = japaneseVowelsTestData;
```

**Step 3. 視覺化查看訓練資料集**

點擊 XTrain，可以看到每一筆資料的列數皆爲 12，也就代表每個時間點都有 12 個特徵被記錄下來。圖 9.6 爲 XTrain 變數中的第一筆序列資料，其爲一 12×20 的二維陣列，其代表由 12 個序列組成，而序列長度爲 20。在時序的分類或迴歸上，MATLAB 會將列視爲特徵數；行爲觀測數。

Variables - XTrain{1, 1}

PLOTS VARIABLE VIEW

XTrain XTrain{1, 1}

XTrain{1, 1}

| | 1 | 2 | 3 | 4 | 5 | 6 | 7 |
|---|---|---|---|---|---|---|---|
| 1 | 1.8609 | 1.8917 | 1.9392 | 1.7175 | 1.7412 | 1.6847 | 1.6374 |
| 2 | -0.2074 | -0.1932 | -0.2397 | -0.2186 | -0.2799 | -0.3120 | -0.3362 |
| 3 | 0.2616 | 0.2354 | 0.2586 | 0.2171 | 0.1966 | 0.1955 | 0.1528 |
| 4 | -0.2146 | -0.2491 | -0.2915 | -0.2282 | -0.2364 | -0.2320 | -0.2238 |
| 5 | -0.1713 | -0.1129 | -0.0411 | -0.0186 | -0.0320 | -0.0687 | -0.0263 |
| 6 | -0.1182 | -0.1122 | -0.1020 | -0.1376 | -0.0906 | -0.0038 | -0.0092 |
| 7 | -0.2776 | -0.3120 | -0.3833 | -0.4033 | -0.3631 | -0.3419 | -0.3639 |
| 8 | 0.0257 | -0.0271 | 0.0190 | -0.0096 | -0.0126 | -0.0088 | -0.0031 |
| 9 | 0.1267 | 0.1715 | 0.1695 | 0.1646 | 0.1243 | 0.0851 | 0.0555 |
| 10 | -0.3068 | -0.2894 | -0.3149 | -0.3233 | -0.3512 | -0.3643 | -0.3581 |
| 11 | -0.2131 | -0.2477 | -0.2279 | -0.2101 | -0.2165 | -0.2048 | -0.1816 |
| 12 | 0.0887 | 0.0930 | 0.0746 | 0.0981 | 0.1139 | 0.1018 | 0.0821 |

圖 9.6 XTrain 數值化表示。

接下來，取出 XTrain 的第一筆資料加以顯示其序列的趨勢，圖 9.7 爲 XTrain 的第一筆資料的時間序列圖，其中 X 軸爲時間步距，Y 軸爲 12 個特徵的分布序列。可以看到每個特徵都有他自己的變化，且第 1 個特徵數值較大。

```
figure
plot(XTrain{1}')
xlabel("Time Step")
title("Training Observation 1")
numFeatures = size(XTrain{1},1);
legend("Feature" + string(1:numFeatures),'Location','northeastoutside')
```

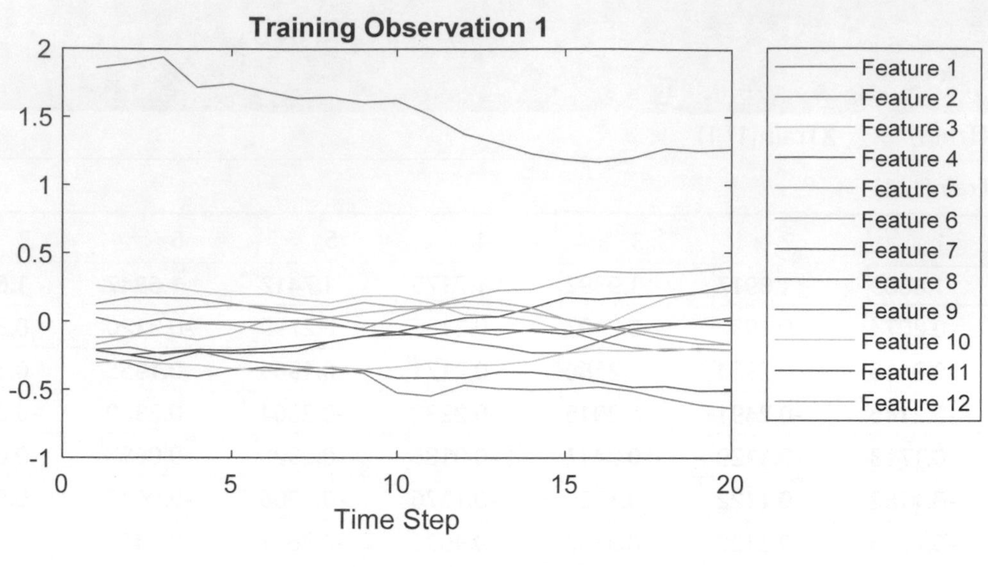


圖 9.7 XTrain 時間序列圖。

### Step 4. 觀察訓練資料集序列長度

這個資料的訓練集有 270 筆，而每一筆序列的長度都不盡相同，因此在這一步將 XTrain 的每一筆的序列長度取出來並稍做統計。透過 numel 函式計算有幾筆資料，再用 for 迴圈，將每一筆資料的序列長度儲存到 sequenceLengths 變數中。

```
numObservations = numel(XTrain);
fori=1:numObservations
    sequence = XTrain{i};
sequenceLengths(i) = size(sequence,2);
end

figure
bar(sequenceLengths)
ylim([0 30])
```

```
xlabel("Sequence")
ylabel("Length")
title("Data Length")
```

圖 9.8 爲序列長度分布結果，不過可以看出序列長度的分布不均勻，然而在訓練過程中，序列長度相差太多的話會導致較短的有過度填充的現象，進而影響測試結果。因此，在下一步進行排序，降低過度填充的現象。

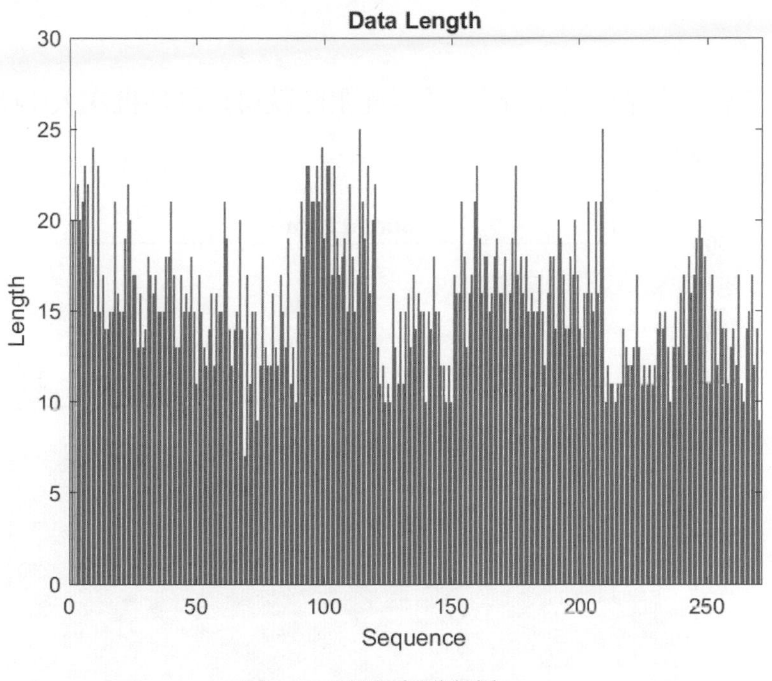


圖 9.8　取出序列資料。

**Step 5. 訓練集序列排序**

使用 sort 函式對 XTrain 的資料進行排序，排序方法爲由小到大。

```
[sequenceLengths,idx] = sort(sequenceLengths);
XTrain = XTrain(idx);
YTrain = YTrain(idx);
```

```
figure
bar(sequenceLengths)
ylim([0 30])
xlabel("Sequence")
ylabel("Length")
title("Sorted Data")
```

圖 9.9 是排序後的序列長度分布，透過此張圖就可以評估批次大小(MiniBatchSize)需要設定多少才合適。

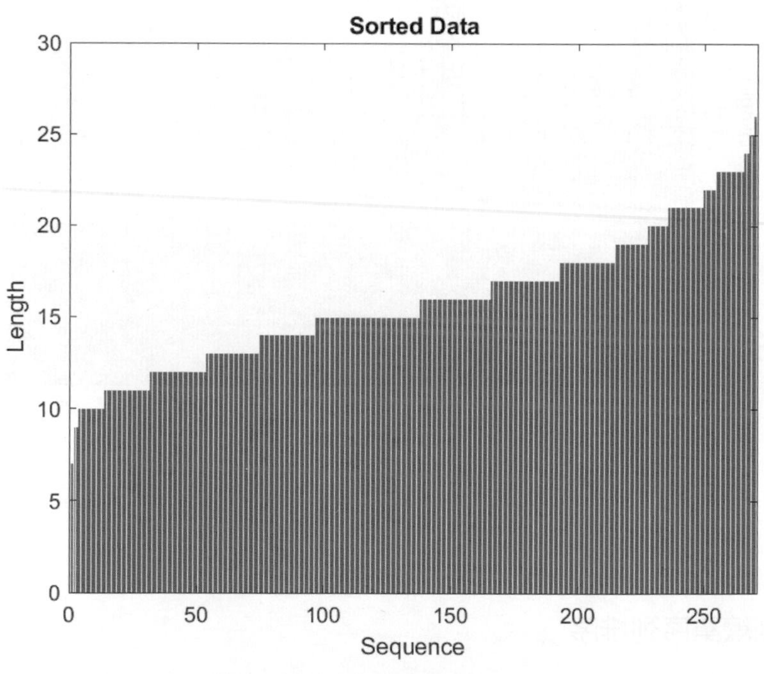


圖 9.9 取出排序後序列資料。

**Step 6. 定義 LSTM 網路模型**

輸入為序列的網路模型需使用 sequenceInputLayer 當作輸入層，由於每一筆的資料都有 12 個特徵點，所以輸入的 inputSize 設定為 12。接下來連接雙向 LSTM 層，其隱藏神經元為 100，'OutputMode'為最後時間點的狀態。最後連接 fullyConnectedLayer、softmaxLayer 及 classificationLayer 以進行分類。

```
inputSize = 12;
numHiddenUnits = 100;
numClasses = 9;

layers = [ ...
sequenceInputLayer(inputSize)
bilstmLayer(numHiddenUnits,'OutputMode','last')
fullyConnectedLayer(numClasses)
softmaxLayer
classificationLayer]
```

**Step 7. 定義 LSTM 訓練選項**

在建構完 LSTM 網路後，接下來就是去定義訓練的參數。優化器選擇'adam'，'MaxEpochs'(最大訓練回合數)設為 100，'MiniBatchSize'(批次大小)設為 27，避免發生過度填充的問題，最重要的一點，因為我們要確保我們的序列都是按照我們排序好的結果去訓練，所以我們在'Shuffle'這個功能上要設定 never，確保不會隨機訓練數據。

```
maxEpochs = 100;
miniBatchSize = 27;

options = trainingOptions('adam', ...
```

```
'ExecutionEnvironment','cpu', ...
'GradientThreshold',1, ...
'MaxEpochs',maxEpochs, ...
'MiniBatchSize',miniBatchSize, ...
'SequenceLength','longest', ...
'Shuffle','never', ...
'Verbose',0, ...
'Plots','training-progress');
```

**Step 8. 訓練 LSTM 模型**

在建構以及設定完 LSTM 相關模型以及訓練參數後，接下來就進行訓練。一樣使用 MATLAB 函式中的 trainNetwork 就可以訓練我們要的模型了。這裡我們需要訓練的變數有，訓練的資料、訓練資料的標籤、訓練模型架構以及訓練模型參數。

```
net = trainNetwork(XTrain,YTrain,layers,options);
```

**Step 9. 觀察測試集序列長度**

測試集有 360 筆，我們一樣統計一下其序列長度。所以我們一樣用 numel 函式計算有幾筆資料，再用 for 迴圈，將每一筆資料的序列長度儲存到 sequenceLengthsTest 變數。

```
numObservationsTest = numel(XTest);
fori=1:numObservationsTest
    sequence = XTest{i};
sequenceLengthsTest(i) = size(sequence,2);
end
```

```
figure
bar(sequenceLengthsTest)
ylim([0 30])
xlabel("Sequence")
ylabel("Length")
title("Test Data Length")
```

圖 9.10 為序列長度分布結果，這部分跟訓練時的流程一樣需要進行排序。

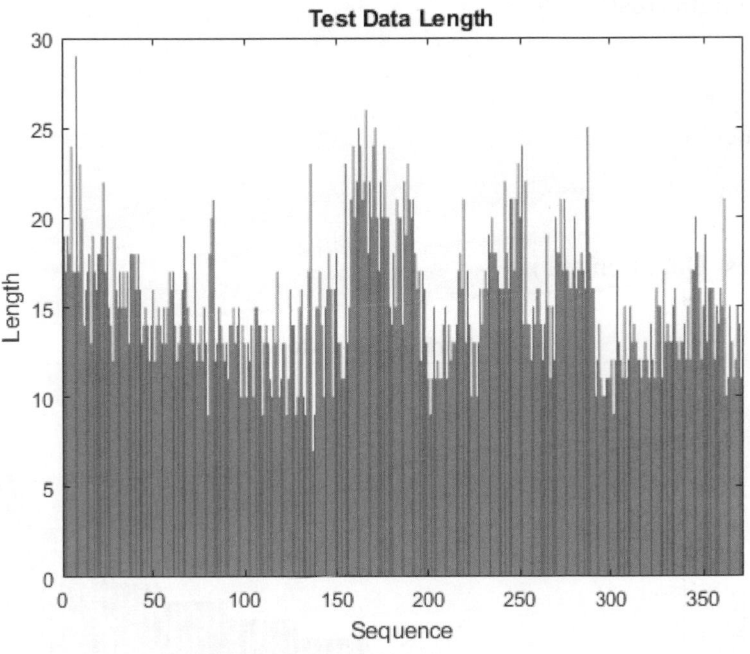


圖 9.10 取出測試集序列資料。

**Step 10. 測試集序列排序**

這步驟一樣是根據序列長度排序，將測試集的資料重新排序，圖 9.11 爲重新排序後的序列長度分布。

```
[sequenceLengthsTest,idx] = sort(sequenceLengthsTest);
XTest = XTest(idx);
YTest = YTest(idx);

figure
bar(sequenceLengthsTest)
ylim([0 30])
xlabel("Sequence")
ylabel("Length")
title("Sorted Test Data Length")
```

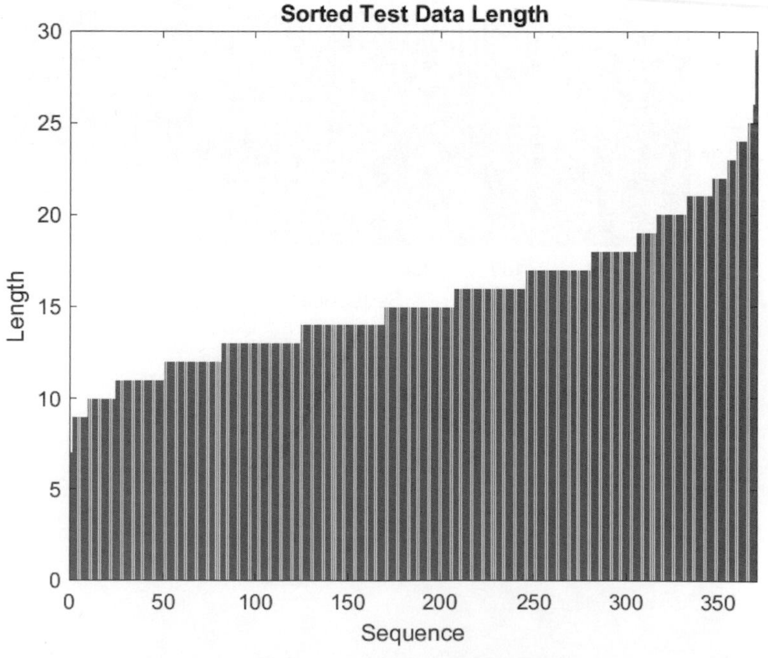


圖 9.11　取出排序後測試集序列資料。

**Step 11. 驗證測試數據集**

最後一步就是要來驗證我們的模型的好壞。那由於在訓練的過程是每 27 個序列進行訓練，所以我們在驗證測試集的時候，也是要將每 27 個序列輸入到模型進行測試一次。最後 acc 就是將準確率輸出出來。

```
miniBatchSize = 27;
YPred = classify(net,XTest, ...
'MiniBatchSize',miniBatchSize, ...
'SequenceLength','longest');

Acc = sum(YPred == YTest)./numel(YTest)
```

Acc 變數就是我們模型的準確度，可以看到準確度已經有 0.9649，以一個時間序列資料來說，這已經是相當高的結果了。這可能是因爲此資料不需要任何的預處理，資料非常乾淨，就如同圖像分類的 MNIST 資料集一樣才能得到此表現。這就是一個使用序列分類的訓練例子。

**Step 12. LSTM 網路學習特徵的可視化**

另外，可以藉由 activations 函式萃取出雙向 LSTM 每一個時間點的輸出結果(ht，參考第三章)，接著透 classifyAndUpdateState 函式去更新雙向 LSTM 內的狀態，也就是更新 cell state 並且將前一個時間點的輸出與當前的輸入結合加以運算。圖 9.12 是雙向 LSTM 對於類別標籤爲 1 的前 20 個隱藏神經單元的輸出結果，從圖中可以看出每個隱藏神經單元會隨著每一次更新會逐漸傾向-1、1 或者維持不變。而逐漸傾向-1 及 1 的隱藏神經元就是決定最後分類結果的主要依據，因此對於不同的類別，逐漸傾向-1 及 1 的隱藏神經元就會有所不同。

```
net_ = net;
X = XTest{end};
YTest{end}
sequenceLength = size(X,2);
idxLayer = 2;
outputSize = net.Layers(idxLayer).NumHiddenUnits;

features=nan*ones(2*outputSize,sequenceLength);
fori = 1:sequenceLength
    features(:,i) = activations(net_,X(:,i),idxLayer);
    [net_, YPred(i)] = classifyAndUpdateState(net_,X(:,i));
end

figure
heatmap(features(1:20,:));
xlabel("Time Step")
ylabel("Hidden Unit")
title("LSTM Activations")
colormap jet
caxis([-1 1])
```

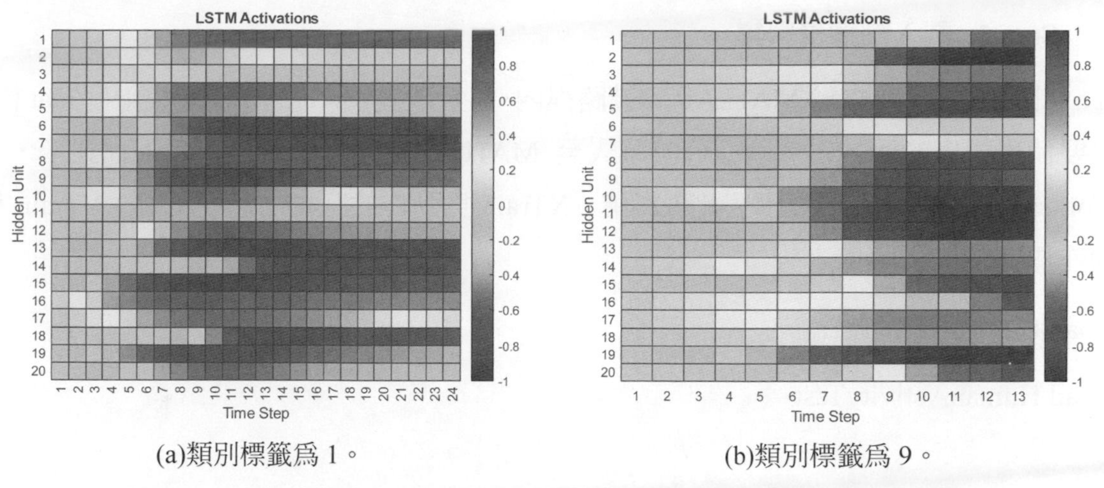


(a)類別標籤為 1。　　(b)類別標籤為 9。

圖 9.12 可視化雙向 LSTM 的前 20 個隱藏神經單元的輸出。(見彩色圖)

## 9-3 序列到序列使用 LSTM 的人類動作分類(human activity)

在前一節中我們是將整個序列數據去進行訓練及分類，所以一條序列數據只會輸出一個預測結果。不過在本節中，我們是想要將在每一個不同時間中的序列數據去進行分類。所以在這一節，我們將會介紹如何使用 LSTM 來進行序列到序列的分類。我們這次所使用的資料集是一個配戴智慧型手機來記錄人體動作的三軸加速度訊號，其動作有行走、跑步、跳舞、坐下及起立等動作。而整個數據集包含 7 個人的三軸加速度序列資料，每筆資料都同時具有三個維度的加速度，也就有 3 個特徵且每筆資料的序列長度不同。我們將藉由此資料集，來說明如何使用 LSTM 進行序列到序列的分類問題。請參考光碟範例 CH9_2.mlx。

**Step 1. 開啓 Matlab 並開啓新專案**

在 Editor 裡面按下＋或是按下 Ctrl+N，以建立新的專案，再按下 Ctrl+S 將檔案存檔，記得檔案格式為.m 檔，此檔案名稱命名為：HumanActivityTrainLSTM.m。

**Step 2. 載入訓練資料集**

此資料集已存在於 MATLAB 安裝路徑內，並且已被 MATLAB 整理成兩個 mat 檔，只要使用對應的函式，就可以將其載入至 MATLAB。使用者可以在輸入程式後，去 Workspace 檢查是否已經匯入此資料集。XTrain 爲動作的三軸加速度訊號；YTrain 爲動作標籤。

```
load HumanActivityTrain
load HumanActivityTest
```

**Step 3. 圖形化查看訓練集樣式**

首先，透過 categories 函式了解分類的類別爲何，定義變數 classes 儲存 YTrain 標籤中的類別，分類類別包含行走、站立、坐下、跑步及跳舞。

```
X = XTrain{1}(1,:);
classes = categories(YTrain{1});
```

接下來查看 XTrain 內的一訓練序列，這裡畫出第一個訓練集序列的第一組特徵，並根據當下在做的動作來將它呈現出來。我們先用 label 來存取每個類別，然後再去判斷，如果 YTrain 的標籤現在等於此類別的話，就將前一類別的動作保留起來並畫出來，所以我們就能將每一動作慢慢呈現出來。

```
figure
for j = 1:numel(classes)
    label = classes(j);
idx = find(YTrain{1} == label);
    hold on
    plot(idx,X(idx))
end
```

```
hold off

xlabel("Time Step")
ylabel("Acceleration")
title("Training Sequence 1, Feature 1")
legend(classes,'Location','northwest')
```

圖 9.13 爲訓練集的繪圖呈現結果，從圖中，我們可以看到每個動作的加速度大小變化，如：坐著及站立的時候，就能看到黃線幾乎是沒有任何振幅的變化，因爲沒有移動就不會有太大的起伏。不過在跑步或是跳舞的時候，就可以看到振幅的變化很大，代表當下的時間點正在做激烈運動。

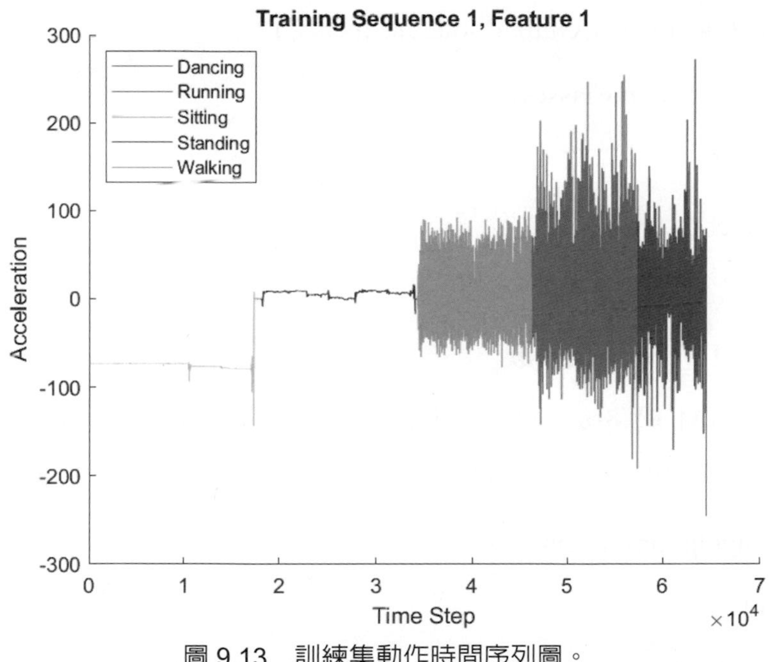


圖 9.13　訓練集動作時間序列圖。

**Step 4. 建構 LSTM 網路架構**

輸入為序列的網路模型需使用 sequenceInputLayer 當作輸入層，由於每一筆的資料都有 3 個特徵點，所以輸入的 inputSize 設定為 3。接下來連接 LSTM 層，其隱藏神經元為 100，'OutputMode'為每個時間點的狀態。最後連接 fullyConnectedLayer、softmaxLayer 及 classificationLayer 以進行分類。

```
numFeatures = 3;
numHiddenUnits = 200;
numClasses = 5;

layers = [ ...
sequenceInputLayer(numFeatures)
lstmLayer(numHiddenUnits,'OutputMode','sequence')
fullyConnectedLayer(numClasses)
softmaxLayer
classificationLayer];
```

**Step 5. 定義 LSTM 網路參數**

在建構完 LSTM 網路後，接下來就是去定義訓練的參數。優化器使用'adam'，然後'MaxEpochs'(訓練的總回合數)為 60 次。在學習率的部分以預設為主。

```
options = trainingOptions('adam', ...
'MaxEpochs',60, ...
'GradientThreshold',2, ...
'Verbose',0, ...
'Plots','training-progress');
```

## Step 6. 訓練 LSTM 網路模型

在建構以及設定完 LSTM 相關模型以及訓練參數後，接下來就進行訓練。一樣使用 MATLAB 函式中的 trainNetwork 就可以訓練我們要的模型了。這裡我們需要訓練的變數有，訓練的資料、訓練資料的標籤、訓練模型架構以及訓練模型參數。

```
net = trainNetwork(XTrain,YTrain,layers,options);
```

圖 9.14 為訓練模型的結果。其實從圖中可以看出，此訓練資料差不多在 20 個 epochs 時就已經達到收斂了。此結果都是在訓練集上的結果，所以接下來就是要將此訓練好的模型套用在測試集上做驗證。

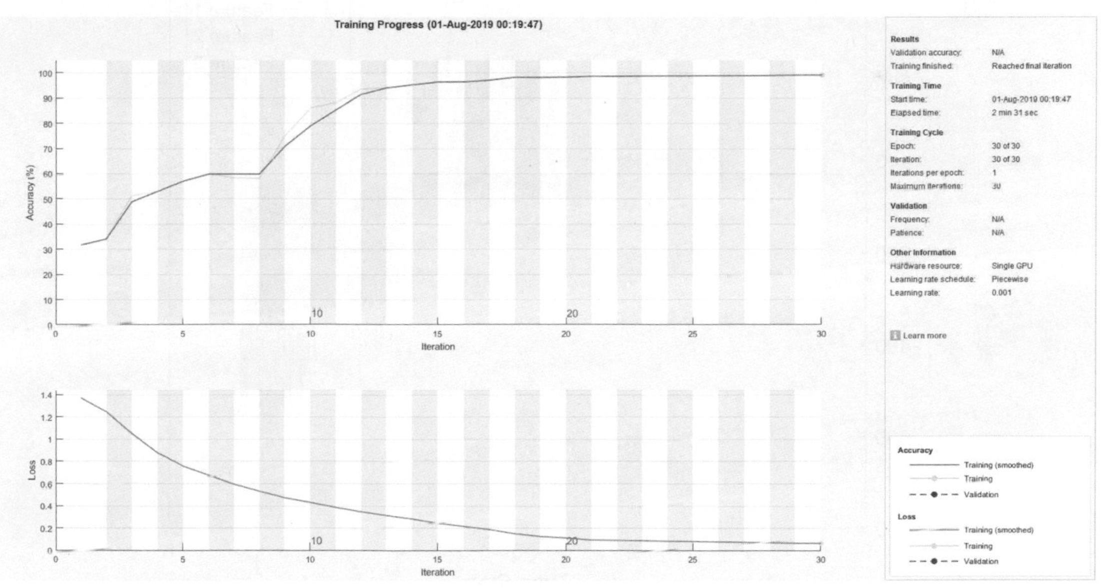


圖 9.14 模型準確度。

## Step 7. 圖形化查看測試集樣式

我們將測試集的資料直接進行圖形化呈現出來。可以看到此測試集有三個特徵，我們就要從這三個特徵點中去預測它之後的動作。

```
figure
```

```
plot(XTest{1}')
xlabel("Time Step")
legend("Feature" + (1:numFeatures))
title("Test Data")
```

圖 9.15 為我們測試集動作時間序列圖。從此圖我們可以看到此序列集每個動作的分布，且每一個分布都有它自己獨立的特徵，下一步就是要將此測試集輸入到模型內去進行預測。

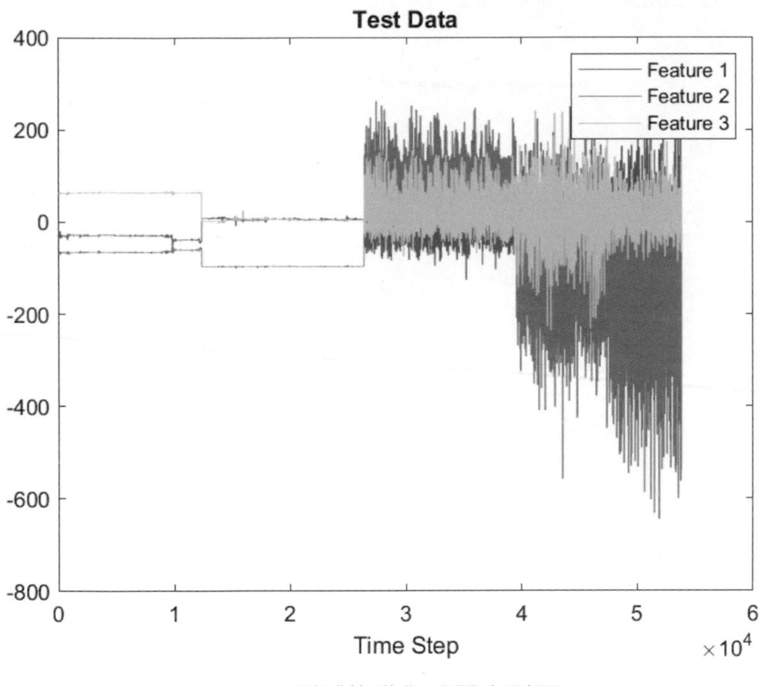


圖 9.15　測試集動作時間序列圖。

**Step 8. 查看模型測試準確度**

訓練好模型後，就要來驗證模型的好壞。我們先用 classify 來將測試集的時間序列輸入到我們訓練好的模型去輸出他的預測標籤。並且將此模型的準確度計算出來。

```
YPred = classify(net,XTest{1});
```

```
acc = sum(YPred == YTest{1})./numel(YTest{1})
```

**Step 9. 查看測試集預測結果**

最後，就是使用圖形化來比對我們此筆測試集資料的標籤預測。

```
figure
plot(YPred,'.-')
hold on
plot(YTest{1})
hold off

xlabel("Time Step")
ylabel("Activity")
title("Predicted Activities")
legend(["Predicted""Test Data"])
```

圖 9.16 為測試集圖形化的標籤預測結果。藍色的 Predicted 為預測出來的動作，而橘色的 Test Data 為原先標記好的測試動作。從圖中可以看到最容易辨識正確的就是每一個單一動作的進行，不過如果從動作與動作之間的交替，就很難去做辨識了。尤其是坐著與站著這個動作幾乎振幅是一樣的，沒有一個起立的動作就能去銜接這兩者動作之間的互動。所以可以看到，雖然單一動作好預測，不過如果要同時預測動作的交替，可能需要更多的資料來去訓練或是再多一些交替動作的參考才會有更準確的結果。

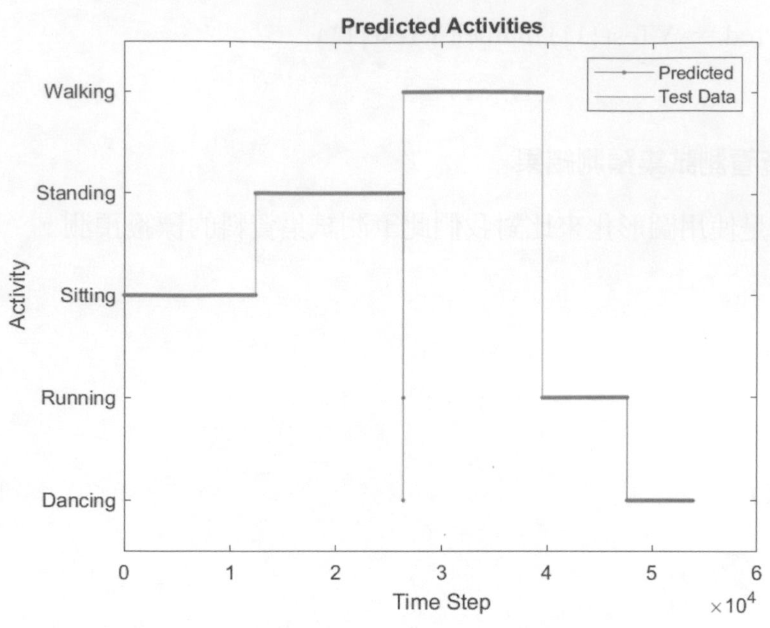


圖 9.16 測試集圖形化的標籤預測結果。

## 9-4 序列到序列的迴歸範例

在前述例子中，我們使用了序列到序列的方法來對記錄行人在路上的行動模式的資料來進行分類。這一小節將介紹使用序列到序列的迴歸方法。如何判斷此資料集該使用分類與迴歸，我們可以用很簡單的方法來區分。分類就是如果今天所要輸出的結果，是很明確的，如區分狗與貓，又或是藉由糖尿病患者的各種數據資料，判斷是否有糖尿病，皆是使用分類。而回歸，就如今天要去判斷飲料的價格，或是股價的趨勢，這種沒有絕對解，只會經由一個迴歸線來得出一個相似解，就會使用迴歸。

本節使用的資料集是發動機的各種感測器資料。發動機在每個時間序列開始時正常運作，並在每個序列期間的某一點發生故障。在訓練集中，故障的大小會增加，直到整個系統通知完全發生故障爲止。此數據集總共有幾個列，每一列都是不同的變量，列對應的內容如下：

Column 1: Unit number

Column 2: Time in cycles

Columns 3–5: Operational settings

Columns 6–26: Sensor measurements 1–17

所以我們會藉由使用序列到序列的迴歸方式來訓練此資料集，然後可以預測測試集的故障時間等問題。請參考光碟範例 CH9_3.mlx。

在範例開始之前請先將底下兩個副函式各別存檔，其檔名分別為 processTurboFanDataTrain.m 及 processTurboFanDataTest.m。這兩個副函式是要幫助我們將數據集的資料轉成 MATLAB 看得懂的格式。

```
function [predictors,responses] = processTurboFanDataTrain(filenamePredictors)

dataTrain = dlmread(filenamePredictors);


numObservations = max(dataTrain(:,1));


predictors = cell(numObservations,1);

responses = cell(numObservations,1);

fori = 1:numObservations

idx = dataTrain(:,1) == i;


    predictors{i} = dataTrain(idx,3:end)';


timeSteps = dataTrain(idx,2)';

    responses{i} = fliplr(timeSteps);

end


end
```

```
function [predictors,responses] =
processTurboFanDataTest(filenamePredictors,filenameResponses)

predictors = processTurboFanDataTrain(filenamePredictors);

RULTest = dlmread(filenameResponses);

numObservations = numel(RULTest);

responses = cell(numObservations,1);
fori = 1:numObservations
    X = predictors{i};
sequenceLength = size(X,2);

rul = RULTest(i);
    responses{i} = rul+sequenceLength-1:-1:rul;
end

end
```

**Step 1. 開啓 Matlab 並開啓新專案**

在 Editor 裡面按下＋或是按下 Ctrl+N，以建立新的專案，再按下 Ctrl+S 將檔案存檔，記得檔案格式爲.m 檔，此檔案名稱命名爲：S2SRegression.m。

**Step 2. 載入訓練資料集**

此資料集需從網站上下載，輸入該網址，https://ti.arc.nasa.gov/c/6/，並將其下載至MATLAB 目前路徑內(可透過 pwd 指令得知目前路徑)，下載後就可以執行以下程式將它讀入。我們先將檔案位置輸入進來，然後使用 unzip 的函數去將此壓縮檔解壓縮，再將資料放入"data"的資料集中。

註 光碟中有此資料集。

```
filename = "CMAPSSData.zip";

dataFolder = "data";

unzip(filename,dataFolder)
```

圖 9.17 為 data 內的資料，打開來看能看到一個 pdf 檔案，以及其他的 txt 檔案，有看到這步的讀者代表已經順利將資料集解壓縮了。

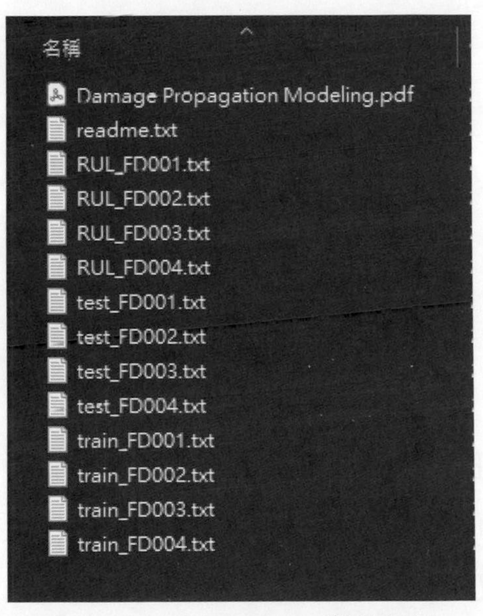


圖 9.17 CMAPSSData 檔案內容。

**Step 3. 資料集資料分類**

首先，我們要先將資料集的 txt 檔內容分成訓練的內容以及訓練的標籤，XTrain 為訓練內容，YTrain 為訓練的內容標籤。

```
filenamePredictors = fullfile(dataFolder,"train_FD001.txt");
[XTrain,YTrain] = processTurboFanDataTrain(filenamePredictors);
```

**Step 4. 刪除異常的特徵**

該數據及的特徵有 24 個，但並非所有特徵都適合用來訓練深度學習網路，有些特徵在序列上並沒有特別的變化，例如該數據及的第 3 個特徵，它的數值並沒有時間上的變化。因此這一步驟將刪除這一類型的特徵。

```
m = min([XTrain{:}],[],2);
M = max([XTrain{:}],[],2);
idxConstant = M == m;

fori = 1:numel(XTrain)
XTrain{i}(idxConstant,:) = [];
end
```

**Step 5. 訓練資料集正規化**

接下來進行資料正規化，在訓練時，數值較大的特徵具有較大的權重，容易主導訓練的結果，但是並非數值較小的特徵就不重要，因此透過資料正規化能將所有特徵的數值分布都落在同一區間。正規化的公式如下：

$$Z=\frac{x-\mu}{\sigma}\sim N(0\ ,1) \tag{9-1}$$

Z 是正規化結果，$x$ 爲訓練集資料特徵，$\mu$ 爲平均數，也就是程式中的 mu，$\sigma$ 爲標準差，也就是程式中的 sig，計算完後將結果保持在 0~1 中間。

```
mu = mean([XTrain{:}],2);

sig = std([XTrain{:}],0,2);


fori = 1:numel(XTrain)

XTrain{i} = (XTrain{i} - mu) ./ sig;

end
```

**Step 6. 修改響應結果**

爲了要在引擎接近故障時網路能夠從序列數據中獲得更多訊息，因此將響應限制在閾值 150，使網路將具有較高 remaining useful life (RUL)預測值的樣本皆視爲相等。

```
thr = 150;

fori = 1:numel(YTrain)

YTrain{i}(YTrain{i} >thr) = thr;

End
```

**Step 7. 排序訓練資料**

如果序列資料的長度不均勻分布，會在有些批次訓練時發生過度填充的問題，因此在這一步根據序列的長度將資料重新排序，使用 sort 函式進行排序，排序預設爲由小到大，圖 9.18 是排序之後的序列長度分布。

```
[sequenceLengths,idx] = sort(sequenceLengths,'descend');

XTrain = XTrain(idx);

YTrain = YTrain(idx);
```

```
figure
bar(sequenceLengths)
xlabel("Sequence")
ylabel("Length")
title("Sorted Data")
```

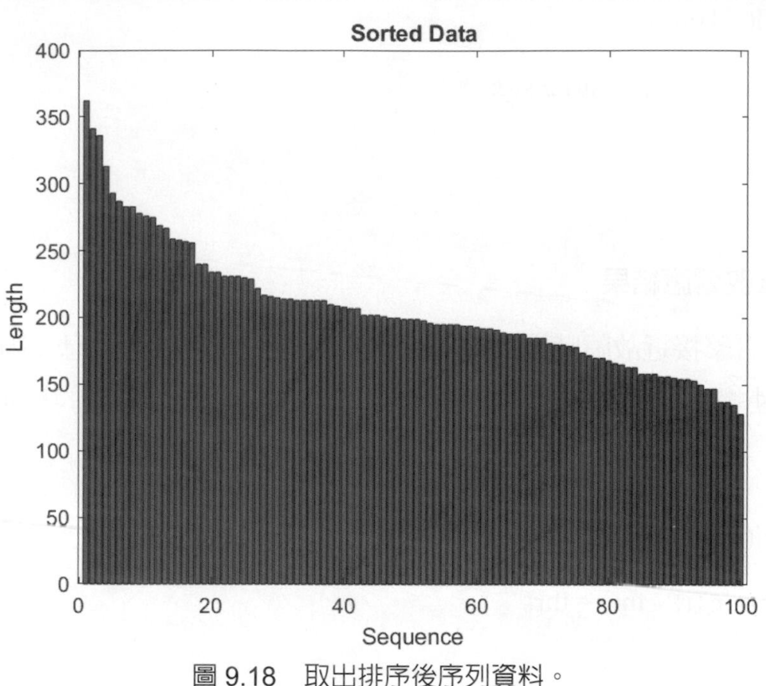


圖 9.18　取出排序後序列資料。

**Step 8. 定義 LSTM 網路**

輸入爲序列的網路模型需使用 sequenceInputLayer 當作輸入層，經過處理每一筆的資料都有 24 個特徵點，所以輸入的 inputSize 設定爲 24。接下來連接 LSTM 層，其隱藏神經元爲 200，'OutputMode'爲每個時間點的狀態。最後連接 fullyConnectedLayer、及 regressionLayer 加以預測每個時間點 RUL 數值。

```
numResponses = size(YTrain{1},1);
featureDimension = size(XTrain{1},1);
numHiddenUnits = 200;
```

```
layers = [ ...
sequenceInputLayer(featureDimension)
lstmLayer(numHiddenUnits,'OutputMode','sequence')
fullyConnectedLayer(50)
dropoutLayer(0.5)
fullyConnectedLayer(numResponses)
regressionLayer];
```

**Step 9. 定義 LSTM 網路參數**

在建構完 LSTM 網路後，接下來就是去定義訓練的參數。優化器選擇'adam'，'MaxEpochs'(訓練最大回合數)爲 60，'InitialLearnRate'(學習率)設定爲 0.01，'MiniBatchSize'(批次大小)設爲 20，'Shuffle'設定爲是'never'，不要將資料一直不停地變換學習，因爲在訓練時間序列的迴歸上，資料一直 Shuffle 會大大影響結果。

```
maxEpochs = 60;
miniBatchSize = 20;


options = trainingOptions('adam', ...
'MaxEpochs',maxEpochs, ...
'MiniBatchSize',miniBatchSize, ...
'InitialLearnRate',0.01, ...
'GradientThreshold',1, ...
'Shuffle','never', ...
'Plots','training-progress',...
'Verbose',0);
```

### Step 10. 訓練 LSTM 網路模型

在建構以及設定完 LSTM 相關模型以及訓練參數後，接下來就進行訓練。一樣使用 MATLAB 函式中的 trainNetwork 就可以訓練我們要的模型了。這裡我們需要訓練的變數有，訓練的資料、訓練資料的標籤、訓練模型架構及訓練模型參數。

```
net = trainNetwork(XTrain,YTrain,layers,options);
```

圖 9.19 為訓練模型的結果。從圖中可以看出，迴歸訓練的結果與分類的結果有不同的地方，分類需要的結果是準確度，不過在迴歸的結果上，由於不會有百分之百的正解，所以會使用 RMSE 與 Loss 來去判斷它的概率，一個距離迴歸線的誤差。RMSE 與 Loss 一樣，都是越低越好。此結果可以看到在 200 個 Iterations 時已經差不多收斂了，再多訓練後發現結果稍微有點往上升的趨勢。這樣也就順利訓練完一個序列到序列的迴歸模型了。

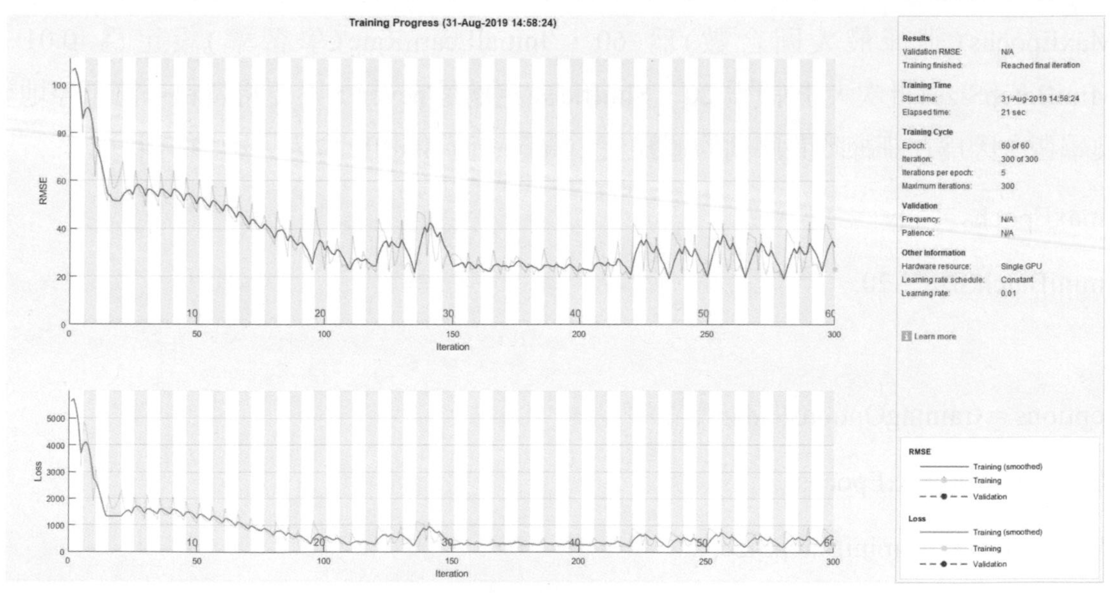


圖 9.19　模型訓練後結果。

**Step 11. 載入測試資料集**

資料集與訓練資料集一樣都在同樣的 data 位置底下，我們將"test_FD001.txt"取出來，然後將它輸入到程式內中。filenamePredictors 為測試資料，filenameResponse 則為測試標籤。

```
filenamePredictors = fullfile(dataFolder,"test_FD001.txt");

filenameResponses = fullfile(dataFolder,"RUL_FD001.txt");
```

**Step 12. 測試資料集資料分類**

首先，我們要先將資料集的 txt 檔內容分成訓練的內容以及訓練的標籤，XTest 為測試內容，YTest 為測試的內容標籤。

```
[XTest,YTest] = processTurboFanDataTest(filenamePredictors,filenameResponses);
```

**Step 13. 刪除測試集的常量以及正規化**

由於我們在訓練測試集的情況下，已經先做以上資料預處理了，將常量去除以及正規化，所以我們在測試測試集時，也要讓測試集先做以上的預處理，才能保證輸入的資料格式內容與訓練集是一樣的。

```
fori = 1:numel(XTest)

XTest{i}(idxConstant,:) = [];

XTest{i} = (XTest{i} - mu) ./ sig;

YTest{i}(YTest{i} >thr) = thr;

end
```

**Step 14. 測試集預測**

訓練好模型後，就要來驗證模型的好壞。我們先用 predict 來將測試集的時間序列輸入到我們訓練好的模型去輸出他的預測結果。此預測結果會是一個數值而非一個分類結果。

```
YPred = predict(net,XTest,'MiniBatchSize',1);
```

**Step 15. 圖形化顯示結果**

最後就是我們使用從測試集中取出隨機 4 個時間序列資料來進行預測，idx 為隨機一筆的測試集，而我們將原本應該有的標籤結果，也就是 YTest 畫上去，而 YPredict 則是此模型訓練出來的結果所畫上去的標籤。

```
idx = randperm(numel(YPred),4);
figure
fori = 1:numel(idx)
    subplot(2,2,i)

plot(YTest{idx(i)},'--')
    hold on
plot(YPred{idx(i)},'.-')
    hold off

ylim([0 thr + 25])
title("Test Observation" + idx(i))
xlabel("Time Step")
ylabel("RUL")
end
```

```
legend(["Test Data""Predicted"],'Location','southeast')
```

圖 9.20 爲最後呈現出來的結果。可以看到以下有四張圖片顯示結果。從結果圖可以看到藍色的線是原本測試資料的標籤，然後橘色的線則是我們模型預測出來的結果。時間序列的好處是它在短期序列可以達到很好的預測效果，尤其是在預測器材的好壞上面，因爲當只要知道有故障的發生，通常只會越來越故障，而不會越來越好，所以只要能得知器材故障的頻率，再使用序列到序列的迴歸就可以得到一個很準確的結果。

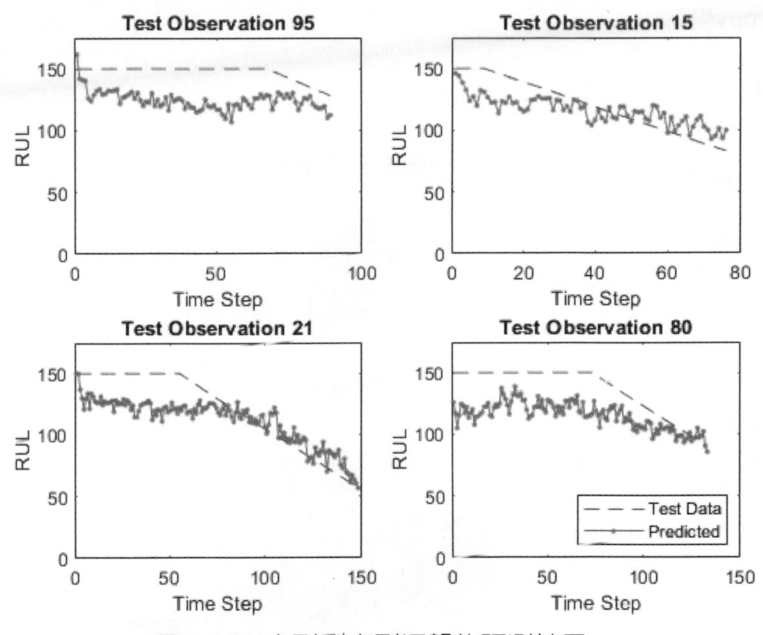


圖 9.20　序列到序列迴歸的預測結果。

**Step 16. 計算預測誤差**

計算預測的均方根誤差，並在直方圖中可視化預測誤差，如圖 9.21 所示，加以評估網路性能。在這邊我們取出每一筆測試資料及其預測結果的最後一個元素加以計算其均方根誤差，是因爲測試資料的馬達皆是在運轉過程，因此要評估當前的預測結果是否準確。

```
fori = 1:numel(YTest)
YTestLast(i) = YTest{i}(end);
```

```
YPredLast(i) = YPred{i}(end);
end
figure
rmse = sqrt(mean((YPredLast - YTestLast).^2))

histogram(YPredLast - YTestLast)
title("RMSE = " + rmse)
ylabel("Frequency")
xlabel("Error")
```

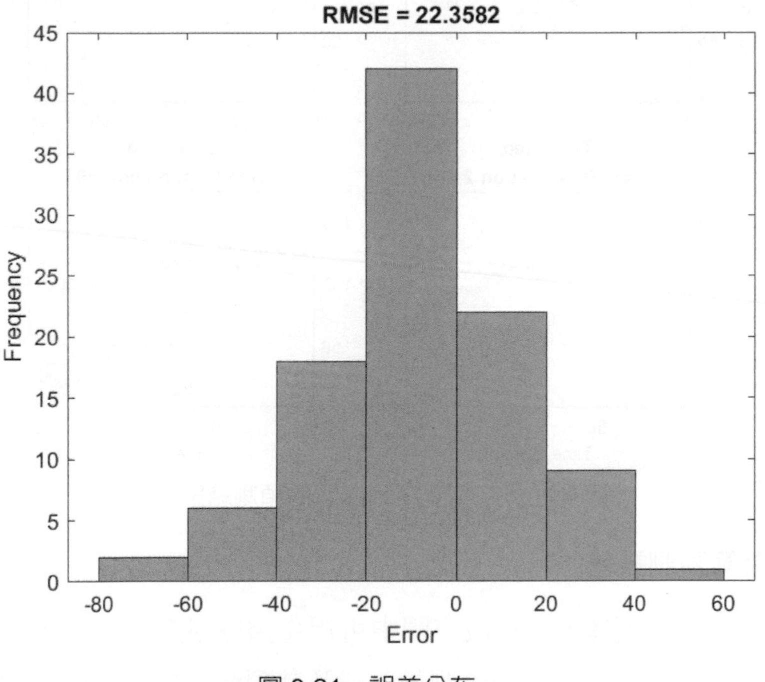


圖 9.21　誤差分布。

Reference

[1] https://online.stat.psu.edu/stat501/lesson/14/14.1

CHAPTER 10

# 進階範例-生成對抗網路 GANs

本章摘要

本章將介紹深度學習中特殊的應用，包括生成對抗網路(generative adversarial network,GAN)、條件式生成對抗網路(conditional generative adversarial network, CGAN)，及運用生成對抗網路實作風格轉換的範例。

## 10-1 自定義的網路訓練迴圈

對於大多數分類及迴歸問題的深度網路訓練任務可以使用預訓練模型或者透過 Deep Network Designer app 自行建立網路模型，並且藉由 trainingOptions 函式設定訓練選項以及藉由 trainNetwork 函式訓練深度網路模型。然而深度學習中有許多的選項是可以根據自己的需求進行調整，例如目標函數、激活函數、特殊的學習率變化或者是特殊的網路架構，因此 MATLAB 除了提供了大眾常用的訓練方法外，也提供了自定義的網路訓練的方法。

在本章所介紹的 GAN 就需要利用自定義的網路訓練迴圈，其實 Grad-CAM 也是藉由自定義的網路訓練迴圈的相關函式，因此先藉由一簡單範例練習如何自定義一個網路訓練過程，該範例將使用 MNIST 數據集來展示，請參考範例 CH10_1.mlx。

### 10-1-1 載入資料

首先載入 MNIST 數據集的訓練集合，接著定義網路架構，imageInputLayer 指定網路輸入大小爲 28×28，且正規化方式爲扣除平均值，另外，網路架構的輸出部分不能包含 classificationLayer，這是因爲自定義網路訓練中目標函數的損失值需要自行計算。最後 dlnetwork 函式將網路轉換成自定義網路可用格式，如圖 10.1 所示。如果覺得利用函式建立網路模型相當不方便的話，不妨利用 Deep Network Designer app 輸出網路模型的程式並加以修改。

```
clc;clear;close all;

[XTrain,YTrain] = digitTrain4DArrayData;

augimdsTrain = augmentedImageDatastore([28 28],XTrain,YTrain);
```

```
classes = categories(YTrain);

numClasses = numel(classes);

inputMean = mean(XTrain,4);

layers = [
    imageInputLayer([28 28 1], 'Name', 'input', 'Mean', inputMean)
    convolution2dLayer(5, 20, 'Name', 'conv1')
    reluLayer('Name', 'relu1')
    convolution2dLayer(3, 20, 'Padding', 1, 'Name', 'conv2')
    reluLayer('Name', 'relu2')
    convolution2dLayer(3, 20, 'Padding', 1, 'Name', 'conv3')
    reluLayer('Name', 'relu3')
    fullyConnectedLayer(numClasses, 'Name', 'fc')
    softmaxLayer('Name','softmax')];
lgraph = layerGraph(layers);
dlnet = dlnetwork(lgraph)
```

```
dlnet =
  dlnetwork with properties:

         Layers: [9×1 nnet.cnn.layer.Layer]
    Connections: [8×2 table]
     Learnables: [8×3 table]
          State: [0×3 table]
     InputNames: {'input'}
    OutputNames: {'softmax'}
```

圖 10.1 自定義網路可用格式。

### 10-1-2 設置梯度更新副函式

再來，設置網路模型的梯度更新副函式，使得在訓練的迭代過程中可以更新函數的梯度、網路的參數及目標函數的損失值。請讀者開啓一新檔案建立此副函式，其檔名爲 modelGradients，或者是將其放在主程式最底端，可參考範例。forward 函式用來計算一批次的輸入資料，經由網路後所輸出的結果，即前向傳播；crossentropy 函式則表示計算目標函數交叉熵(crossentropy)的損失值；最後 dlgradient 函式根據目前的目標函數損失值及學習率計算梯度加以更新。

```
function [gradients,loss] = modelGradients(dlnet,dlX,Y)

dlYPred = forward(dlnet,dlX);

loss = crossentropy(dlYPred,Y);

gradients = dlgradient(loss,dlnet.Learnables);

end
```

### 10-1-3 設置訓練選項

接下來，設置訓練選項，以往的訓練選項都是藉由 trainingOptions 函式設置，但在自定義網路訓練中，則需要自行設置。在此使用使用 trainingOptions 函式的設定名稱較不會把變數用途搞混，網路訓練次數爲 5、最小批次大小爲 128、學習率設置爲 0.001、gradDecay 及 sqGradDecay 爲 adam 優化器的衰退係數、epsilon 是用來避免更新時發生除 0 的錯誤。

```
numEpochs = 5;

miniBatchSize = 128;

augimdsTrain.MiniBatchSize= miniBatchSize;

initialLearnRate = 0.001;

gradDecay= 0.9;

sqGradDecay= 0.999;

epsilon = 1e-8;
```

```
plots = "training-progress";
%若要使用 GPU 請將 cpu 改成 gpu 或 auto
executionEnvironment = "cpu";
```

底下 if 迴圈目的是將目標函數的損失值變化顯示於 figure 視窗中。

```
if plots == "training-progress"
    figure
    lineLossTrain = animatedline('Color',[0.85 0.325 0.098]);
    ylim([0 inf])
    xlabel("Iteration")
    ylabel("Loss")
    grid on
end
```

### 10-1-4 建立訓練網路的迴圈

然後，建立訓練網路的迴圈，在該迴圈中需要完成：(1)產生一批次的訓練資料、(2)將該批次的標籤轉換成 one-hot encode、(3)計算梯度及目標函數的損失值及(4)更新網路參數。

一開始需要進行前置設定，變數 averageGrad 及 averageSqGrad 是用來保存 adam 優化器所更新的梯度變化，變數 iteration 則是保存訓練的迭代次數，在訓練開始之前可先透過 shuffle 函式將資料(augmentedImageDatastore 格式)進行一次的洗牌，而本範例的做法相當於 trainingOptions 函式中的' shuffle','once'。接下來，for 迴圈表示訓練次數，while 迴圈表示迭代的過程，hasdata 函式可用來確認是否所有的訓練資料都被深度網路模型檢視過一次，read 函式則會讀取一個批次的訓練資料量進行迭代，讀取之後要將訓練資料轉換成 dlarray 格式，並且將標籤轉換成 one-hot encoding。最後 dlfeval 函式來計算梯度及損失值，並透過 adamupdate 函式根據梯度的變化更新網路的參數。而底下的作畫程式則用來顯示迭代的損失值變化，如圖 10.2 所示。

```
averageGrad = [];

averageSqGrad = [];

iteration = 0;

start = tic;

augimdsTrain = shuffle(augimdsTrain);

% Loop over epochs.

for epoch = 1:numEpochs


    reset(augimdsTrain);


% Loop over mini-batches.

whilehasdata(augimdsTrain)

        iteration = iteration + 1;


        data = read(augimdsTrain);

        Xdata = data{:,1};

        X = cat(4,Xdata{:});

        TrueClasses = data{:,2};

        Y = zeros(numClasses, numel(TrueClasses), 'single');

for c = 1:numClasses

            Y(c,TrueClasses==classes(c)) = 1;

end


% Convert mini-batch of data to dlarray.
```

```
        dlX = dlarray(single(X),'SSCB');

% If training on a GPU, then convert data to gpuArray.
if (executionEnvironment == "auto" && canUseGPU) || executionEnvironment == "gpu"
            dlX = gpuArray(dlX);
end

% Evaluate the model gradients, state, and loss using dlfeval and the
% modelGradients function and update the network state.
        [gradients,loss] = dlfeval(@modelGradients,dlnet,dlX,Y);

        learnRate = initialLearnRate/(1 + 0.0001*iteration);

% Update the network parameters using the adam optimizer.
        [dlnet,averageGrad,averageSqGrad] = adamupdate(dlnet, gradients, ...
            averageGrad, averageSqGrad, iteration,...
            learnRate,gradDecay,sqGradDecay,epsilon);

% Display the training progress.
if plots == "training-progress"
            D = duration(0,0,toc(start),'Format','hh:mm:ss');
            addpoints(lineLossTrain,iteration,double(gather(extractdata(loss))))
            title("Epoch: " + epoch + ", Elapsed: " + string(D)+ ", Iteration - " +
iteration)
```

```
            drawnow
end
end
end
```

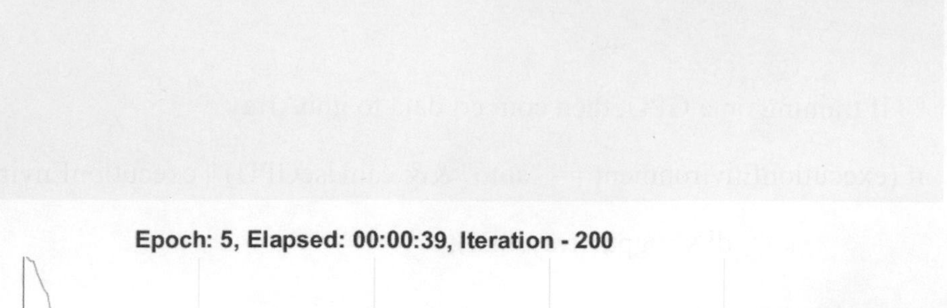

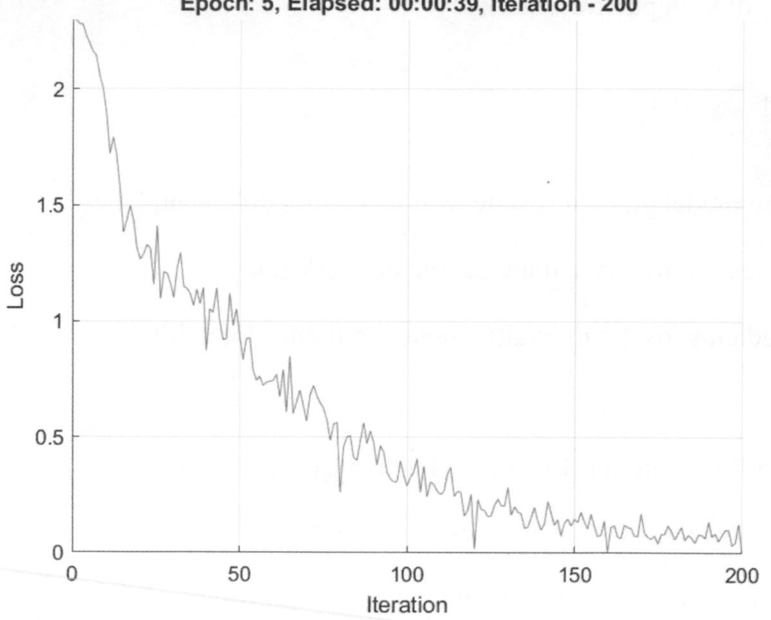


圖 10.2 迭代的損失值變化。

### 10-1-5 設置分類結果副函式

在評估網路性能之前，先設置分類結果副函式，設置方式與梯度更新副函式相同。該副函式是將測試資料分成一個固定的批次大小，接著依序進行分類，最後該副函式會回傳一個二維陣列，其大小爲分類類別數×測試資料樣本數。

```
function dlYPred = modelPredictions(dlnet,dlX,miniBatchSize)
numObservations = size(dlX,4);
numIterations = ceil(numObservations / miniBatchSize);
numClasses = dlnet.Layers(8).OutputSize;
dlYPred = zeros(numClasses,numObservations,'like',dlX);
```

```
for i = 1:numIterations
    idx = (i-1)*miniBatchSize+1:min(i*miniBatchSize,numObservations);
    dlYPred(:,idx) = predict(dlnet,dlX(:,:,:,idx));
end
end
```

### 10-1-6 評估網路性能

由於副函式回傳的資料為二維陣列，其大小為分類類別數×測試資料樣本數，每一行都有 10 個元素，代表著該樣本是屬於每一類別的機率值，也就是機率值越大就表示該樣本越有可能屬於該類別。因此透過 max 函式找出每一行最大機率值的元素，再將其與分類類別進行對應。最後計算準確率，其結果為 0.9710。

```
[XTest, YTest] = digitTest4DArrayData;
dlXTest = dlarray(XTest,'SSCB');
if (executionEnvironment == "auto" && canUseGPU) || executionEnvironment == "gpu"
    dlXTest = gpuArray(dlXTest);
end
dlYPred = modelPredictions(dlnet,dlXTest,miniBatchSize);
[~,idx] = max(extractdata(dlYPred),[],1);
YPred = classes(idx);
accuracy = mean(YPred == YTest)
```

## 10-2 生成對抗網路

生成對抗網路(GAN)於 2014 年由 Goodfellow 提出，其用於學習輸入圖像潛在空間中的特徵，並根據這些潛在空間中的特徵生成近似眞實圖像的合成圖像。以簡單的方式理解，想像一個僞造者嘗試製造僞鈔，起初的僞鈔品質相當糟糕；接著僞造者將眞鈔及製作的僞鈔全部混在一起，交給驗鈔機進行檢驗，而驗鈔機會對所有鈔票給予實質性的評估，並給予僞造者相關意見；然後僞造者再根據給予的意見重新製造新的一批僞鈔；隨著時間推移，僞造者愈來愈有能力模仿眞鈔的細節，驗鈔機也愈來愈有能力檢驗眞僞鈔；最後僞鈔者就可能握有非常逼眞的僞鈔。而以上描述就是 GAN 的運作流程，其由僞造者及專家相互訓練，使其達到最好的成果，GAN 可分成生成神經網路(generator network，生成器)及鑑別神經網路(discriminator network，鑑別器)，如圖 10.3 所示，其作用分別是生成僞造的圖像及辨識眞僞圖像。

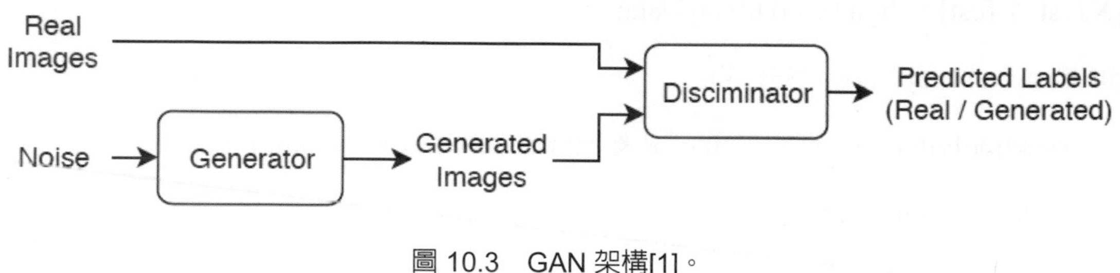


圖 10.3 GAN 架構[1]。

要訓練一個好的 GAN 就必須要同時提升生成器及鑑別器的性能，如果只單方面提升鑑別器或者是生成器的性能，那麼都會造成生成器只會生成相同風格的僞造圖像，這是因爲生成器無法找出一個最佳的配置達到鑑別器的要求又或者生成器只需要生成該風格的圖像即可達到鑑別器要求，因此無法生成出具多樣性卻又不失眞實圖像特徵的圖像，而這個現象又稱爲 mode collapse 中文翻譯成模式崩潰，目前解決 mode collapse 方法有：(1)增加訓練鑑別器的眞實資料數量；(2)增加生成器網路結構的深度；(3) one-sided label flipping，使鑑別器無法達到最佳狀態。接下來將開始介紹 GAN 的訓練過程，過程中將使用 one-sided label flipping 技術，所謂的 one-sided label flipping 意思就是將鑑別器對於眞實資料的輸出結果進行翻轉，使鑑別器認爲該眞實資料使屬於僞造的，請參考範例 CH10_2.mlx。

### 10-2-1 載入資料

本例子使用 tensorflow 當中花的數據集當作訓練資料，首先從 tensorflow 官網下載花的數據集並將其解壓縮至目前的資料夾下，再來將其載入至 MATLAB 中。

註 光碟中有此資料集。

```
url = 'http://download.tensorflow.org/example_images/flower_photos.tgz';
downloadFolder = pwd;
filename = fullfile(downloadFolder,'flower_dataset.tgz');

imageFolder = fullfile(downloadFolder,'flower_photos');
if ~exist(imageFolder,'dir')
    disp('Downloading Flowers data set (218 MB)...')
    websave(filename,url);
    untar(filename,downloadFolder)
end
datasetFolder = fullfile(imageFolder);

imds = imageDatastore(datasetFolder, ...
'IncludeSubfolders',true);
augmenter = imageDataAugmenter('RandXReflection',true);
augimds = augmentedImageDatastore([64 64],imds,'DataAugmentation',augmenter);
```

### 10-2-2 定義生成器網路結構

定義生成器的網路結構，生成器的輸入爲 1×1×100 的陣列，其元素是從高斯分布中隨機取樣，該陣列將藉由反卷積層轉換成僞造的圖像，其大小爲 64×64×3，如圖 10.4 所示。GAN 常見的問題其中一個爲生成器所生成的圖像看起來很像雜訊，而解決方法是在鑑別器或生成器上使用 dropout。從 imageInputLayer 到反卷積層之間還有一自定義網路層，projectAndReshapeLayer，其目的是將 1×1×100 的陣列轉換成 4×4×512 的陣列，以增加生成器在生成圖像時的特徵。最後輸出的活化函數爲 tanh，使其輸出範圍 -1 至 1 之間。

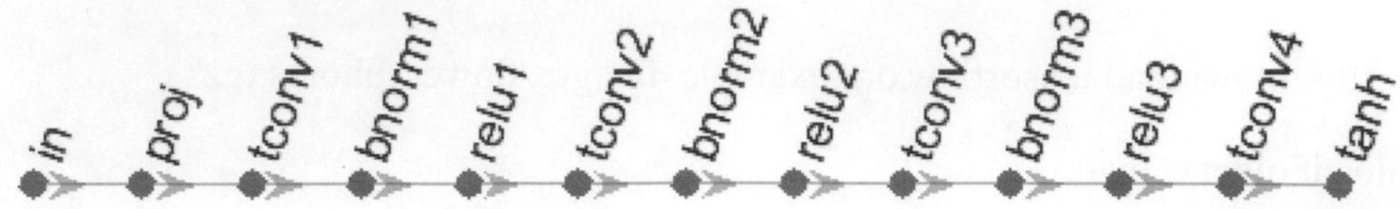


圖 10.4　生成器網路架構。

```
filterSize = 5;
numFilters = 64;
numLatentInputs = 100;
projectionSize = [4 4 512];

layersGenerator = [
    imageInputLayer([1 1 numLatentInputs],'Normalization','none','Name','in')
    projectAndReshapeLayer(projectionSize,numLatentInputs,'proj');
    transposedConv2dLayer(filterSize,4*numFilters,'Name','tconv1')
    batchNormalizationLayer('Name','bnorm1')
    reluLayer('Name','relu1')

transposedConv2dLayer(filterSize,2*numFilters,'Stride',2,'Cropping','same','Name','tconv2')
    batchNormalizationLayer('Name','bnorm2')
    reluLayer('Name','relu2')
```

```
transposedConv2dLayer(filterSize,numFilters,'Stride',2,'Cropping','same','Name','tconv3')
    batchNormalizationLayer('Name','bnorm3')
    reluLayer('Name','relu3')
    transposedConv2dLayer(filterSize,3,'Stride',2,'Cropping','same','Name','tconv4')
    tanhLayer('Name','tanh')];

lgraphGenerator = layerGraph(layersGenerator);
dlnetGenerator = dlnetwork(lgraphGenerator);
```

## 10-2-3 定義鑑別器網路結構

定義鑑別器網路結構，其網路輸入大小等於生成器的輸出大小，而鑑別器輸入的訓練資料爲眞實的圖像與生成器所生成的僞造圖像。鑑別器主要目的就是要分辨圖像的眞僞，因此與一般的 CNN 的架構相似，如圖 10.5 所示。在鑑別器中使用 dropoutLayer 來降低生成器生成圖像時所產生的雜訊，輸出的活化函數爲 sigmoid，但是沒有提供對應的 layer，不過有相對應的函式可以使用，因此在建立鑑別器架構時無須新增 sigmoid 層。

圖 10.5 鑑別器網路架構。

```
dropoutProb = 0.5;
numFilters = 64;
scale = 0.2;

inputSize = [64 64 3];
filterSize = 5;
```

```
layersDiscriminator = [
    imageInputLayer(inputSize,'Normalization','none','Name','in')
    dropoutLayer(0.5,'Name','dropout')

convolution2dLayer(filterSize,numFilters,'Stride',2,'Padding','same','Name','conv1')
    leakyReluLayer(scale,'Name','lrelu1')

convolution2dLayer(filterSize,2*numFilters,'Stride',2,'Padding','same','Name','conv2')
    batchNormalizationLayer('Name','bn2')
    leakyReluLayer(scale,'Name','lrelu2')

convolution2dLayer(filterSize,4*numFilters,'Stride',2,'Padding','same','Name','conv3')
    batchNormalizationLayer('Name','bn3')
    leakyReluLayer(scale,'Name','lrelu3')

convolution2dLayer(filterSize,8*numFilters,'Stride',2,'Padding','same','Name','conv4')
    batchNormalizationLayer('Name','bn4')
    leakyReluLayer(scale,'Name','lrelu4')
    convolution2dLayer(4,1,'Name','conv5')];

lgraphDiscriminator = layerGraph(layersDiscriminator);
dlnetDiscriminator = dlnetwork(lgraphDiscriminator);
```

### 10-2-4 設置梯度更新副函式

這邊與 10-1-2 相似，該副函式目的是更新生成器以及鑑別器網路的梯度與計算目標函數的損失值，而輸入的參數包含了 dlnetGenerator(生成器)、dlnetDiscriminator (鑑別器)、真實資料(dlX)、生成器輸入資料(dlZ)及 one-sided label flipping 的比例(flipFactor)，一開始會透過 forward 函式求出鑑別器對真實資料的輸出結果，以及 dlZ 生成的偽造資料並透過鑑別器得到偽造資料的輸出結果；再來透過 sigmoid 函式獲得真實資料的機率值(probReal)以及偽造資料的機率值(probGenerated)，並計算鑑別器及生成的分數來表示其性能如何，有關於分數部分於 10-3 節說明。接下來隨機將一部份真實資料的 probReal 進行 one-sided label flipping，來降低鑑別器的學習能力，避免其學習過快，GAN 重點在於需要同時變好。然後計算 GAN 的損失值，其目標函數為 negative log likelihood，生成器及鑑別器的目標函數如式(10-1)及式(10-2)所示。

$$lossGenerator = -mean(\log(\hat{Y}_{Generated})) \tag{10-1}$$

$$lossDiscriminator = -mean(\log(\hat{Y}_{Real})) - mean(\log(1-\hat{Y}_{Generated})) \tag{10-2}$$

$\hat{Y}_{Generated}$ 表示偽造圖像的機率，$\hat{Y}_{Real}$ 表示真實資料的機率，GAN 在最理想的情況是生成器能夠以假亂真，也就是 $\hat{Y}_{Generated}$ 越高越好，使 $lossGenerator$ 趨近於 0；鑑別器是要能夠很準確地區分出真實資料及偽造資料，因此要式(10-2)中的 $\hat{Y}_{Real}$ 越大越好，而 $1-\hat{Y}_{Generated}$ 要越小越好。最後藉由 dlgradient 更新鑑別器及生成器的梯度。

```
function [gradientsGenerator, gradientsDiscriminator, stateGenerator, scoreGenerator,
scoreDiscriminator] = ...
    modelGradients(dlnetGenerator, dlnetDiscriminator, dlX, dlZ, flipFactor)

% Calculate the predictions for real data with the discriminator network.
dlYPred = forward(dlnetDiscriminator, dlX);

% Calculate the predictions for generated data with the discriminator network.
[dlXGenerated,stateGenerator] = forward(dlnetGenerator,dlZ);
```

```
dlYPredGenerated = forward(dlnetDiscriminator, dlXGenerated);

% Convert the discriminator outputs to probabilities.
probGenerated = sigmoid(dlYPredGenerated);
probReal = sigmoid(dlYPred);

% Calculate the score of the discriminator.
scoreDiscriminator = ((mean(probReal)+mean(1-probGenerated))/2);

% Calculate the score of the generator.
scoreGenerator = mean(probGenerated);

% Randomly flip a fraction of the labels of the real images.
numObservations = size(probReal,4);
idx = randperm(numObservations,floor(flipFactor * numObservations));

% Flip the labels
probReal(:,:,:,idx) = 1-probReal(:,:,:,idx);

% Calculate the GAN loss.
[lossGenerator, lossDiscriminator] = ganLoss(probReal,probGenerated);

% For each network, calculate the gradients with respect to the loss.
gradientsGenerator = dlgradient(lossGenerator,
```

```
dlnetGenerator.Learnables,'RetainData',true);

gradientsDiscriminator = dlgradient(lossDiscriminator, dlnetDiscriminator.Learnables);


end


function [lossGenerator, lossDiscriminator] = ganLoss(probReal,probGenerated)


% Calculate the loss for the discriminator network.

lossDiscriminator =    -mean(log(probReal)) -mean(log(1-probGenerated));


% Calculate the loss for the generator network.

lossGenerator = -mean(log(probGenerated));


end
```

## 10-2-5 設置訓練選項

接下來，設置訓練選項，在此使用 trainingOptions 函式的設定名稱加以設定訓練選項，比較不會把變數的用途搞混，網路訓練次數爲 500、最小批次大小爲 128、學習率設置爲 0.0002、gradientDecayFactor 及 squaredGradientDecayFactor 爲 adam 優化器的衰退係數，分別設置爲 0.5 及 0.999、設置 one-sided label flipping 的機率爲 30%，也就是該批次資料其中的 15%的標籤會被 flipping，不過被 flipping 的標籤都屬於眞實資料及設置驗證頻率爲 100，即迭代 100 次就顯示目前 GAN 的生成結果。

```
numEpochs = 500;

miniBatchSize = 128;

augimds.MiniBatchSize = miniBatchSize;
```

```
learnRate = 0.0002;
gradientDecayFactor = 0.5;
squaredGradientDecayFactor = 0.999;
executionEnvironment = "auto";
flipFactor = 0.3;
validationFrequency = 100;


f = figure;
f.Position(3) = 2*f.Position(3);
imageAxes = subplot(1,2,1);
scoreAxes = subplot(1,2,2);
lineScoreGenerator = animatedline(scoreAxes,'Color',[0 0.447 0.741]);
lineScoreDiscriminator = animatedline(scoreAxes, 'Color', [0.85 0.325 0.098]);
legend('Generator','Discriminator');
ylim([0 1])
xlabel("Iteration")
ylabel("Score")
grid on
```

### 10-2-6 訓練 GAN

然後，建立訓練網路的迴圈，在迴圈中需要完成：(1)產生一批次的訓練資料、(2)將眞實資料的圖像進行正規化、(3)計算梯度及目標函數的損失值、(4)更新網路參數及(5)顯示目前生成器所生成的圖像及鑑別器與生成器的分數。

一開始，先隨機產生 64 個 1×1×100 的陣列來當作驗證生成器的輸入，並轉換成 dlarray 格式，以及先設定迭代更新所需保存的變數與顯示目前 GAN 進度的視窗。接下來進入到迴圈的部分，for 迴圈表示訓練次數，while 迴圈表示每一批次迭代的過程，在每一次訓練過程都會重置數據集(augimds)並對其進行 shuffle，重置的目的是要將先前訓練的紀錄歸零。在 while 圈中，需要讀取一個批次的眞實資料並將其進行正規化，使每張眞實資料的像素能落在-1~1 之間，並且隨機產生 1×1×100 的陣列，其數量與眞實資料量相同，並且將正規化的眞實資料與隨機產生 1×1×100 的陣列轉換成 dlarray 格式。接著 dlfeval 函式會根據 modelGradients 副函式計算生成器與鑑別器的梯度、損失值及分數，最後透過 adamupdate 函式依序更新鑑別器及生成器，GAN 的訓練過程主要如上述所說。除了訓練過程外，還需要關心 GAN 的訓練進度，因此每一次迭代的結果都會在進度視窗中進行更新，此外每迭代 100 次驗證資料就會透過生成器去生成僞造圖像，如圖 10.6 所示，以方便觀察變化。

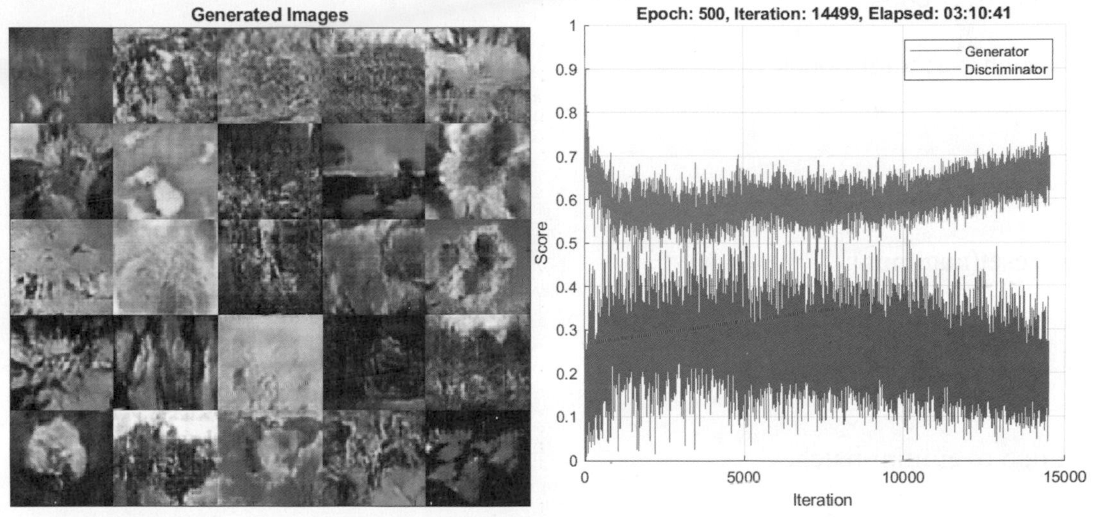


圖 10.6　GAN 訓練過程。

```
trailingAvgGenerator = [];
trailingAvgSqGenerator = [];
trailingAvgDiscriminator = [];
trailingAvgSqDiscriminator = [];
numValidationImages = 25;
ZValidation = randn(1,1,numLatentInputs,numValidationImages,'single');
```

```
dlZValidation = dlarray(ZValidation,'SSCB');
if (executionEnvironment == "auto" && canUseGPU) || executionEnvironment == "gpu"
    dlZValidation = gpuArray(dlZValidation);
end

iteration = 0;
start = tic;

% Loop over epochs.
for epoch = 1:numEpochs

% Reset and shuffle datastore.
    reset(augimds);
    augimds = shuffle(augimds);

% Loop over mini-batches.
while hasdata(augimds)
        iteration = iteration + 1;

% Read mini-batch of data.
        data = read(augimds);

% Ignore last partial mini-batch of epoch.
if size(data,1) < miniBatchSize
```

```
continue

end


% Concatenate mini-batch of data and generate latent inputs for the

% generator network.

        X = cat(4,data{:,1}{:});

        X = single(X);

        Z = randn(1,1,numLatentInputs,size(X,4),'single');


% Rescale the images in the range [-1 1].

        X = rescale(X,-1,1,'InputMin',0,'InputMax',255);


% Convert mini-batch of data to dlarray and specify the dimension labels

% 'SSCB' (spatial, spatial, channel, batch).

        dlX = dlarray(X, 'SSCB');

        dlZ = dlarray(Z, 'SSCB');


% If training on a GPU, then convert data to gpuArray.

if (executionEnvironment == "auto" && canUseGPU) || executionEnvironment == "gpu"

            dlX = gpuArray(dlX);

            dlZ = gpuArray(dlZ);

end


% Evaluate the model gradients and the generator state using
```

```
% dlfeval and the modelGradients function listed at the end of the
% example.
        [gradientsGenerator, gradientsDiscriminator, stateGenerator, scoreGenerator, scoreDiscriminator] = ...
            dlfeval(@modelGradients, dlnetGenerator, dlnetDiscriminator, dlX, dlZ, flipFactor);
        dlnetGenerator.State = stateGenerator;

% Update the discriminator network parameters.
        [dlnetDiscriminator,trailingAvgDiscriminator,trailingAvgSqDiscriminator] = ...
            adamupdate(dlnetDiscriminator, gradientsDiscriminator, ...
            trailingAvgDiscriminator, trailingAvgSqDiscriminator, iteration, ...
            learnRate, gradientDecayFactor, squaredGradientDecayFactor);

% Update the generator network parameters.
        [dlnetGenerator,trailingAvgGenerator,trailingAvgSqGenerator] = ...
            adamupdate(dlnetGenerator, gradientsGenerator, ...
            trailingAvgGenerator, trailingAvgSqGenerator, iteration, ...
            learnRate, gradientDecayFactor, squaredGradientDecayFactor);

% Every validationFrequency iterations, display batch of generated images using the
% held-out generator input
if mod(iteration,validationFrequency) == 0 || iteration == 1
% Generate images using the held-out generator input.
```

```
        dlXGeneratedValidation = predict(dlnetGenerator,dlZValidation);

% Tile and rescale the images in the range [0 1].
        I = imtile(extractdata(dlXGeneratedValidation));
        I = rescale(I);

% Display the images.
        subplot(1,2,1);
        image(imageAxes,I)
        xticklabels([]);
        yticklabels([]);
        title("Generated Images");
end

% Update the scores plot
    subplot(1,2,2)
    addpoints(lineScoreGenerator,iteration,...
        double(gather(extractdata(scoreGenerator))));

    addpoints(lineScoreDiscriminator,iteration,...
        double(gather(extractdata(scoreDiscriminator))));

% Update the title with training progress information.
    D = duration(0,0,toc(start),'Format','hh:mm:ss');
```

```
        title(...
"Epoch: " + epoch + ", " + ...
"Iteration: " + iteration + ", " + ...
"Elapsed: " + string(D))

        drawnow
end
end
```

### 10-2-7 利用生成器產生圖像

完成 GAN 的訓練後，可以透過底下指令任意產生在這世界上獨一無二的花朵，如圖 10.7 所示。比較看看能否區分出真假花朵吧!

```
ZNew = randn(1,1,numLatentInputs,25,'single');
dlZNew = dlarray(ZNew,'SSCB');
if (executionEnvironment == "auto" && canUseGPU) || executionEnvironment == "gpu"
    dlZNew = gpuArray(dlZNew);
end
dlXGeneratedNew = predict(dlnetGenerator,dlZNew);
I = imtile(extractdata(dlXGeneratedNew));
I = rescale(I);
figure
image(I)
axis off
title("Generated Images")
```

圖 10.7 利用 GAN 生成的圖像。

## 10-3 常見的 GAN 訓練失敗模式

訓練 GAN 是一項相當困難的任務，這是因爲在訓練過程中，需要生成器和鑑別器相互對抗及學習，但是如果某一方學習速度過快，則會導致另一方無法學習，使 GAN 終將無法達到最佳性能。而在 10-2 節有提到能夠對生成器及鑑別器的性能量化成 0~1 的分數，使用者可以透過分數來評斷訓練是否終止，這邊說明分數的計算方式。鑑別器的定位是區分輸入圖像的眞僞，其輸出爲機率值，生成器分數是生成圖像透過鑑別器所獲得的機率值的平均，如式(10-3)所式：

$$scoreGenerator = mean\left(\hat{Y}_{Generated}\right) \quad (10\text{-}3)$$

$\hat{Y}_{Generated}$ 爲某一批次所有生成圖像的機率，其數值越高就代表屬於僞造圖像的機率越大。鑑別器的分數爲某輸入圖像屬於眞實的機率值平均，如式(10-4)所示：

$$scoreGenerator = \frac{1}{2}mean\left(\hat{Y}_{Real}\right) + \frac{1}{2}mean\left(1 - \hat{Y}_{Generated}\right) \quad (10\text{-}4)$$

$\hat{Y}_{Real}$ 為某一批次所有真實資料的機率，其數值越高就代表屬於真實圖像的機率越大，$1-\hat{Y}_{Generated}$ 表示"不"屬於真實資料的機率。而理想的情況下，鑑別器與生成器的分數都是 0.5，這是因為鑑別器無法準確地區分出真假圖像了。底下將說明三種 GAN 訓練失敗的情形，並提供解決方法。

## 10-3-1 鑑別器學習過快

當鑑別器分數趨近於 1 時，就會發生這種情況，如圖 10.8 所示，圖 10.8 顯示鑑別器區分真偽的能力顯著，而此時的生成器分數則會趨近於 0，在這情況下，鑑別器總能正確的區分真偽圖像，也就是生成器無論怎麼生成圖像都無法騙過鑑別器，因此無法從鑑別器獲取改善的資訊，也就使生成器無法學習。

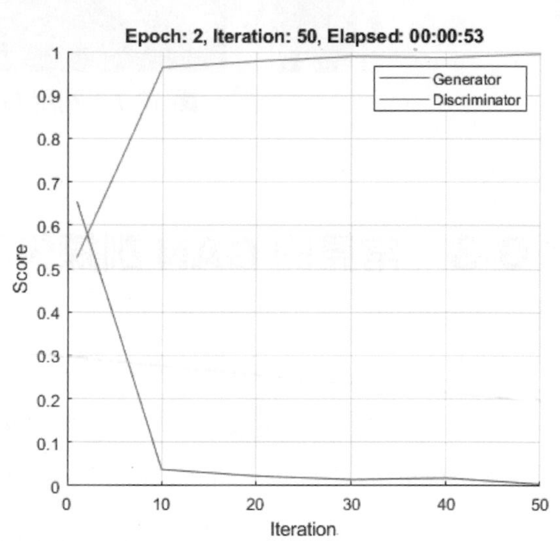


圖 10.8 鑑別器學習過快[2]。

如果這個趨勢沒有在多次的迭代之後逃離，那麼只好中止訓練並嘗試以下方法加以改善。

- 使用 one-side label flipping 降低鑑別器的學習速度。
- 在鑑別器當中加入 dropout 降低其學習速度。
- 減少鑑別器的卷積次數以降低其學習速度。
- 增加生成器的反卷積次數以提升生成器的學習多樣的特徵能力。

## 10-3-2 生成器學習過快

當生成器分數趨近於 1 時，就會發生這種情況，如圖 10.9 所示，圖 10.9 顯示生成器能力勝過鑑別器，而此時的鑑別器分數不會太接近 0，因爲有些眞實資料可能被判成屬於僞造的，在這情況下，生成器所生成的僞造圖像總能欺騙鑑別器，這是因爲在訓練的一開始，生成器學習到眞實資料中非常簡單的特徵，從而輕易地成功欺騙鑑別器，儘管生成器的分數很高，但是生成的圖像卻相當的差。

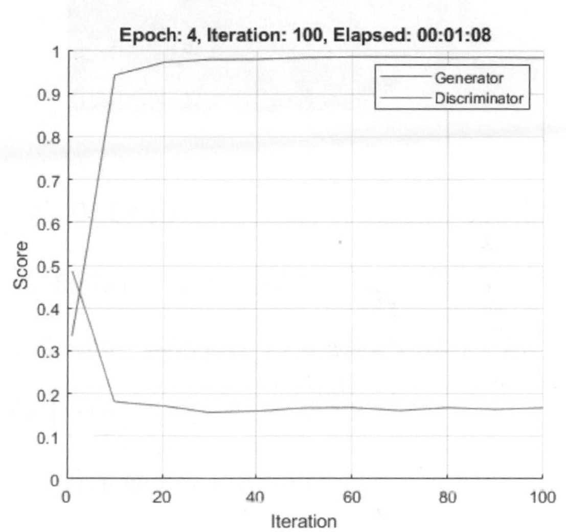


圖 10.9　生成器學習過快[2]。

如果這個趨勢沒有在多次的迭代之後逃離，那麼只好中止訓練並嘗試以下方法加以改善。

- 增加鑑別器的卷積次數以提升其學習能力。
- 在生成器當中加入 dropout 降低其學習能力。
- 減少生成器的反卷積次數以降低其學習能力。

## 10-3-3 mode collapse

mode collapse 指的是 GAN 生成少量的重複風格的圖像，當生成器無法學習到豐富的特徵時就會發生這種情況，因爲生成器學習了多個不同輸入與單個相似輸出之間的關聯。如果要確認是否發生 mode collapse，就必須得確認生成的圖像，如果生成的圖像中幾乎沒有多樣性，且其中一部份幾乎相同，那麼可能就是出現 mode collapse。

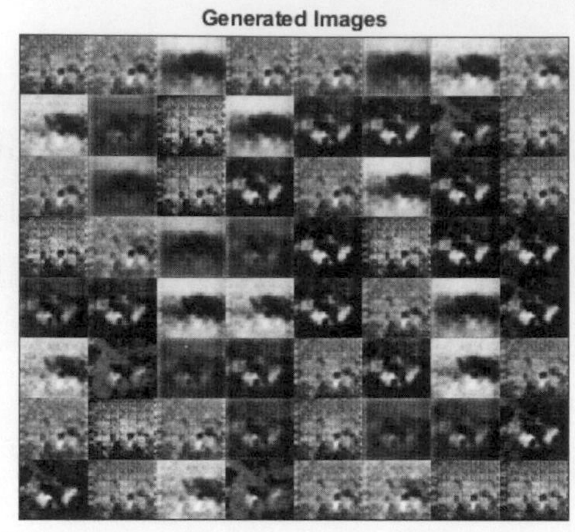


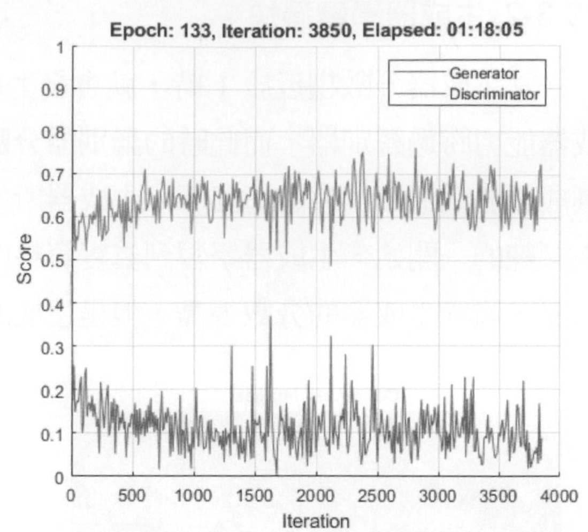


圖 10.10　mode collapse[2]。

如果觀察到這種情況，請嘗試透過以下方法增強生成器的多樣性能力：

- 擴大批次訓練量以增加樣本的多樣性。
- 增加生成器的反卷積次數以提升生成器的學習多樣的特徵能力。
- 使用 one-side label flipping 降低鑑別器的學習速度。

## 10-4 條件式生成對抗網路

GAN 在訓練鑑別器時，給的標籤只有"眞"和"假"，因此當訓練資料之間的差異較大時，那生成的資料可能是兩種以上類別的混合物，例如，用 MNIST 數據集訓練 GAN 的時候，對於 GAN 而言，只有眞實圖像和僞造圖像的區分，但事實上，同樣是數字也有 0~9 十種類別，若不去細分類別的話，GAN 很容易生成幾個數字之間的混合物，而不是一個對的數字。因此就有了 Conditional GAN 的發明，在鑑別器及生成器中加入額外的條件，加以約束 GAN 的生成圖像的方向。CGAN 的架構如圖 10.11 所示。給定生成器一標籤及亂數組當作輸入，使其生成的資料具有與訓練資料中相同標籤的風格。給定鑑別器一批具有相同標籤的訓練資料和生成器生成的資料，使其試圖將輸入資料分類爲"眞"或"假"，請參考範例 CH10_4.mlx。

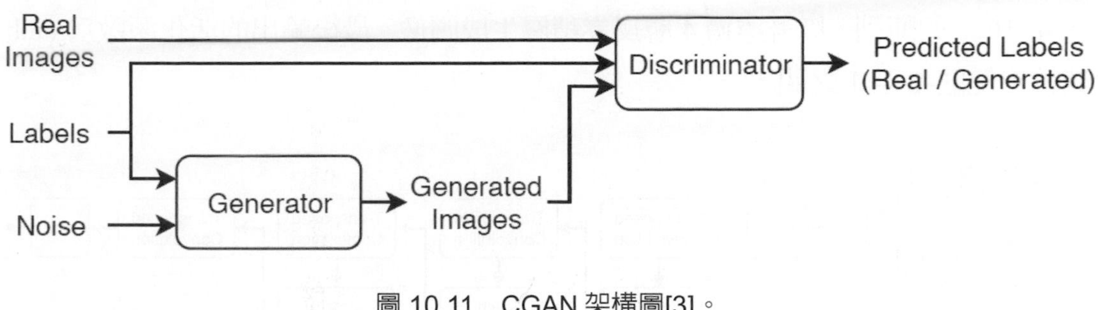


圖 10.11 CGAN 架構圖[3]。

## 10-4-1 載入資料

這邊使用的訓練資料與 10-2-1 的訓練資料相同，因此這邊不再贅述，不過需要建立具有標籤的 imageDatastore 物件。

```
imageFolder = fullfile(pwd,'flower_photos');

datasetFolder = fullfile(imageFolder);


imds = imageDatastore(datasetFolder, ...

'IncludeSubfolders',true, ...

'LabelSource','foldernames');

classes = categories(imds.Labels);

numClasses = numel(classes)

augmenter = imageDataAugmenter('RandXReflection',true);

augimds = augmentedImageDatastore([64 64],imds,'DataAugmentation',augmenter);
```

## 10-4-2 定義生成器網路架構

定義生成器的網路結構，如圖 10.12 所示生成器具有兩個輸入，其中一個輸入為 1×1×100 的陣列，另外一個輸入為相對應的標籤。從 imageInputLayer 到反卷積層之間還有兩自定義網路層，projectAndReshapeLayer 及 embedAndReshapeLayer，其目的是將 1×1×100 的陣列轉換成 4×4×1024 的陣列，以及將分類的標籤轉換成 4×4 的 embedding vector，並將 4×4×1024 的陣列與 4×4 的 embedding vector 串聯起來使其成為 4×4×1025 的陣列，接著透過 4 層反卷積層生成圖像。最後輸出的活化函數為 tanh，使其輸出範圍-1 至 1 之間。

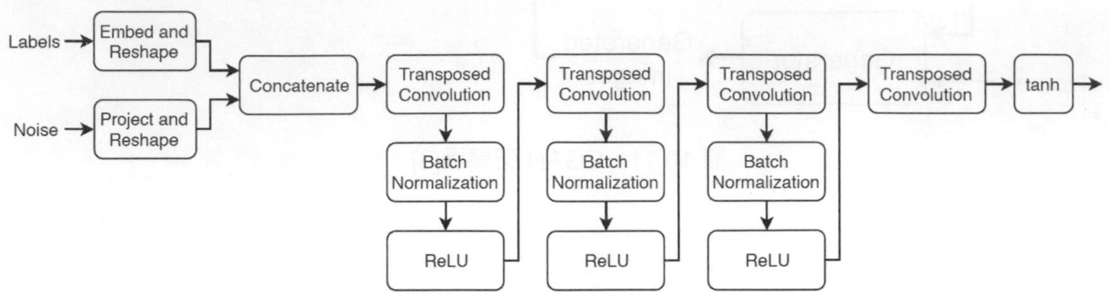


圖 10.12 生成器網路架構[3]。

```
numLatentInputs = 100;
embeddingDimension = 50;
numFilters = 64;

filterSize = 5;
projectionSize = [4 4 1024];

layersGenerator = [
    imageInputLayer([1 1 numLatentInputs],'Normalization','none','Name','noise')
    projectAndReshapeLayer(projectionSize,numLatentInputs,'proj');
    concatenationLayer(3,2,'Name','cat');
    transposedConv2dLayer(filterSize,4*numFilters,'Name','tconv1')
    batchNormalizationLayer('Name','bn1')
    reluLayer('Name','relu1')
transposedConv2dLayer(filterSize,2*numFilters,'Stride',2,'Cropping','same','Name','tconv2')
```

```
    batchNormalizationLayer('Name','bn2')
    reluLayer('Name','relu2')

transposedConv2dLayer(filterSize,numFilters,'Stride',2,'Cropping','same','Name','tconv3')
    batchNormalizationLayer('Name','bn3')
    reluLayer('Name','relu3')
    transposedConv2dLayer(filterSize,3,'Stride',2,'Cropping','same','Name','tconv4')
    tanhLayer('Name','tanh')];

lgraphGenerator = layerGraph(layersGenerator);

layers = [
    imageInputLayer([1 1],'Name','labels','Normalization','none')

embedAndReshapeLayer(projectionSize(1:2),embeddingDimension,numClasses,'emb')];

lgraphGenerator = addLayers(lgraphGenerator,layers);
lgraphGenerator = connectLayers(lgraphGenerator,'emb','cat/in2');
dlnetGenerator = dlnetwork(lgraphGenerator)
plot(lgraphGenerator)
```

### 10-4-3 定義鑑別器網路架構

定義鑑別器的網路結構，如圖 10.13 所示鑑別器具有兩個輸入，其中一個輸入爲眞實圖像，另外一個輸入爲相對應的標籤。從 imageInputLayer 到卷積層之間還有 dropout 及 embedAndReshapeLayer，其目的是透過 dropout 降低鑑別器的學習速度，以及將分類的標籤轉換成 64×64 的 embedding vector，並將眞實圖像與 64×64 的 embedding vector 串聯起來，並透過 4 層卷積層擷取特徵最後根據 sigmoid 輸出分類的機率值。

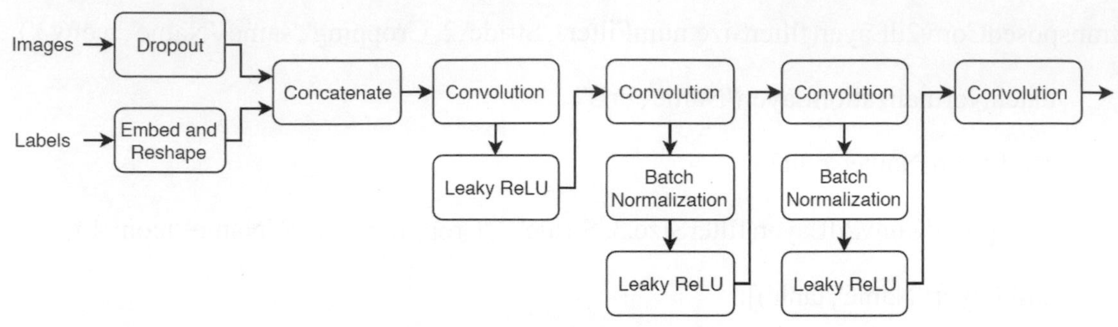


圖 10.13 鑑別器架構[3]。

```
dropoutProb = 0.25;
numFilters = 64;
scale = 0.2;

inputSize = [64 64 3];
filterSize = 5;

layersDiscriminator = [
    imageInputLayer(inputSize,'Normalization','none','Name','images')
    dropoutLayer(dropoutProb,'Name','dropout')
    concatenationLayer(3,2,'Name','cat')

convolution2dLayer(filterSize,numFilters,'Stride',2,'Padding','same','Name','conv1')
    leakyReluLayer(scale,'Name','lrelu1')
```

```
convolution2dLayer(filterSize,2*numFilters,'Stride',2,'Padding','same','Name','conv2')

    batchNormalizationLayer('Name','bn2')

    leakyReluLayer(scale,'Name','lrelu2')

convolution2dLayer(filterSize,4*numFilters,'Stride',2,'Padding','same','Name','conv3')

    batchNormalizationLayer('Name','bn3')

    leakyReluLayer(scale,'Name','lrelu3')

convolution2dLayer(filterSize,8*numFilters,'Stride',2,'Padding','same','Name','conv4')

    batchNormalizationLayer('Name','bn4')

    leakyReluLayer(scale,'Name','lrelu4')

    convolution2dLayer(4,1,'Name','conv5')];

lgraphDiscriminator = layerGraph(layersDiscriminator);

layers = [

    imageInputLayer([1 1],'Name','labels','Normalization','none')

    embedAndReshapeLayer(inputSize,embeddingDimension,numClasses,'emb')];

lgraphDiscriminator = addLayers(lgraphDiscriminator,layers);

lgraphDiscriminator = connectLayers(lgraphDiscriminator,'emb','cat/in2');

dlnetDiscriminator = dlnetwork(lgraphDiscriminator)

plot(lgraphDiscriminator)
```

### 10-4-4 設置梯度更新副函式

這邊與 10-2-4 相似，該副函式目的是更新生成器以及鑑別器網路的梯度與計算目標函數的損失值，只不過輸入的參數多了對應的標籤(dlT)且鑑別器與生成器都多了一個輸入。一開始會透過 forward 函式求出鑑別器對真實資料的輸出結果，以及 dlZ 生成的偽造資料並透過鑑別器得到偽造資料的輸出結果；再來透過 sigmoid 函式獲得真實資料的機率值(probReal)以及偽造資料的機率值(probGenerated)，並計算鑑別器及生成的分數來表示其性能如何。接下來隨機將一部份真實資料的 probReal 進行 one-sided label flipping，來降低鑑別器的學習能力，避免其學習過快。然後計算 GAN 的損失值，最後藉由 dlgradient 更新鑑別器及生成器的梯度。

```
function [gradientsGenerator, gradientsDiscriminator, stateGenerator, scoreGenerator,
scoreDiscriminator] = ...
    modelGradients(dlnetGenerator, dlnetDiscriminator, dlX, dlT, dlZ, flipFactor)

% Calculate the predictions for real data with the discriminator network.
dlYPred = forward(dlnetDiscriminator, dlX, dlT);


% Calculate the predictions for generated data with the discriminator network.
[dlXGenerated,stateGenerator] = forward(dlnetGenerator, dlZ, dlT);
dlYPredGenerated = forward(dlnetDiscriminator, dlXGenerated, dlT);


% Calculate probabilities.
probGenerated = sigmoid(dlYPredGenerated);
probReal = sigmoid(dlYPred);

% Calculate the generator and discriminator scores
```

```
scoreGenerator = mean(probGenerated);
scoreDiscriminator = (mean(probReal) + mean(1-probGenerated)) / 2;

% Flip labels.
numObservations = size(dlYPred,4);
idx = randperm(numObservations,floor(flipFactor * numObservations));
probReal(:,:,:,idx) = 1 - probReal(:,:,:,idx);

% Calculate the GAN loss.
[lossGenerator, lossDiscriminator] = ganLoss(probReal, probGenerated);

% For each network, calculate the gradients with respect to the loss.
gradientsGenerator = dlgradient(lossGenerator,
dlnetGenerator.Learnables,'RetainData',true);
gradientsDiscriminator = dlgradient(lossDiscriminator, dlnetDiscriminator.Learnables);

end

function [lossGenerator, lossDiscriminator] = ganLoss(scoresReal,scoresGenerated)

% Calculate losses for the discriminator network.
lossGenerated = -mean(log(1 - scoresGenerated));
lossReal = -mean(log(scoresReal));
```

```
% Combine the losses for the discriminator network.
lossDiscriminator = lossReal + lossGenerated;


% Calculate the loss for the generator network.
lossGenerator = -mean(log(scoresGenerated));
end
```

## 10-4-5 設置訓練選項

此部分與 10-2-5 相同，因此這邊不再贅述。

```
numEpochs = 500;
miniBatchSize = 128;
augimds.MiniBatchSize = miniBatchSize;
learnRate = 0.0002;
gradientDecayFactor = 0.5;
squaredGradientDecayFactor = 0.999;
executionEnvironment = "auto";
validationFrequency = 100;
flipFactor = 0.5;

f = figure;
f.Position(3) = 2*f.Position(3);
imageAxes = subplot(1,2,1);
scoreAxes = subplot(1,2,2);
lineScoreGenerator = animatedline(scoreAxes,'Color',[0 0.447 0.741]);
```

```
lineScoreDiscriminator = animatedline(scoreAxes, 'Color', [0.85 0.325 0.098]);
legend('Generator','Discriminator');
ylim([0 1])
xlabel("Iteration")
ylabel("Score")
grid on
```

### 10-4-6 訓練 CGAN

然後，建立訓練網路的迴圈，在迴圈中需要完成：(1)產生一批次的訓練資料、(2)將真實資料的圖像進行正規化、(3)計算梯度及目標函數的損失值、(4)更新網路參數及(5)顯示目前生成器所生成的圖像及鑑別器與生成器的分數。

訓練過程與 10-2-6 相同，因此這邊不再贅述。

```
velocityDiscriminator = [];
trailingAvgGenerator = [];
trailingAvgSqGenerator = [];
trailingAvgDiscriminator = [];
trailingAvgSqDiscriminator = [];

numValidationImagesPerClass = 5;
ZValidation =
randn(1,1,numLatentInputs,numValidationImagesPerClass*numClasses,'single');
TValidation = single(repmat(1:numClasses,[1 numValidationImagesPerClass]));
TValidation = permute(TValidation,[1 3 4 2]);
dlZValidation = dlarray(ZValidation, 'SSCB');
dlTValidation = dlarray(TValidation, 'SSCB');
```

```
if (executionEnvironment == "auto" && canUseGPU) || executionEnvironment == "gpu"
    dlZValidation = gpuArray(dlZValidation);
    dlTValidation = gpuArray(dlTValidation);
end
iteration = 0;
start = tic;

% Loop over epochs.
for epoch = 1:numEpochs

% Reset and shuffle datastore.
    reset(augimds);
    augimds = shuffle(augimds);

% Loop over mini-batches.
while hasdata(augimds)
        iteration = iteration + 1;

% Read mini-batch of data and generate latent inputs for the
% generator network.
        data = read(augimds);

% Ignore last partial mini-batch of epoch.
if size(data,1) < miniBatchSize
```

```
continue
end

        X = cat(4,data{:,1}{:});
        X = single(X);

        T = single(data.response);
        T = permute(T,[2 3 4 1]);

        Z = randn(1,1,numLatentInputs,miniBatchSize,'single');

% Rescale the images in the range [-1 1].
        X = rescale(X,-1,1,'InputMin',0,'InputMax',255);

% Convert mini-batch of data to dlarray and specify the dimension labels
% 'SSCB' (spatial, spatial, channel, batch).
        dlX = dlarray(X, 'SSCB');
        dlZ = dlarray(Z, 'SSCB');
        dlT = dlarray(T, 'SSCB');

% If training on a GPU, then convert data to gpuArray.
if (executionEnvironment == "auto" && canUseGPU) || executionEnvironment == "gpu"
            dlX = gpuArray(dlX);
            dlZ = gpuArray(dlZ);
```

```
            dlT = gpuArray(dlT);
end

% Evaluate the model gradients and the generator state using
% dlfeval and the modelGradients function listed at the end of the
% example.
        [gradientsGenerator, gradientsDiscriminator, stateGenerator, scoreGenerator,
scoreDiscriminator]=...
            dlfeval(@modelGradients, dlnetGenerator, dlnetDiscriminator, dlX, dlT,
dlZ, flipFactor);
        dlnetGenerator.State = stateGenerator;

% Update the discriminator network parameters.
        [dlnetDiscriminator,trailingAvgDiscriminator,trailingAvgSqDiscriminator] = ...
            adamupdate(dlnetDiscriminator, gradientsDiscriminator, ...
            trailingAvgDiscriminator, trailingAvgSqDiscriminator, iteration, ...
            learnRate, gradientDecayFactor, squaredGradientDecayFactor);

% Update the generator network parameters.
        [dlnetGenerator,trailingAvgGenerator,trailingAvgSqGenerator] = ...
            adamupdate(dlnetGenerator, gradientsGenerator, ...
            trailingAvgGenerator, trailingAvgSqGenerator, iteration, ...
            learnRate, gradientDecayFactor, squaredGradientDecayFactor);
```

```
% Every validationFrequency iterations, display batch of generated images using the
% held-out generator input.
if mod(iteration,validationFrequency) == 0 || iteration == 1

% Generate images using the held-out generator input.
        dlXGeneratedValidation =
predict(dlnetGenerator,dlZValidation,dlTValidation);

% Tile and rescale the images in the range [0 1].
        I = imtile(extractdata(dlXGeneratedValidation), ...
'GridSize',[numValidationImagesPerClass numClasses]);
        I = rescale(I);

% Display the images.
        subplot(1,2,1);
        image(imageAxes,I)
        xticklabels([]);
        yticklabels([]);
        title("Generated Images");
end

% Update the scores plot
    subplot(1,2,2)
    addpoints(lineScoreGenerator,iteration,...
```

```
            double(gather(extractdata(scoreGenerator))));

        addpoints(lineScoreDiscriminator,iteration,...
            double(gather(extractdata(scoreDiscriminator))));

% Update the title with training progress information.
        D = duration(0,0,toc(start),'Format','hh:mm:ss');
        title(...
"Epoch: " + epoch + ", " + ...
"Iteration: " + iteration + ", " + ...
"Elapsed: " + string(D))

        drawnow
end
end
```

### 10-4-7 利用生成器產生圖像

完成 GAN 的訓練後，可以透過底下指令任意產生在這世界上獨一無二的花朵，如圖 10.14 所示。變數 numObservationsNew 可以設置要產生多少張圖像；變數 idxClass 可以用來指定生成哪一類別的圖像。比較看看能否區分出真假花朵吧！

```
numObservationsNew = 36;
idxClass = 1;
Z = randn(1,1,numLatentInputs,numObservationsNew,'single');
T = repmat(single(idxClass),[1 1 1 numObservationsNew]);
dlZ = dlarray(Z,'SSCB');
```

```
dlT = dlarray(T,'SSCB');
if (executionEnvironment == "auto" && canUseGPU) || executionEnvironment == "gpu"
    dlZ = gpuArray(dlZ);
    dlT = gpuArray(dlT);
end
dlXGenerated = predict(dlnetGenerator,dlZ,dlT);
figure
I = imtile(extractdata(dlXGenerated));
I = rescale(I);
imshow(I)
title("Class: " + classes(idxClass))
```

圖 10.14　利用 CGAN 生成的圖像[3]。

# 10-5 神經風格轉換

神經風格轉換是指目標圖像的**風格**被轉換成參考圖像的風格，且保留目標圖像的**內容**。例如將一幅燈塔圖的風格轉換成藝術圖的風格，如圖 10.15 所示，圖 10.15(b)就是神經風格轉換的產物，從圖中可以看出梵谷的星夜風格轉換到燈塔圖像上。

(a) (b)

圖 10.15 風格轉換[4]。(見彩色圖)

神經風格轉換的**風格**是指圖像在不同空間比例上的紋理、顏色及形狀，如星夜的顏色、線條等；而內容是指圖像的主要架構，如圖 10.15(a)的燈塔圖中的燈塔及屋子。實現風神經風格轉換的關鍵在於如何定義它的目標函數，使其達成所要求之目標，也就使用參考圖像的風格並同時保留目標圖像的內容，本節目的在於說明如何使用 MATLAB 進行風格轉換，請參考範例 CH10_5.mlx。

## 10-5-1 載入目標圖像及參考圖像

首先載入目標圖像及參考圖像，而神經風格轉換是要將參考圖像的風格轉換至目標圖像上。

```
styleImage = im2double(imread('starryNight.jpg'));
contentImage = imread('lighthouse.png');
imshow(imtile({styleImage,contentImage},'BackgroundColor','w'));
```

## 10-5-2 載入萃取圖像特徵的卷積神經網路

本範例使用 VGG-19 預訓練模型來萃取圖像特徵，藉由 VGG-19 不同深度的網路層來萃取出目標圖像及參考圖像的特徵圖，而這些特徵圖會分別去計算目標圖像內容的目標函數及參考圖像風格的目標函數，最後會根據這兩目標函數進行風格轉換。首先載入 VGG-19 預訓練模型，如果載入失敗，那請先至 Add-Ons 下載，接著將 VGG-19 稍作修改，修改內容如下：移除最後用於分類的網路層，以及使用 averagePooling2DLayer 替換掉 MaxPooling2DLayer。最後 VGG-19 的網路架構如圖 10.16 所示。

```
net = vgg19;
lastFeatureLayerIdx = 38;
layers = net.Layers;
layers = layers(1:lastFeatureLayerIdx);
for l = 1:lastFeatureLayerIdx
    layer = layers(l);
if isa(layer,'nnet.cnn.layer.MaxPooling2DLayer')
        layers(l) =
averagePooling2dLayer(layer.PoolSize,'Stride',layer.Stride,'Name',layer.Name);
end
end
lgraph = layerGraph(layers);
plot(lgraph)
title('Feature Extraction Network')
dlnet = dlnetwork(lgraph);
```

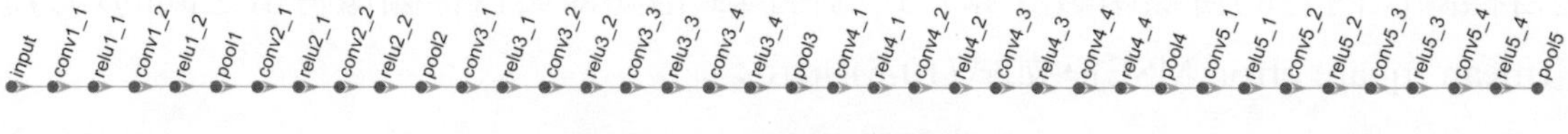

圖 10.16 VGG-19 架構。

### 10-5-3 資料前處理

首先將圖像重新調整大小至 384×512，並且將圖像的像素重新縮放至 0~255 區間，最後再扣除掉 VGG-19 的 imageInputLayer 當中的通道平均值。

```
imageSize = [384,512];
styleImg = imresize(styleImage,imageSize);
contentImg = imresize(contentImage,imageSize);
imgInputLayer = lgraph.Layers(1);
meanVggNet = imgInputLayer.Mean(1,1,:);
styleImg = rescale(single(styleImg),0,255) - meanVggNet;
contentImg = rescale(single(contentImg),0,255) - meanVggNet;
```

### 10-5-4 初始的轉換風格圖像

轉換風格圖像就是指輸出的圖像(風格轉換的結果)，初始的風格轉換圖像可以是目標圖像、參考圖像或任意一張圖像，差別在於與輸入圖像的相似度及收斂速度，如果使用目標圖像或參考圖像當作初始的轉換風格圖像，那麼更新的輸出圖像就會偏向某一方，使風格轉換的效果有限；如果使用白雜訊的圖像當作初始的轉換風格圖像，雖然能消除偏差，但風格轉換的收斂時間較久。因此，爲了更好的風格轉換和更快的收斂，本範例初始化的轉換風格圖像爲目標圖像和白雜訊圖像的加權組合。

```
noiseRatio = 0.7;
randImage = randi([-20,20],[imageSize 3]);
transferImage = noiseRatio.*randImage + (1-noiseRatio).*contentImg;
```

### 10-5-5 定義目標圖像內容的目標函數

目標圖像內容的目標函數是使轉換風格圖像的特徵與目標圖像的特徵相匹配。因此目標圖像內容的目標函數計算方式爲轉換風格圖像與目標圖像特徵之間的均方誤差(mean square error, MSE)，如式(10-5)所示：

$$l_{content} = \sum_{l} W_c^l \times \frac{1}{HWC} \sum_{i,j} \left( \hat{Y}_{i,j}^l - Y_{i,j}^l \right)^2 \tag{10-5}$$

$W_c^l$ 為目標圖像由第 $l$ 層所輸出特徵圖之權重；$HWC$ 分別為特徵圖的長、寬及通道；$\hat{Y}_{i,j}^l$ 為轉換風格圖像的特徵圖；$Y_{i,j}^l$ 為目標圖像特徵圖。這邊的特徵圖是 VGG-19 的某一層輸出，因此在此須先指定 VGG-19 的哪一層輸出，以及它的權重。

```
styleTransferOptions.contentFeatureLayerNames = {'conv4_2'};
styleTransferOptions.contentFeatureLayerWeights = 1;
```

### 10-5-6 定義參考圖像風格的目標函數

參考圖像風格的目標函數是要將轉換風格圖像的紋理與參考圖像風格相匹配，參考圖像的風格特徵是以 Gram 矩陣表示，因此計算方式為參考圖像的風格的 Gram 矩陣與轉換風格圖像的 Gram 矩陣之間的均方誤差，如式(10-6)~式(10-8)所示：

$$G_{\hat{Z}} = \sum_{i,j} \hat{Z}_{i,j} \times \hat{Z}_{j,i} \tag{10-6}$$

$$G_Z = \sum_{i,j} Z_{i,j} \times Z_{j,i} \tag{10-7}$$

$$l_{style} = \sum_l W_s^l \times \frac{1}{(2HWC)^2} \sum \left( G_{\hat{Z}}^l - G_Z^l \right)^2 \tag{10-8}$$

$Z_{i,j}$ 及 $\hat{Z}_{i,j}$ 是參考圖像風格及轉換圖像風格的多張特徵圖；$G_Z$ 及 $G_{\hat{Z}}$ 是參考圖像風格及轉換圖像風格的 Gram 矩陣；$W_s^l$ 為參考圖像由第 $l$ 層所輸出特徵圖之權重。這邊的特徵圖是 VGG-19 的多層輸出，故在此須先指定 VGG-19 的哪幾層輸出，以及它的權重。

```
styleTransferOptions.styleFeatureLayerNames =
{'conv1_1','conv2_1','conv3_1','conv4_1','conv5_1'};
styleTransferOptions.styleFeatureLayerWeights = [0.5,1.0,1.5,3.0,4.0];
```

### 10-5-7 總目標函數

總目標函數是目標圖像內容和參考圖像風格的目標函數的加權組合，如式(10-9)所示，$\alpha$ 和 $\beta$ 分別為目標圖像內容和參考圖像風格的目標函數的權重係數。因此需設定 $\alpha$ 和 $\beta$ 之數值。

$$\alpha \times l_{content} + \beta \times l_{style} \tag{10-9}$$

```
styleTransferOptions.alpha = 1;
styleTransferOptions.beta = 1e3;
```

### 10-5-8 設置訓練選項

設置訓練迭代次數爲 2500，並設定使用 adam 優化演算法所需保存梯度變化的變數，學習率設爲 2 以加快收斂速度。

```
numIterations = 2500;
learningRate = 2;
trailingAvg = [];
trailingAvgSq = [];
```

### 10-5-9 訓練網路

一開始，先將目標圖像、參考圖像及初始轉換風格圖像的格式轉換成 dlarray，接著利用 VGG-19，從目標圖像及參考圖像中萃取出指定網路層輸出的特徵圖。

```
dlStyle = dlarray(styleImg,'SSC');
dlContent = dlarray(contentImg,'SSC');
dlTransfer = dlarray(transferImage,'SSC');

if canUseGPU
    dlContent = gpuArray(dlContent);
    dlStyle = gpuArray(dlStyle);
    dlTransfer = gpuArray(dlTransfer);
end

numContentFeatureLayers = numel(styleTransferOptions.contentFeatureLayerNames);
```

```
contentFeatures = cell(1,numContentFeatureLayers);
[contentFeatures{:}] =
forward(dlnet,dlContent,'Outputs',styleTransferOptions.contentFeatureLayerNames);

numStyleFeatureLayers = numel(styleTransferOptions.styleFeatureLayerNames);
styleFeatures = cell(1,numStyleFeatureLayers);
[styleFeatures{:}] =
forward(dlnet,dlStyle,'Outputs',styleTransferOptions.styleFeatureLayerNames);
```

再來，使用自定義訓練迴圈開始訓練模型，在迴圈中會先透過目標圖像及參考圖像的特徵圖計算其對應的梯度及損失值，計算梯度及損失值時會使用到 10-5-11 介紹的副函式，並使用 adamupdate 函式逐步更新初始轉換風格圖像。

```
figure

minimumLoss = inf;

for iteration = 1:numIterations
% Evaluate the transfer image gradients and state using dlfeval and the
% imageGradients function listed at the end of the example.
    [grad,losses] =
dlfeval(@imageGradients,dlnet,dlTransfer,contentFeatures,styleFeatures,styleTransferOpti
ons);
    [dlTransfer,trailingAvg,trailingAvgSq] =
adamupdate(dlTransfer,grad,trailingAvg,trailingAvgSq,iteration,learningRate);
```

```
if losses.totalLoss < minimumLoss
        minimumLoss = losses.totalLoss;
        dlOutput = dlTransfer;
end

% Display the transfer image on the first iteration and after every 50
% iterations. The postprocessing steps are described in the "Postprocess
% Transfer Image for Display" section of this example.
if mod(iteration,50) == 0 || (iteration == 1)

        transferImage = gather(extractdata(dlTransfer));
        transferImage = transferImage + meanVggNet;
        transferImage = uint8(transferImage);
        transferImage = imresize(transferImage,size(contentImage,[1 2]));

        image(transferImage)
        title(['Transfer Image After Iteration',num2str(iteration)])
        axis offimage
        drawnow
end
end
```

### 10-5-10 顯示的後處理傳輸圖像

訓練完成後會得到一張漂亮的風格轉換圖像，接下來就是要轉換其資料格式並顯示。

```
transferImage = gather(extractdata(dlOutput));
transferImage = transferImage + meanVggNet;
transferImage = uint8(transferImage);
transferImage = imresize(transferImage,size(contentImage,[1 2]));
imshow(imtile({contentImage,transferImage,styleImage}, ...
'GridSize',[1 3],'BackgroundColor','w'));
```

## 10-5-11 設置梯度更新副函式

```
function [gradients,losses] =
imageGradients(dlnet,dlTransfer,contentFeatures,styleFeatures,params)

% Initialize transfer image feature containers.
    numContentFeatureLayers = numel(params.contentFeatureLayerNames);
    numStyleFeatureLayers = numel(params.styleFeatureLayerNames);

    transferContentFeatures = cell(1,numContentFeatureLayers);
    transferStyleFeatures = cell(1,numStyleFeatureLayers);

% Extract content features of transfer image.
    [transferContentFeatures{:}] =
forward(dlnet,dlTransfer,'Outputs',params.contentFeatureLayerNames);

% Extract style features of transfer image.
    [transferStyleFeatures{:}] =
```

```
forward(dlnet,dlTransfer,'Outputs',params.styleFeatureLayerNames);

% Compute content loss.
    cLoss =
contentLoss(transferContentFeatures,contentFeatures,params.contentFeatureLayerWeights);

% Compute style loss.
    sLoss =
styleLoss(transferStyleFeatures,styleFeatures,params.styleFeatureLayerWeights);

% Compute final loss as weighted combination of content and style loss.
    loss = (params.alpha * cLoss) + (params.beta * sLoss);

% Calculate gradient with respect to transfer image.
    gradients = dlgradient(loss,dlTransfer);

% Extract various losses.
    losses.totalLoss = gather(extractdata(loss));
    losses.contentLoss = gather(extractdata(cLoss));
    losses.styleLoss = gather(extractdata(sLoss));

end

function loss = contentLoss(transferContentFeatures,contentFeatures,contentWeights)
```

```
    loss = 0;
for i=1:numel(contentFeatures)
        temp = 0.5 .* mean((transferContentFeatures{1,i} –
contentFeatures{1,i}).^2,'all');
        loss = loss + (contentWeights(i)*temp);
end
end

function loss = styleLoss(transferStyleFeatures,styleFeatures,styleWeights)

    loss = 0;
for i=1:numel(styleFeatures)

        tsf = transferStyleFeatures{1,i};
        sf = styleFeatures{1,i};
        [h,w,c] = size(sf);

        gramStyle = computeGramMatrix(sf);
        gramTransfer = computeGramMatrix(tsf);
        sLoss = mean((gramTransfer - gramStyle).^2,'all') / ((h*w*c)^2);

        loss = loss + (styleWeights(i)*sLoss);
end
```

```
end


function gramMatrix = computeGramMatrix(featureMap)
    [H,W,C] = size(featureMap);
    reshapedFeatures = reshape(featureMap,H*W,C);
    gramMatrix = reshapedFeatures' * reshapedFeatures;
end
```

Reference

[1] https://www.mathworks.com/help/deeplearning/ug/train-generative-adversarial-network.html

[2] https://www.mathworks.com/help/deeplearning/ug/monitor-gan-training-progress-and-identify-common-failure-modes.html

[3] https://www.mathworks.com/help/deeplearning/ug/train-conditional-generative-adversarial-network.html

[4] https://www.mathworks.com/help/images/neural-style-transfer-using-deep-learning.html

## 10-6 後語

至此爲本書**深度學習使用 MATLAB-從入門到實戰**的終點，希望各位已經學會一些有關於深度學習和 MATLAB 工具的基本知識。目前的深度學習還有許多的研究如火如荼地進行，有些是研究應用方面，以現有的硬體條件和理論爲基礎去開發出能夠以更快捷、安全、低功耗的完成大規模平行運算的機器；有些則是研究理論方面，嘗試研究一些演算法能夠突破現有的深度學習的天花板，例如，萃取出更深層面的特徵資訊、改善梯度下降方法加速訓練的過程、或者是直接計算出最佳的解來取代梯度下降等。另外，如果還想要繼續探索深度學習的話，MATLAB 的官方網站上還有許多的例子可以閱讀，例如利用空洞卷積進行語義分割、使用一維卷積神經網路進行序列分類、在時序序列應用上使用注意力機制 Siamese Network 及自然語言的應用，有興趣的讀者可以到底下網址自行學習其它的範例。再次感謝讀者購買並閱讀此書！

https://www.mathworks.com/help/deeplearning/examples.html?category=index&s_tid=CRUX_lftnav_example_deep-learning-with-images

國家圖書館出版品預行編目資料

深度學習：從入門到實戰(使用 MATLAB) / 郭至恩.
編著. – 初版. -- 新北市：全華圖書
2020.06
面；公分
ISBN 978-986-503-431-3(平裝附光碟片)
1. MATLAB(電腦程式)
312.49M384 109008168

# 深度學習－從入門到實戰(使用 MATLAB)

## (附範例光碟)

作者 / 郭至恩
發行人 / 陳本源
執行編輯 / 張峻銘
出版者 / 全華圖書股份有限公司
郵政帳號 / 0100836-1 號
印刷者 / 宏懋打字印刷股份有限公司
圖書編號 / 06442007
初版二刷 / 2021 年 05 月
定價 / 新台幣 460 元
ISBN / 978-986-503-431-3(平裝附光碟片)
全華圖書 / www.chwa.com.tw
全華網路書店 Open Tech / www.opentech.com.tw
若您對本書有任何問題，歡迎來信指導 book@chwa.com.tw

---

**臺北總公司(北區營業處)**
地址：23671 新北市土城區忠義路 21 號
電話：(02) 2262-5666
傳真：(02) 6637-3695、6637-3696

**南區營業處**
地址：80769 高雄市三民區應安街 12 號
電話：(07) 381-1377
傳真：(07) 862-5562

**中區營業處**
地址：40256 臺中市南區樹義一巷 26 號
電話：(04) 2261-8485
傳真：(04) 3600-9806(高中職)
(04) 3601-8600(大專)

# 讀者回函卡

填寫日期：　/　/

姓名：＿＿＿＿　生日：西元＿＿年＿＿月＿＿日　性別：□男 □女

電話：（　）＿＿＿＿　傳真：（　）＿＿＿＿　手機：＿＿＿＿

e-mail：（必填）＿＿＿＿

註：數字零，請用 Φ 表示，數字 1 與英文 L 請另註明並書寫端正，謝謝。

通訊處：□□□□□

學歷：□博士　□碩士　□大學　□專科　□高中・職

職業：□工程師　□教師　□學生　□軍・公　□其他

學校 / 公司：＿＿＿＿　科系 / 部門：＿＿＿＿

・需求書類：

□ A. 電子 □ B. 電機 □ C. 計算機工程 □ D. 資訊 □ E. 機械 □ F. 汽車 □ I. 工管 □ J. 土木

□ K. 化工 □ L. 設計 □ M. 商管 □ N. 日文 □ O. 美容 □ P. 休閒 □ Q. 餐飲 □ B. 其他

・本次購買圖書為：＿＿＿＿　書號：＿＿＿＿

・您對本書的評價：

封面設計：□非常滿意　□滿意　□尚可　□需改善，請說明＿＿＿＿

內容表達：□非常滿意　□滿意　□尚可　□需改善，請說明＿＿＿＿

版面編排：□非常滿意　□滿意　□尚可　□需改善，請說明＿＿＿＿

印刷品質：□非常滿意　□滿意　□尚可　□需改善，請說明＿＿＿＿

書籍定價：□非常滿意　□滿意　□尚可　□需改善，請說明＿＿＿＿

整體評價：請說明＿＿＿＿

・您在何處購買本書？

□書局　□網路書店　□書展　□團購　□其他＿＿＿＿

・您購買本書的原因？（可複選）

□個人需要　□幫公司採購　□親友推薦　□老師指定之課本　□其他＿＿＿＿

・您希望全華以何種方式提供出版訊息及特惠活動？

□電子報　□ DM　□廣告（媒體名稱＿＿＿＿）

・您是否上過全華網路書店？（www.opentech.com.tw）

□是　□否　您的建議＿＿＿＿

・您希望全華出版那方面書籍？＿＿＿＿

・您希望全華加強那些服務？＿＿＿＿

～感謝您提供寶貴意見，全華將秉持服務的熱忱，出版更多好書，以饗讀者。

全華網路書店 http://www.opentech.com.tw　　客服信箱 service@chwa.com.tw

2011.03 修訂

親愛的讀者：

感謝您對全華圖書的支持與愛護，雖然我們很慎重的處理每一本書，但恐仍有疏漏之處，若您發現本書有任何錯誤，請填寫於勘誤表內寄回，我們將於再版時修正，您的批評與指教是我們進步的原動力，謝謝！

全華圖書　敬上

## 勘　誤　表

| 書　號 | | 書　名 | | 作　者 | |
|---|---|---|---|---|---|
| 頁　數 | 行　數 | 錯誤或不當之詞句 | | 建議修改之詞句 | |
| | | | | | |
| | | | | | |
| | | | | | |
| | | | | | |
| | | | | | |
| | | | | | |
| | | | | | |
| | | | | | |
| | | | | | |

我有話要說：（其它之批評與建議，如封面、編排、內容、印刷品質等・・・）